网站开发案例课堂

Dreamweaver CC 动态网站开发案例课堂
(第 2 版)

刘春茂　编　著

清华大学出版社

北　京

内 容 简 介

本书以零基础讲解为宗旨,用实例引导读者深入学习,采取"基础入门→核心技术→动态网站开发→高手秘籍"的讲解模式,深入浅出地讲解 Dreamweaver CC 动态网站开发的各项技术及实战技能。

本书第 1 篇主要讲解网页设计与网站建设基础、网站配色与布局、使用 Dreamweaver CC 创建站点等;第 2 篇主要讲解使用文本丰富网页内容、使用图像与多媒体网页元素、设计网页中的超链接、使用网页表单和行为、使用表格布局网页、使用模板和库、使用 CSS 层叠样式表、利用 Div+CSS 布局网页等;第 3 篇主要讲解认识 PHP 语言、配置 PHP 服务器环境、使用 MySQL 数据库、开发网站用户管理系统、开发信息资讯管理系统等;第 4 篇主要讲解网站的测试与发布、网站优化与推广、网站安全与防御。

本书适合任何想学习使用 Dreamweaver CC 开发动态网站的人员,无论您是否从事计算机相关行业,是否接触过 Dreamweaver CC,通过学习均可快速掌握 Dreamweaver CC 开发动态网站的方法和技巧。

图书在版编目(CIP)数据

Dreamweaver CC 动态网站开发案例课堂/刘春茂编著. —2 版. —北京:清华大学出版社,2018
(网站开发案例课堂)

ISBN 978-7-302-49009-8

Ⅰ. ①D… Ⅱ. ①刘… Ⅲ. ①网页制作工具 Ⅳ. ①TP393.092.2

中国版本图书馆 CIP 数据核字(2017)第 293253 号

责任编辑:张彦青
装帧设计:杨玉兰
责任校对:李玉茹
责任印制:杨 艳

出版发行:清华大学出版社
　　　　网　　址:http://www.tup.com.cn, http://www.wqbook.com
　　　　地　　址:北京清华大学学研大厦 A 座　　邮　编:100084
　　　　社 总 机:010-62770175　　邮　购:010-62786544
　　　　投稿与读者服务:010-62776969, c-service@tup.tsinghua.edu.cn
　　　　质量反馈:010-62772015, zhiliang@tup.tsinghua.edu.cn
印 刷 者:北京富博印刷有限公司
装 订 者:北京市密云县京文制本装订厂
经　销:全国新华书店
开　本:190mm×260mm　印　张:28.5　字　数:684 千字
版　次:2016 年 1 月第 1 版　2018 年 1 月第 2 版　印　次:2018 年 1 月第 1 次印刷
印　数:1~3000
定　价:78.00 元

产品编号:077893-01

前　　言

"网站开发案例课堂"系列图书是专门为办公技能和网页设计初学者量身定制的一套学习用书，涵盖网页设计、网站开发、数据库设计等方面。整套书具有以下特点。

1. 应用前沿科技

无论是网站建设、数据库设计还是 HTML5、CSS3、JavaScript，我们都精选较为前沿或者用户群较大的领域推进，帮助大家认识和了解最新动态。

2. 权威的作者团队

组织国家重点实验室和资深应用专家联手编著本系列图书，融合丰富的教学经验与优秀的管理理念。

3. 学习型案例设计

以技术的实际应用过程为主线，全程采用图解和同步多媒体结合的教学方式，生动、直观、全面地剖析使用过程中的各种应用技能，降低难度以提升学习效率。

为什么要写这样一本书

随着网络的发展，很多企事业单位和广大网民对于建立网站的需求越来越强烈；另外，对于大中专院校，很多学生需要做网站毕业设计，但是这些读者又不懂网页代码程序，不知道从哪里下手，针对这些情况，我们编写了此书，以期全面带领读者学习网页设计和网站建设的知识。通过本书的实训，读者可以很快地上手设计网页和开发网站，提高职业化能力，从而帮助解决公司与求职者的双重需求问题。

本书特色

1. 零基础、入门级的讲解

无论您是否从事计算机相关行业，无论您是否接触过 JavaScript + jQuery 动态网页设计，都能从本书中找到最佳起点。

2. 超多、实用、专业的范例和项目

本书在编排上紧密结合深入学习网页制作技术的先后过程，从 JavaScript 的基本概念开始，逐步带领大家深入学习各种应用技巧，侧重实战技能，使用简单易懂的实际案例进行分析和操作指导，让读者读起来简明轻松，操作起来有章可循。

3. 随时检测自己的学习成果

大部分章后面都设置了"疑难解惑"板块，从而帮助读者解决自学过程中最常见的疑难问题。

4. 细致入微、贴心提示

本书在讲解过程中，各章使用了"注意""提示""技巧"等小贴士，使读者在学习过程中更清楚地了解相关操作、理解相关概念，并轻松掌握各种操作技巧。

5. 专业创作团队和技术支持

本书由千谷高新教育中心编著和提供技术支持。

您在学习过程中遇到任何问题，均可加入 QQ 群(案例课堂 VIP，号码为 451102631)进行提问，专家人员会在线答疑。

超值资源大放送

1. 全程同步教学录像

涵盖本书所有知识点，详细讲解每个案例及项目的过程和技术关键点。比看书更能轻松地掌握书中所有动态网站开发的知识，而且扩展的讲解部分会使您得到更多的收获。

2. 超多容量王牌资源

赠送大量王牌资源，包括本书实例源代码、教学幻灯片、精品教学视频、88 个实用类网页模板、12 部网页开发必备参考手册、11 个精彩 JavaScript 案例、Dreamweaver CC 快捷键速查手册、HTML 标记速查表、精彩网站配色方案赏析、网页样式与布局案例赏析、CSS+Div 布局赏析案例、Web 前端工程师常见面试题等。读者可以通过 QQ 群(案例课堂 VIP，号码为 451102631)获取赠送资源，也可以扫描二维码，下载本书资源。

读者对象

(1) 没有任何网页设计基础的初学者。
(2) 有一定的 Dreamweaver CC 基础，想精通 Dreamweaver CC 动态网站开发的人员。
(3) 有一定的 Dreamweaver CC 网页设计基础，没有项目经验的人员。
(4) 正在进行毕业设计的学生。
(5) 大专院校及培训学校的教师和学生。

创作团队

本书由刘春茂编著，参加编写的人员还有刘玉萍、张金伟、蒲娟、周佳、付红、李园、郭广新、侯永岗、王攀登、刘海松、孙若淞、王月娇、包慧利、陈伟光、胡同夫、王伟、展娜娜、李琪、梁云梁和周浩浩。在编写过程中，我们竭尽所能地将最好的讲解呈现给读者，但也难免有疏漏和不妥之处，敬请读者不吝指正。若您在学习中遇到困难或疑问或有何建议，可发送邮件至信箱 357975357@qq.com。

编　者

目　　录

第1篇　基础入门

第 2 篇　核心技术

第 3 篇 动态网站开发

第 4 篇　高手秘籍

第 1 篇

基础入门

第 1 章
开启网页设计之路
——网页设计与
网站建设基础

　　随着互联网的迅速推广，越来越多的企业和个人得益于网络的发展和壮大，越来越多的网站也如雨后春笋般纷纷涌现，但是人们越来越不满足于只有文字和图片的静态网页效果，所以动态网站的开发越来越占据网站开发的主流。

　　其实动态网站的开发与制作并不难，用户只要掌握网站开发工具的用法，了解网站开发的流程和相关技术，再加上自己的想象力，就可以创造出动态网站。本章就先来介绍网页设计与网站建设的基础知识，如网页和网站的基本概念与区别、网页的 HTML 构成以及 HTML 中的常用标记等。

1.1　认识网页和网站

在创建网站之前，首先需要认识什么是网页、什么是网站以及网站的种类与特点。本节就来介绍一下它们的相关概念。

1.1.1　网页的概念

网页是 Internet(国际互联网，也称因特网)中最基本的信息单位，是把文字、图形、声音及动画等各种多媒体信息相互链接起来而构成的一种信息表达方式。

通常，网页中有文字和图像等基本信息，有些网页中还有声音、动画和视频等多媒体内容。网页一般由站标、导航栏、广告栏、信息区和版权区等部分组成，如图 1-1 所示。

在访问一个网站时，首先看到的网页一般称为该网站的首页。有些网站的首页只是网站的开场页，具有欢迎访问者的作用，单击页面上的文字或图片，可打开网站的主页，此时首页随之关闭，如图 1-2 所示。

图 1-1　网站的网页

图 1-2　网站的主页

网站主页与首页的区别在于：主页设有网站的导航栏，是所有网页的链接中心。但多数网站的首页与主页通常合为一个页面，即省略了首页而直接显示主页。在这种情况下，它们指的是同一个页面，如图 1-3 所示。

图 1-3　省略首页的网站

1.1.2　网站的概念

网站就是在 Internet 上通过超级链接的形式构成的相关网页的集合。简单地说，网站是一种通信工具，人们可以通过网页浏览器来访问网站，获取自己需要的资源或享受网络提供的服务。

例如，人们可以通过淘宝网站查找自己需要的信息，如图 1-4 所示。

图 1-4　淘宝网网站

1.1.3　网站的种类和特点

按照内容和形式的不同，网站可以分为门户网站、职能网站、专业网站和个人网站四大类。

1．门户网站

门户网站是指涉及领域非常广泛的综合性网站。例如，国内著名的三大门户网站，如网易、搜狐和新浪。图 1-5 所示为网易网站的首页。

2．职能网站

职能网站是指一些公司为展示其产品或对其所提供的售后服务进行说明而建立的网站。图 1-6 所示为联想集团的中文官方网站。

图 1-5　门户网站示例

图 1-6　职能网站示例

3. 专业网站

专业网站是指专门以某个主题为内容而建立的网站，这种网站都是以某一题材的信息作为网站的内容。图 1-7 所示为赶集网网站，该网站主要为用户提供租房、二手货交易等同城相关服务。

4. 个人网站

个人网站是指由个人开发建立的网站，在内容和形式上具有很强的个性化，通常用来宣传自己或展示个人的兴趣爱好。如现在比较流行的淘宝网，在淘宝网上注册一个账户，开一家自己的小店，在一定程度上就宣传了自己，展示了个人兴趣与爱好，如图 1-8 所示。

图 1-7　专业网站示例

图 1-8　个人网站示例

1.2　网页的相关概念

在制作网页时，经常会接触到很多和网络有关的概念，如浏览器、URL、FTP、IP 地址及域名等，理解与网页相关的概念，对制作网页会有一定的帮助。

1.2.1　因特网与万维网

因特网(Internet)又称为国际互联网，是一个把分布于世界各地的计算机用传输介质互相连接起来的网络。Internet 主要提供的服务有万维网(WWW)、文件传输协议(FTP)、电子邮件(E-mail)及远程登录(Telnet)等。

万维网(World Wide Web，WWW)简称为 3W，它是无数个网络站点和网页的集合，也是 Internet 提供的最主要的服务。它是由多媒体链接而形成的集合，通常上网看到的内容就是万维网的内容。图 1-9 所示为使用万维网打开的百度首页。

图 1-9 百度首页

1.2.2 浏览器与 HTML

浏览器是将互联网上的文本文档(或其他类型的文件)翻译成网页，并让用户与这些文件交互的一种软件工具，主要用于查看网页的内容。目前最常用的浏览器有两种：美国微软公司的 Internet Explorer(通常称为 IE 浏览器)；美国网景公司的 Netscape Navigator(通常称为网景浏览器)。图 1-10 所示为使用 IE 浏览器打开的页面。

HTML(HyperText Marked Language，超文本标记语言)是一种用来制作超文本文档的简单标记语言，也是制作网页的最基本的语言，它可以直接由浏览器执行。图 1-11 所示为使用 HTML 语言制作的页面。

图 1-10 使用 IE 浏览器打开的页面

图 1-11 使用 HTML 语言制作的页面

1.2.3 URL、域名与 IP 地址

URL(Uniform Resource Locator，统一资源定位器)是指网络地址，是在 Internet 上用来描述信息资源，并将 Internet 提供的服务统一编址的系统。简单来说，通常在 IE 浏览器或 Netscape 浏览器中输入的网址就是 URL 的一种，如百度网址 http://www.baidu.com。

域名(Domain Name)类似于 Internet 上的门牌号，是用于识别和定位互联网上计算机的层次结构的字符标识，与该计算机的因特网协议(IP)地址相对应。但相对于 IP 地址而言，域名更便于使用者理解和记忆。URL 和域名是两个不同的概念，如 http://www.sohu.com/ 是 URL，而 www.sohu.com 是域名，如图 1-12 所示。

　　IP(Internet Protocol，因特网协议)是为计算机网络相互连接进行通信而设计的协议，是计算机在因特网上进行相互通信时应当遵守的规则。IP 地址是给因特网上的每台计算机和其他设备分配的一个唯一的地址。使用 ipconfig 命令可以查看本机的 IP 地址，如图 1-13 所示。

图 1-12　搜狐首页

图 1-13　使用 ipconfig 命令查看 IP 地址

1.2.4　上传和下载

　　上传(Upload)是从本地计算机(一般称客户端)向远程服务器(一般称服务器端)传送数据的行为和过程。下载(Download)是从远程服务器取回数据到本地计算机的过程。

1.3　网页的 HTML 构成

　　在一个 HTML 文档中，必须包含<HTML></HTML>标记(也称标签)，并且该标记需放在一个 HTML 文档的开始位置和结束位置，即每个文档以<HTML>开始、以</HTML>结束。<HTML>与</HTML>之间通常包含两个部分，分别是<HEAD></HEAD>标记和<BODY></BODY>标记。HEAD 标记包含 HTML 头部信息，如文档标题、样式定义等。BODY 标记包含文档主体部分，即网页内容。需要注意的是，HTML 标记不区分大小写。

　　为了便于读者从整体上把握 HTML 文档结构，下面通过一个 HTML 页面来介绍 HTML 页面的整体结构，示例代码如下：

```
<!DOCTYPE HTML>
<HTML>
<HEAD>
    <TITLE>网页标题</TITLE>
</HEAD>
<BODY>
    网页内容
</BODY>
</HTML>
```

从上述代码可以看出，一个基本的 HTML 页由以下几个部分构成。

(1) <!DOCTYPE>声明必须位于 HTML5 文档中的第一行，也就是位于<HTML>标记之前。该标记用于告知浏览器文档所使用的 HTML 规范。<!DOCTYPE>声明不属于 HTML 标记，而是一条指令，告诉浏览器编写页面所用的标记的版本。由于 HTML5 版本还没有得到浏览器的完全认可，后面介绍时还采用以前通用的标准。

(2) <HTML>和</HTML>说明本页面是使用 HTML 语言编写的，可使浏览器软件准确无误地解释、显示。

(3) <HEAD>和</HEAD>是 HTML 的头部标记，头部信息不显示在网页中。在该标记内可以嵌套其他标记，用于说明文件标题和整个文件的一些公用属性，如通过<STYLE>标记定义 CSS 样式表，通过<SCRIPT>标记定义 JavaScript 脚本文件。

(4) <TITLE>和</TITLE>标记是 HEAD 中的重要组成部分，它包含的内容显示在浏览器的窗口标题栏中。如果没有 TITLE，浏览器标题栏就只显示本页的文件名。

(5) <BODY>和</BODY>标记用来包含 HTML 页面显示在浏览器窗口的客户区中的实际内容。例如，页面中的文字、图像、动画、超链接以及其他与 HTML 相关的内容都是在该标记中定义的。

1.3.1 文档标记

一般 HTML 的页面以<HTML>标记开始，以</HTML>标记结束。HTML 文档中的所有内容都应位于这两个标记之间。如果这两个标记之间没有内容，则该 HTML 文档在 IE 浏览器中的显示将是空白的。

<HTML>标记的语法格式如下：

```
<HTML>
...
</HTML>
```

1.3.2 头部标记

头部标记(<HEAD>…</HEAD>)包含的是文档的标题信息，如标题、关键字、说明及样式等。除了<TITLE>标题外，一般位于头部标记中的内容不会直接显示在浏览器中，而是通过其他的方式显示。

(1) 内容。

头部标记中可以嵌套多个标记，如<TITLE>、<BASE>、<ISINDEX>和<SCRIPT>等标记，也可以添加任意数量的属性，如<STYLE>、<META>或<OBJECT>等。除了<TITLE>标记外，嵌入的其他标记可以使用多个。

(2) 位置。

在所有的 HTML 文档中，头部标记不可或缺，但是其起始标记和结尾标记却可以省去。在各个 HTML 的版本文档中，头部标记一直紧跟<BODY>标记，但在框架设置文档中，其后跟的是<FRAMESET>标记。

(3) 属性。

<HEAD>标记的属性 PROFILE 给出了元数据描写的位置，从中可以看到其中的<META>和<LINK>元素的特性。该属性的形式没有严格的格式规定。

1.3.3　主体标记

主体标记(<BODY>…</BODY>)包含了文档的内容，用若干个属性来规定文档中显示的背景和颜色。

主体标记可能用到的属性如下。

(1) BACKGROUND=URL(文档的背景图像，URL 指图像文件的路径)。

(2) BGCOLOR=Color(文档的背景色)。

(3) TEXT=Color(文本颜色)。

(4) LINK=Color(链接颜色)。

(5) VLINK=Color(已访问的链接颜色)。

(6) ALINK=Color(被选中的链接颜色)。

(7) ONLOAD=Script(文档已被加载)。

(8) ONUNLOAD=Script(文档已退出)。

为该标记添加属性的代码格式如下：

```
<BODY BACKGROUNE="URI" BGCOLOR="Color">
...
</BODY>
```

1.4　HTML 的常用标记

HTML 文档是由标记组成的文档，要熟练掌握 HTML 文档的编写，就要先了解 HTML 的常用标记。

1.4.1　标题标记

在 HTML 文档中，文本的结构除了以行和段的形式出现之外，还可以标题的形式存在。通常一篇文档最基本的结构，就是由若干不同级别的标题和正文组成的。

HTML 文档中包含有各种级别的标题，各种级别的标题由元素<h1>到<h6>来定义，其中<h1>代表 1 级标题，级别最高，字号也最大，其他标题元素依次递减，<h6>级别最低。

下面具体介绍标题的使用方法。

【例 1-1】 标题标记的使用(实例文件为 ch01\1.1.html)。具体代码如下：

```
<html>
<head>
<title>文本段换行</title>
</head>
<body>
<h1>这里是 1 级标题</h1>
```

```
<h2>这里是 2 级标题</h2>
<h3>这里是 3 级标题</h3>
<h4>这里是 4 级标题</h4>
<h5>这里是 5 级标题</h5>
<h6>这里是 6 级标题</h6>
</body>
</html>
```

将上述代码输入到记事本文件(即运行【记事本】程序打开的文档)中，并以后缀名为.html的格式保存后，可在 IE 浏览器中预览效果，效果如图 1-14 所示。

图 1-14　标题标记的使用效果

1.4.2　段落标记

段落标记<p>用来定义网页中的一段文本，文本在一个段落中会自动换行。段落标记是双标记，即<p>和</p>，在开始标记<p>和结束标记</p>之间的内容形成一个段落。如果省略掉结束标记，从<p>标记开始，那么直到在下一个段落标记出现之前的文本，都将被默认为同一段段落内。段落标记中的 p 是指英文单词 paragraph(即"段落")的首字母。

下面具体介绍段落标记的使用方法。

【例 1-2】　段落标记的使用(实例文件为 ch01\1.2.html)。具体代码如下：

```
<html>
<head>
<title>段落标记的使用</title>
</head>
<body>
<p>白雪公主与七个小矮人！</p>
<p>很久以前，白雪公主的后母——王后美貌盖世，但魔镜却告诉她世上唯有白雪公主最漂亮。王后怒
火中烧派武士把她押送到森林准备谋害，武士很同情白雪公主让她逃往森林深处。
</p>
<p>
小动物们用善良的心抚慰她，鸟兽们还把她领到一间小屋中，收拾完房间后她进入了梦乡。房子的主人
是在外边开矿的七个小矮人，他们听了白雪公主的诉说后把她留在家中。
</p>
<p>
王后得知白雪公主未死，便用魔镜把自己变成一个老太婆，来到密林深处，哄骗白雪公主吃下一只有毒
的苹果，使公主昏死过去。鸟儿识破了王后的伪装，飞到矿山向小矮人报告了白雪公主的不幸。七个小
矮人火速赶回，王后仓皇逃跑，在狂风暴雨中跌下山崖摔死。
</p>
<p>
```

七个小矮人悲痛万分，把白雪公主安放在一只水晶棺里日日夜夜守护着她。邻国的王子闻讯，骑着白马赶来，爱情之吻使白雪公主死而复生。然后王子带着白雪公主骑上白马，告别了七个小矮人和森林中的动物，到王子的宫殿中开始了幸福的生活。
```
</p>
</body>
</html>
```

将上述代码输入到记事本文件中，并以后缀名为.html 的格式保存，然后在 IE 浏览器中预览效果，如图 1-15 所示，可以看出<p>标记将文本分成了 4 个段落。

图 1-15　段落标记的使用效果

1.4.3　换行标记

使用换行标记
可以给一段文字换行。该标记是一个单标记，它没有结束标记，是英文单词 break 的缩写，作用是将文字在一个段内强制换行。一个
标记代表一次换行，连续的多个标记可以实现多次换行。使用换行标记时，在需要换行的位置添加
标记即可。

下面具体介绍换行标记的使用方法。

【例 1-3】　换行标记的使用(实例文件为 ch01\1.3.html)。具体代码如下：

```
<html>
<head>
<title>文本段换行</title>
</head>
<body>
清明<br/>
清明时节雨纷纷<br/>
路上行人欲断魂<br/>
借问酒家何处有<br/>
牧童遥指杏花村
</body>
</html>
```

将上述代码输入到记事本文件中，并以后缀名为.html 的格式保存，然后在 IE 浏览器中预览效果，如图 1-16 所示。

1.4.4　链接标记

链接标记<a>是网页中最为常用的标记，主要用于把页面中的文本或图片链接到其他的页面、文本或图片。建立链接的要

图 1-16　换行标记的使用效果

素有两个，即可被设置为链接的网页元素和链接指向的目标地址。链接的基本结构如下：

```
<a href=URL>网页元素</a>
```

下面具体介绍链接标记的使用方法。

1. 设置文本和图片的链接

可被设置为链接的网页元素是指网页中通常使用的文本和图片。文本链接和图片链接通过<a>和</a>标记来实现，即将文本或图片放在<a>开始标记和</a>结束标记之间即可建立文本和图片链接。

【例 1-4】 设置文本和图片的链接(实例文件为 ch01\1.4.html)。打开记事本文件，在其中输入以下 HTML 代码：

```
<html>
<head>
<title>文本和图片链接</title>
</head>
<body>
<a href="a.html"><img src="images/Logo.gif"></a>
<a href="b.html">公司简介</a>
</body>
</html>
```

代码输入完成后，将其保存为"链接.html"文件，然后双击该文件，就可以在 IE 浏览器中查看到使用链接标记设置文本和图片的效果了，如图 1-17 所示。

2. 设置电子邮件路径

电子邮件路径，即用来链接一个电子邮件的地址。其写法如下：

```
mailto:邮件地址
```

【例 1-5】 设置电子邮件路径(实例文件为 ch01\1.5.html)。打开记事本文件，在其中输入以下 HTML 代码：

```
<html>
<head>
<title>电子邮件路径</title>
</head>
<body>
使用电子邮件路径：<a href="mailto:liule2012@163.com">链接</a>
</body>
</html>
```

代码输入完成后，将其保存为"电子邮件链接.html"文件，然后双击该文件，就可以在 IE 浏览器中查看到使用链接标记设置电子邮件路径的效果了。当单击含有链接的文本时，会弹出一个发送邮件的对话框，显示效果如图 1-18 所示。

网站开发案例课堂

图 1-17　文本与图片链接效果

图 1-18　电子邮件链接路径效果

1.4.5　列表标记

文字列表可以有序地编排一些信息资源，使其结构化和条理化，并以列表的样式显示出来，以便浏览者能更加快捷地获得相应信息。HTML 中的文字列表如同文字编辑软件 Word 中的项目符号和自动编号。

1. 建立无序列表

无序列表相当于 Word 中的项目符号，无序列表的项目排列没有顺序，只以符号作为分项标识。无序列表的建立使用的是一对标记<ul>和</ul>，其中每一个列表项的建立还要一对标记<li>和</li>。其结构如下：

```
<ul>
  <li>无序列表项</li>
  <li>无序列表项</li>
  <li>无序列表项</li>
  <li>无序列表项</li>
</ul>
```

在无序列表结构中，使用<ul>和</ul>标记表示该无序列表的开始和结束，<li>则表示该列表项的开始。在一个无序列表中可以包含多个列表项，并且<li>的结束标记可以省略。

下面实例介绍了使用无序列表实现文本的排列显示。

【例 1-6】　建立无序列表(实例文件为 ch01\1.6.html)。打开记事本文件，在其中输入以下 HTML 代码：

```
<html>
<head>
<title>嵌套无序列表的使用</title>
</head>
<body>
<h1>网站建设流程</h1>
<ul>
    <li>项目需求</li>
    <li> 系统分析
      <ul>
```

```
        <li>网站的定位</li>
        <li>内容收集</li>
        <li>栏目规划</li>
        <li>网站目录结构设计</li>
        <li>网站标志设计</li>
        <li>网站风格设计</li>
        <li>网站导航系统设计</li>
    </ul>
</li>
<li>伪网页草图
    <ul>
        <li>制作网页草图</li>
        <li>将草图转换为网页</li>
    </ul>
</li>
<li>站点建设</li>
<li>网页布局</li>
<li>网站测试</li>
<li>站点的发布与站点管理 </li>
</ul>
</body>
</html>
```

代码输入完成后，将其保存为"无序列表.html"文件，然后双击该文件，就可以在 IE 浏览器中查看到使用列表标记建立无序列表的效果了，如图 1-19 所示。

通过观察发现，无序列表项中可以嵌套一个列表，如代码中的"系统分析"列表项和"伪网页草图"列表项中都有下级列表，因此在这对<li>和</li>标记间又增加了一对<ul>和</ul>标记。

2. 建立有序列表

有序列表类似于 Word 中的自动编号功能。有序列表的使用方法和无序列表的使用方法基本相

图 1-19　建立的无序列表

同。它使用的标记是<ol>和</ol>，每个列表项前使用的标记是<li>和</li>，且每个项目都有前后顺序之分，多数情况下，该顺序使用数字表示。其结构如下：

```
<ol>
 <li>第 1 项</li>
 <li>第 2 项</li>
 <li>第 3 项</li>
</ol>
```

下面实例介绍了使用有序列表实现文本的排列显示。

【例 1-7】 建立有序列表(实例文件为 ch01\1.7.html)。打开记事本文件，在其中输入以下 HTML 代码：

```
<html>
<head>
```

```
<title>有序列表的使用</title>
</head>
<body>
<h1>本讲目标</h1>
<ol>
  <li>网页的相关概念</li>
  <li>网页与HTML</li>
  <li>Web标准(结构、表现、行为)</li>
  <li>网页设计与开发的过程</li>
  <li>与设计相关的技术因素</li>
  <li>HTML简介</li>
</ol>
</body>
</html>
```

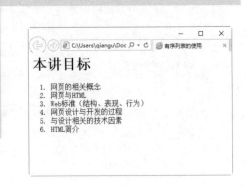

图 1-20　建立的有序列表

代码输入完成后，将其保存为"有序列表.html"文件，然后双击该文件，就可以在 IE 浏览器中查看到使用列表标记建立有序列表后的效果了，如图 1-20 所示。

1.4.6　图像标记

图像可以美化网页，插入图像时可使用图像标记<img>。<img>标记的属性及描述如表 1-1 所示。

表 1-1　<img>标记的属性及描述

属　性	值	描　述
alt	text	定义有关图形的短的描述
src	URL	要显示的图像的 URL
height	pixels %	定义图像的高度
ismap	URL	把图像定义为服务器端的图像映射
usemap	URL	定义作为客户端图像映射的一幅图像。请参阅 <map> 和 <area> 标记，了解其工作原理
vspace	pixels	定义图像顶部和底部的空白。不支持。请使用 CSS 代替
width	pixels %	设置图像的宽度

1. 插入图片

src 属性用于指定图片源文件的路径，它是<img>标记必不可少的属性。其语法格式如下：

```
<img src="图片路径">
```

图片的路径既可以是绝对路径，也可以是相对路径。

【例 1-8】　在网页中插入图片(实例文件为 ch01\1.8.html)。打开记事本文件，在其中输入以下 HTML 代码：

```
<html>
<head>
<title>插入图片</title>
</head>
<body>
<img src="images/meishi.jpg">
</body>
</html>
```

图 1-21　插入图片的显示效果

代码输入完成，将其保存为"插入图片.html"文件，然后双击该文件，就可以在 IE 浏览器中查看到使用<img>标记插入图片后的效果了，如图 1-21 所示。

2. 从不同位置插入图片

在插入图片时，用户可以将其他文件夹或服务器中的图片显示到网页中。

【例 1-9】　从不同位置插入图片(实例文件为 ch01\1.9.html)。打开记事本文件，在其中输入以下 HTML 代码：

```
<html>
<body>
<p>
来自一个文件夹的图像：
<img src="images/meishi.jpg" />
</p>
<p>
来自 baidu 的图像：
<img
src="http://www.baidu.com/img/shouye
_b5486898c692066bd2cbaeda86d74448
.gif" />
</p>
</body>
</html>
```

图 1-22　从不同位置插入的图像

代码输入完成后，将其保存为"插入其他位置图片.html"文件，然后双击该文件，就可以在 IE 浏览器中查到使用<img>标记插入图像后的效果了，如图 1-22 所示。

3. 设置图片的宽度和高度

在 HTML 文档中，还可以任意设置插入图片的显示大小。设置图片尺寸可通过图片的属性 width(宽度)和 height(高度)来实现。

【例 1-10】　设置图片在网页中的宽度和高度(实例文件为 ch01\1.10.html)。打开记事本文件，在其中输入以下 HTML 代码：

```
<html>
<head>
```

```
<title>插入图片</title>
</head>
<body>
<img src="images/01.jpg">
<img src="images/01.jpg" width="200">
<img src="images/01.jpg" width="200" height="300">
</body>
</html>
```

代码输入完成后，将其保存为"设置图片大小.html"文件，然后双击该文件，就可以在 IE 浏览器中查看到使用<img>标记设置的图片宽度和高度效果了，如图 1-23 所示。

由图 1-23 可以看到，图片的显示尺寸是由 width 和 height 控制的。当只为图片设置一个尺寸属性时，另一个尺寸就以图片原始的长宽比例来显示。图片的尺寸单位可以选择百分比或数值。百分比为相对尺寸，数值是绝对尺寸。

图 1-23　图片高度与宽度的设置效果

 网页中插入的图像都是位图，当放大图片的尺寸时，图片就会出现马赛克，变得很模糊。

 在 Windows 中查看图片的尺寸，只需找到图像文件，把鼠标指针移动到图像上，停留几秒后，就会出现一个提示框，显示出该图片文件的尺寸。尺寸后显示的数字，代表的是图片的宽度和高度，如 256×256。

1.4.7　表格标记

HTML 中的表格标记有以下几个。

- <table>…</table>标记：<table>标记用于标识一个表格对象的开始；</table>标记标识一个表格对象的结束。一个表格中，只允许出现一对<table>和</table>标记。
- <tr>…</tr>标记：<tr>标记用于标识表格一行的开始；</tr>标记用于标识表格一行的结束。表格内有多少对<tr>和</tr>标记，就表示表格中有多少行。
- <td>…</td>标记：<td>标记用于标识表格某行中的一个单元格开始；</td>标记用于标识表格某行中的一个单元格结束。<td>和</td>标记书写在<tr>和</tr>标记内。一对<tr>和</tr>标记内有多少对<td>和</td>标记，就表示该行有多少个单元格。

最基本的表格必须包含一对<table>和</table>标记、一对或几对<tr>和</tr>标记以及一对或几对<td>和</td>标记。一对<table>和</table>标记定义一个表格，一对<tr>和</tr>标记定义一行，一对<td>和</td>标记定义一个单元格。

【例 1-11】 定义一个 4 行 3 列的表格(实例文件为 ch01\1.11.html)。打开记事本文件，在其中输入以下 HTML 代码。

```
<html>
<head>
<title>表格基本结构</title>
</head>
<body>
<table border="1">
  <tr>
    <td>A1</td>
    <td>B1</td>
    <td>C1</td>
  </tr>
  <tr>
    <td>A2</td>
    <td>B2</td>
    <td>C2</td>
  </tr>
  <tr>
    <td>A3</td>
    <td>B3</td>
    <td>C3</td>
  </tr>
  <tr>
    <td>A4</td>
    <td>B4</td>
    <td>C4</td>
  </tr>
</table>
</body>
</html>
```

代码输入完成后，将其保存为“表格.html”文件，然后双击该文件，就可以在 IE 浏览器中查看到使用表格标记插入表格后的效果了，如图 1-24 所示。

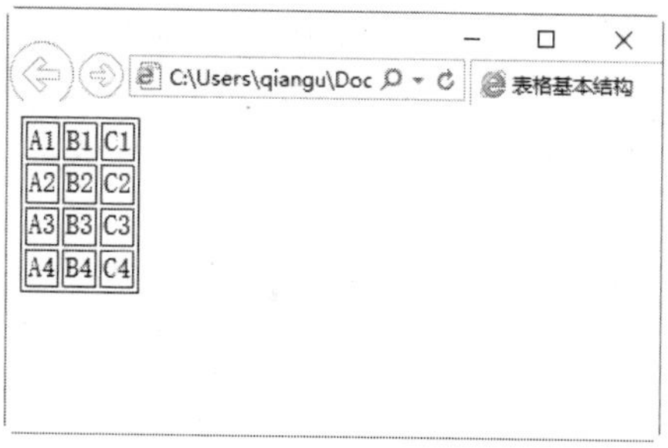

图 1-24　表格标记的使用

1.4.8　表单标记

表单主要用于收集网页上浏览者的相关信息。其标记为<form>和</form>。表单的基本语法格式如下：

```
<form action="url" method="get|post" enctype="mime">
</form >
```

其中，action="url"用于指定处理提交表单的格式，它可以是一个 URL 地址或一个电子邮件地址。method="get | post"用于指明提交表单的 HTTP 方法。enctype="mime"用于指明把表单提交给服务器时的互联网媒体形式。表单是一个能够包含表单元素的区域。通过添加不同的表单元素，将显示不同的效果。

下面介绍如何使用表单标记开发一个简单网站的用户意见反馈页面。

【例 1-12】 开发用户意见反馈页面(实例文件为 ch01\1.12.html)。打开记事本文件，在其中输入以下 HTML 代码：

网站开发案例课堂

```html
<html>
<head>
<title>用户意见反馈页面</title>
</head>
<body>
<h1 align=center>用户意见反馈页面</h1>
<form method="post" >
<p>姓    名:
<input type="text" class=txt size="12" maxlength="20" name="username" />
</p><p>性    别:
<input type="radio" value="male" />男
<input type="radio" value="female" />女
</p><p>年    龄:
<input type="text" class=txt name="age"  />
</p>
<p>联系电话:
<input type="text" class=txt name="tel" />
</p><p>电子邮件:
<input type="text" class=txt name="email" />
</p><p>联系地址:
<input type="text"  class=txt name="address" />
</p>
<p>
请输入您对网站的建议<br>
<textarea name="yourworks" cols ="50" rows = "5"></textarea>
<br>
<input type="submit" name="submit" value="提交"/>
<input type="reset" name="reset" value="清
除" />
</p>
</form>
</body>
</html>
```

图 1-25　表单标记的使用效果

代码输入完成后，将其保存为"表单.html"文件，然后双击该文件，就可以在 IE 浏览器中查看到使用表单标记插入表单后的效果了，如图 1-25 所示，可以看到创建的用户反馈表单，包含一个标题"用户意见反馈页面"，还包括"姓名""性别""年龄""联系电话""电子邮件""联系地址"等内容。

1.5　综合案例——制作日程表

通过在记事本文件中输入 HTML 语言代码，可以制作出多种多样的页面效果。本节将以制作日程表为例，介绍 HTML 语言的综合应用方法。其具体的操作步骤如下。

step 01　打开记事本文件，在其中输入以下代码：

```html
<html>
 <head>
   <META http-equiv="Content-Type" content="text/html; charset=gb2312" />
<title>制作日程表</title>
</head>
```

```
<body>
</body>
</html>
```

输入以上代码后的记事本页面，如图 1-26 所示。

step 02 在</head>标记之前输入以下代码：

```
<style type="text/css">
body {
background-color: #FFD9D9;
text-align: center;
}
</style>
```

输入以上代码后的记事本页面，如图 1-27 所示。

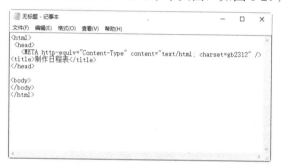

图 1-26 输入代码后的记事本页面(1)

图 1-27 输入代码后的记事本页面(2)

step 03 在</style>之前输入以下代码：

```
.ziti {
    font-family: "方正粗活意简体", "方正大黑简体";
    font-size: 36px;
}
```

输入以上代码后的记事本页面，如图 1-28 所示。

step 04 在<body>和</body>标记之间输入以下代码：

```
<span class="ziti">一周日程表</span>
```

输入以上代码后的记事本页面，如图 1-29 所示。

图 1-28 输入代码后的记事本页面(3)

图 1-29 输入代码后的记事本页面(4)

step 05 在</body>标记之前输入以下代码：

```
<table width="470" border="1" align="center" cellpadding="2"
cellspacing="3">
  <tr>
    <td width="84" style="text-align: center"> </td>
    <td width="84" style="text-align: center">工作一</td>
    <td width="84" style="text-align: center">工作二</td>
    <td width="86" style="text-align: center">工作三</td>
    <td width="83" style="text-align: center">工作四</td>
  </tr>
  <tr>
    <td style="text-align: center; font-family: '宋体';">星期一</td>
    <td style="text-align: center"> </td>
    <td style="text-align: center"> </td>
    <td style="text-align: center"> </td>
    <td style="text-align: center"> </td>
  </tr>
  <tr>
    <td style="text-align: center; font-family: '宋体';">星期二</td>
    <td style="text-align: center"> </td>
    <td style="text-align: center"> </td>
    <td style="text-align: center"> </td>
    <td style="text-align: center"> </td>
  </tr>
  <tr>
    <td style="text-align: center; font-family: '宋体';">星期三</td>
    <td style="text-align: center"> </td>
    <td style="text-align: center"> </td>
    <td style="text-align: center"> </td>
    <td style="text-align: center"> </td>
  </tr>
  <tr>
    <td style="text-align: center; font-family: '宋体';">星期四</td>
    <td style="text-align: center"> </td>
    <td style="text-align: center"> </td>
    <td style="text-align: center"> </td>
    <td style="text-align: center"> </td>
  </tr>
  <tr>
    <td style="text-align: center; font-family: '宋体';">星期五</td>
    <td style="text-align: center"> </td>
    <td style="text-align: center"> </td>
    <td style="text-align: center"> </td>
    <td style="text-align: center"> </td>
  </tr>
</table>
```

输入以上代码后的记事本页面，如图 1-30 所示。

step 06 在【记事本】窗口中选择【文件】→【保存】菜单命令，弹出【另存为】对话框，在【保存在】下拉列表框中设置保存文件的位置，在【文件名】下拉列表框中输入"制作日程表.html"，然后单击【保存】按钮，如图 1-31 所示。

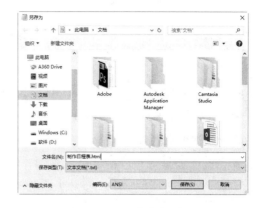

图 1-30 输入代码后的记事本页面(5)　　　　图 1-31 【另存为】对话框

step 07 双击打开保存的"制作日程表.html"文件，即可看到制作的日程表，如图 1-32 所示。

step 08 如果需要在日程表中添加工作内容，可以用【记事本】程序打开"制作日程表.html"文件，在代码段\<td style="text-align: center">\ \</td>的\ 之前输入内容即可。比如要输入星期一完成的第 1 件工作内容"完成校对"，可在如图 1-33 所示的位置输入。

图 1-32 查看制作的日程表　　　　图 1-33 输入内容后的记事本页面

step 09 保存后用浏览器打开该文档，即可看到添加的工作内容，如图 1-34 所示。

图 1-34 查看制作的日程表

1.6 疑 难 解 惑

疑问 1：HTML5 中的单标记和双标记的书写方法是什么？

答： HTML5 中的标记分为单标记和双标记。单标记是指没有结束标记的标记，双标记是指既有开始标记又包含结束标记。

对于单标记是不允许写结束标记的元素，只允许以<元素/>的形式进行书写和使用。例如，
和</br>的书写方式是错误的，正确的书写方式为
。当然，在 HTML5 之前的版本中，
这种书写方法可以被沿用。HTML5 中不允许写结束标记的元素有 area、base、br、col、command、embed、hr、img、input、keygen、link、meta、param、source、track、wbr。

对于部分双标记可以省略结束标记。HTML5 中允许省略结束标记的元素有 li、dt、dd、p、rt、rp、optgroup、option、colgroup、thead、tbody、tfoot、tr、td、th。

HTML5 中有些元素还可以完全被省略。即使这些标记被省略了，该元素还是以隐式的方式存在。HTML5 中允许省略全部标记的元素有 html、head、body、colgroup、tbody。

疑问 2：使用记事本编辑 HTML 文件时应注意哪些事项？

答： 很多初学者在保存文件时，没有将 HTML 文件的扩展名.html 或.htm 作为文件的后缀，导致文件还是以.txt 为扩展名，因此，无法在浏览器中查看。如果读者是通过单击右键创建的记事本文件，那么在给文件重命名时，一定要以.html 或.htm 作为文件的后缀。特别要注意的是，当 Windows 系统的扩展名是隐式的时，更容易出现这样的错误。为避免这种情况的发生，读者可以在【文件夹选项】对话框中查看扩展名是否是显式的。

第 2 章
整体把握网站结构——网站配色与布局

一个网站能否成功，很大程度上取决于网页的结构与配色。因此，在学习制作动态网站之前，首先需要掌握网站结构与网页配色的相关基础知识。本章介绍的内容包括网页配色的相关技巧、网站结构的布局以及网站配色的经典案例等。

2.1 善用色彩设计网页

经研究发现，当用户第一次打开某个网站时，给用户留下第一印象的既不是网站的内容，也不是网站的版面布局，而是网站具有冲击力的色彩，如图 2-1 所示。

图 2-1 网页色彩搭配

色彩的魅力是无限的，它可以让本身平淡无味的东西瞬间变得漂亮起来。作为最具说服力的视觉语言，作为最强烈的视觉冲击，色彩在人们的生活中起着先声夺人的作用。因此，作为一名优秀的网页设计师，不仅要掌握基本的网站制作技术，还要掌握网站的配色风格等设计艺术。

2.1.1 认识色彩

为了能更好地应用色彩来设计网页，需要先了解色彩的一些基本概念。自然界中有许多种色彩，比如玫瑰是红色的、大海是蓝色的、橘子是橙色的……但是最基本的色彩只有 3 种(红、绿、蓝)，其他的色彩都可以由这 3 种色彩调和而成。这 3 种色彩称为"三原色"，如图 2-2(a)所示。

现实生活中的色彩可以分为彩色和非彩色。其中黑白灰属于非彩色系列；其他的色彩都属于彩色系列。任何一种彩色的色彩都具备色相、明度和纯度 3 个特征。而非彩色的色彩只具有明度属性。

1. 色相

色相指的是色彩的名称。这是色彩最基本的特征，是一种色彩区别于另一种色彩最主要的因素，如紫色、绿色、黄色等都代表了不同的色相。同一色相的色彩，通过调整亮度或者纯度，就很容易搭配，如图 2-2(b)所示。

2. 明度

明度也叫亮度，是指色彩的明暗程度。明度越大，色彩越亮，比如一些购物、儿童类网站，用的是一些鲜亮的颜色，让人感觉绚丽多姿、生机勃勃。明度越低，颜色越暗。低明度的色彩主要用于一些充满神秘感的游戏类网站，以及一些为了体现个人的孤僻或者忧郁等性格的个人网站。

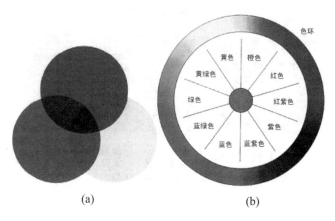

图 2-2　三原色与色相

有明度差的色彩更容易调和，如紫色(#993399)与黄色(#ffff00)、暗红(#cc3300)与草绿(#99cc00)、暗蓝(#0066cc)与橙色(#ff9933)等，如图 2-3 所示。

图 2-3　色彩的明度

3. 纯度

纯度指色彩的鲜艳程度。纯度高的色彩颜色鲜亮；纯度低的色彩颜色暗淡发灰。

2.1.2　确定网站的主题色

一个网站一般不使用单一颜色，因为会让人感觉单调、乏味；但也不能将所有的颜色都运用到网站中，让人感觉不庄重。一个网站必须围绕一种或两种主题色进行设计，这样既不至于让客户迷失方向，也不至于让客户感到单调、乏味。所以确定网站的主题色是设计者必须考虑的问题之一。

1. 主题色确定的两个方面

在确定网站主题色时，通常可以从以下两个方面去考虑。

1）　结合产品、内容特点

根据产品的特点来确定网站的主色调。如果企业产品是环保型的，可以采用绿色；如果企业主营的产品是高科技或电子类的，可以采用蓝色等；如果是红酒企业，则可以考虑使用红酒的色调，如图 2-4 所示。

图 2-4　商业网站色彩的搭配

2)　根据企业的 VI 识别系统

如今有很多公司都有自己的 VI 识别系统,从公司的名片、办公室的装修、手提袋等可以看到,这些都是公司沉淀下来的企业文化。网站作为企业的宣传方式之一,也在一定程度上需要考虑这些因素。

2. 主题色的设计原则

在主题色确定时还要考虑以下原则,这样设计出的网站界面才能别出心裁,体现出企业的独特风格,更有利于向受众传递企业信息。

1)　与众不同、富有个性

过去许多网站都喜欢选择与竞争对手的网站相近的颜色,试图通过这样的策略来快速实现网站构建,减少建站成本,但这种建站方式鲜有成功者。网站的主题色一定要与竞争网站能明显地区别开,只有与众不同、别具一格才是成功之道,这是网站主题色选择的首要原则。如今越来越多的网站规划者开始认识到一点,比如中国联通已经改变过去模仿中国移动的色彩,推出了与中国移动区别明显的橘色作为新的标准色,如图 2-5 所示。

图 2-5　以橘色为标准色的中国联通网页

2) 符合大众审美习惯

由于大众的色彩偏好非常复杂，而且是多变的，甚至是瞬息万变的，因此要选择最能吻合大众偏好的色彩非常困难，甚至是不可能的。最好的办法是剔除掉大众所禁忌的颜色。比如，巴西人忌讳棕黄色和紫色，他们认为棕黄色使人绝望，紫色会带来悲哀，紫色和黄色配在一起，则是患病的预兆。所以在选择网站主题色时要考虑用户群体的审美习惯。

2.1.3 网页中色彩的搭配

色彩在人们的生活中带有丰富的感情和含义，在特定的场合下，同种色彩可以代表不同的含义。色彩总的应用原则应该是"总体协调，局部对比"，即主页的整体色彩效果是和谐的，局部、小范围的地方可以配一些对比强烈的色彩。在色彩的运用上，可根据主页内容的需要，分别采用不同的主色调。

色彩具有象征性，比如嫩绿色、翠绿色、金黄色、灰褐色分别象征春、夏、秋、冬。其次还有职业的标志色，比如军警的橄榄绿、医疗卫生的白色等。色彩还具有明显的心理感觉，比如冷、暖的感觉，进、退的效果等。另外，色彩还具有民族性。各个民族由于环境、文化、传统等因素的影响，对于色彩的喜好也存在着较大的差异。

1. 色彩的搭配

充分运用以下色彩的这些特性，可以使网站的主页具有深刻的艺术内涵，从而提升主页的文化品位。

(1) 相近色。色环中相邻的 3 种颜色。相近色的搭配给人的视觉效果很舒适、很自然，所以相近色在网站设计中极为常用。

(2) 互补色。色环中相对的两种色彩。对互补色调整一下补色的亮度，有时是一种很好的搭配。

(3) 暖色。暖色与黑色搭配，一般应用于购物类网站、电子商务网站、儿童类网站等，用以体现商品的琳琅满目，或网站的活泼、温馨等效果，如图 2-6 所示。

(4) 冷色。冷色一般与白色搭配，通常应用于一些高科技、游戏类网站，主要表达严肃、稳重等效果。绿色、蓝色、蓝紫色等都属于冷色系列，如图 2-7 所示。

图 2-6　暖色色系的网页示例

图 2-7　冷色色系的网页示例

(5) 色彩均衡。网站要让人看上去舒适、协调，除了文字、图片等内容的排版合理外，色彩均衡也是相当重要的一部分。比如一个网站不可能单一地运用一种颜色，所以色彩的均衡问题是设计者必须要考虑的问题。

2. 非彩色的搭配

黑色与白色搭配是最基本和最简单的搭配，无论是白字黑底还是黑底白字都非常清晰明了。灰色是万能色，可以和任何色彩搭配，也可以帮助两种对立的色彩和谐过渡。如果在网页设计中实在找不出合适的搭配色彩，那么可以尝试用灰色，效果绝对不会太差，如图2-8所示。

图2-8 黑白色性的网页示例

2.1.4 网页元素的色彩搭配

为了让网页设计得更靓丽、更舒适，增强页面的可阅读性，必须合理、恰当地运用页面各元素间的色彩搭配。

1. 网页导航条

网页导航条是网站的指路方向标，浏览者在网页间的跳转、了解网站的结构、查看网站的内容时都必须使用导航条。导航条的色彩搭配，可以使用稍微具有跳跃性的色彩吸引浏览者的视线，使其感觉网站清晰明了、层次分明，如图2-9所示。

图2-9 网页导航条的色彩搭配

2. 网页链接

一个网站不可能只有一页，所以文字与图片的链接是网站中不可缺少的部分。尤其是文字链接，因为文字链接有别于一般文字，所以文字链接的颜色不能与文字的颜色一样。要让浏览者快速找到网站链接，设置独特的文字链接颜色是一种驱使浏览者单击链接的好办法，如图2-10所示。

图 2-10 网页链接的色彩搭配

3. 网页文字

如果网站中使用了背景颜色，就必须考虑背景颜色的用色与前景文字的色彩搭配问题。一般的网站侧重的是文字，所以背景的颜色可以使用纯度或者明度较低的色彩，文字的颜色可以使用较为突出的亮色，让人一目了然。

4. 网站标志

网站标志是宣传网站最重要的部分之一，所以网站标志在页面上一定要突出、醒目，可以将网站的 Logo 或 Banner 做得鲜亮一些。也就是说，在色彩搭配方面网站标志的色彩要与网页的主题色彩分离开。有时为了更突出，也可以使用与主题色相反的颜色，如图 2-11 所示。

图 2-11 网站标志的色彩搭配

2.1.5 网页色彩搭配的技巧

色彩搭配是一门艺术，灵活地运用它能让网站的主页更具亲和力。要想制作出漂亮的主页，在灵活运用色彩的基础上还需要加上自己的创意和技巧。下面详细介绍网页色彩搭配的一些常用技巧。

1. 单色的使用

尽管网站设计要避免采用单一的色彩，以免产生单调的感觉，但通过调整单一色彩的饱和度与透明度，也可以使网站色彩产生变化，使网站避免单调，做到色彩统一、有层次感，如图 2-12 所示。

2. 邻近色的使用

邻近色就是色带上相邻近的颜色，比如绿色和蓝色、红色和黄色就互为邻近色。采用邻近色设计网页可以使网页避免色彩杂乱，易于使页面色彩丰富、和谐统一，如图 2-13 所示。

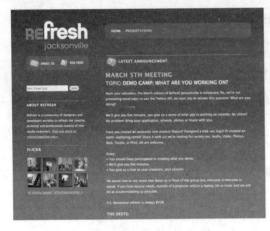

图 2-12　单色的使用示例　　　　　　　　图 2-13　邻近色的使用示例

3. 对比色的使用

对比色可以突出重点，产生强烈的视觉效果。通过合理使用对比色，能够使网站特色鲜明、重点突出。在设计时，一般以一种颜色为主色调，将对比色作为点缀，可以对设计起到画龙点睛的作用。

4. 黑色的使用

黑色是一种特殊的颜色，如果使用恰当、设计合理，往往能产生很强的艺术效果。黑色一般用来作为背景色，与其他纯度色彩搭配使用。

5. 背景色的使用

背景颜色不要太深，否则会显得过于厚重，而且还会影响整个页面的显示效果。在设计时，一般采用素淡清雅的色彩，避免采用花纹复杂的图片和纯度很高的色彩作为背景色，同时，背景色要与文字的色彩对比强烈一些。但也有例外，使用黑色的背景衬托靓丽的文本和图像，则会给人一种另类的感觉，如图 2-14 所示。

6. 色彩的数量

一般初学者在设计网页时往往会使用多种颜色，使网页变得很“花”，缺乏统一和协调感，缺乏内在的美感，给人一种繁杂的感觉。事实上，网站用色并不是越多越好，一般应控制在 4 种色彩以内，可以通过调整色彩的各种属性来使网页产生颜色上的变化，从而保持整个网页的色调统一。

图2-14　背景色的使用示例

7. 要和网站内容匹配

了解网站所要传达的信息和品牌，选择可以加强这些信息的颜色，比如在设计一个强调稳健的金融机构时，就要选择冷色系，如柔和的蓝、灰或绿色。如果使用暖色系或活泼的颜色，可能会破坏该网站的品牌。

8. 围绕网页主题

色彩要能烘托出主题。根据主题确定网站颜色，同时还要考虑网站的访问对象，文化的差异也会使色彩产生非预期的反应。还有，不同地区与不同年龄层对颜色的反应也会有所不同。年轻人一般比较喜欢饱和色，但这样的颜色引不起高龄人群的兴趣。

此外，白色是网站用得最普遍的一种颜色。很多网站甚至留出大块的白色空间，作为网站的一个组成部分，这就是留白艺术。很多设计性网站较多地运用留白艺术，给人一个遐想的空间，让人感觉心情舒适、畅快。恰当的留白对于协调页面的均衡会起到相当大的作用，如图2-15所示。

总之，色彩的使用并没有一定的法则，如果一定要用某个法则去套，效果只会适得其反。色彩的运用还与每个人的审美观、个人喜好、知识层次等密切相关。一般应先确定一种能体现主题的主体色，然后根据具体的需要通过近似和对比的手段来完成整个页面的配色方案。整个页面在视觉上应该是一个整体，以达到和谐、悦目的视觉效果，如图2-16所示。

图2-15　网页留白处理

图2-16　网页色彩的搭配

2.2　常见网站的布局结构

在规划网站的页面前，对所要创建的网站要有充分的认识和了解。大量的前期准备工作可使设计者在规划网页时胸有成竹、得心应手、一路畅行。在网站中网页布局大致可分为"国"字型、标题正文型、左右框架型、上下框架型、综合框架型、封面型、Flash 型等。

2.2.1　"国"字型

"国"字型也可以称为"同"字型，它是布局一些大型网站时常用的一种结构类型，即网页最顶端是网站的标题和横幅广告条，接下来是网站的主要内容。网页左右分列一些内容条目，中间是主要部分，与左右一起罗列到底。最下方是网站的一些基本信息、联系方式和版权声明等。这种结构几乎是网上使用最多的一种结构类型，如图 2-17 所示。

图 2-17　"国"字型网页结构

2.2.2　标题正文型

标题正文型即网页最上方是标题或类似的一些东西，下方是正文，如图 2-18 所示。一些网站的文章页面或注册页面等采用的就是这种类型。

图 2-18　标题正文型网页结构

2.2.3 左右框架型

左右框架型是一种左右分布的框架结构。一般来说，左侧是导航链接，有时最上方会有一个小的标题或标志，右侧是正文。大部分的大型论坛采用的都是这种结构，有一些企业网站也喜欢采用这种结构。这种类型的结构非常清晰，使人一目了然，如图 2-19 所示。

2.2.4 上下框架型

上下框架型与左右框架型类似，区别仅在于这是一种分为上下两部分的框架，如图 2-20 所示。

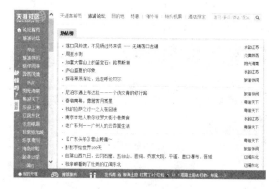

图 2-19 左右框架型网页结构

图 2-20 上下框架型网页结构

2.2.5 综合框架型

综合框架型是多种结构的结合，是相对复杂的一种框架结构，如图 2-21 所示。

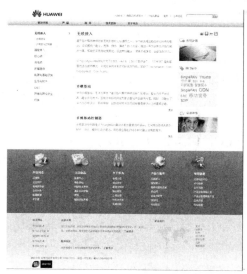

图 2-21 综合框架型网页结构

2.2.6 封面型

封面型网页结构基本上出现在一些网站的首页，大部分为一些精美的平面设计与一些小的动画相结合，放上几个简单的链接，或者仅是一个"进入"的链接，甚至直接在首页的图片上做链接而没有任何提示。这种类型大部分出现在企业网站和个人主页。如果处理得好，则会给人带来赏心悦目的感觉，如图 2-22 所示。

2.2.7 Flash 型

其实 Flash 型网页结构与封面型结构是类似的，只是这种类型采用了目前非常流行的 Flash。与封面型不同的是，由于 Flash 具有强大的功能，所以页面所表达的信息更丰富。其视觉效果及听觉效果如果处理得当，绝不亚于传统的多媒体，如图 2-23 所示。

图 2-22　封面型网页结构

图 2-23　Flash 型网页结构

2.3　综合案例——定位网站页面的框架

在网站布局中采用"综合框架型"网页结构对网站进行布局，即网站的头部主要用于放置网站 Logo 和网站导航；网站的左框架主要用于放置商品分类、销售排行榜等；网站的主体部分则为显示网站的商品和对商品的购买交易；网站的底部主要放置版权信息等。

设计网页之前，设计者可以先在 Photoshop 中勾画出框架，然后再在该框架的基础上进行布局，具体的操作步骤如下。

step 01 打开 Photoshop CC，如图 2-24 所示。

step 02 选择【文件】→【新建】菜单命令，打开【新建】对话框，在其中设置文档的【宽度】为 1024 像素、【高度】为 800 像素，如图 2-25 所示。

step 03 单击【确定】按钮，即可创建一个 1024 像素×800 像素的文档，如图 2-26 所示。

step 04 选择左侧工具箱中的【矩形工具】，并调整路径状态，画一个矩形框，如图 2-27 所示。

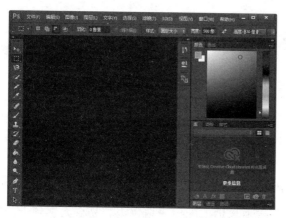

图 2-24　Photoshop CC 的操作界面

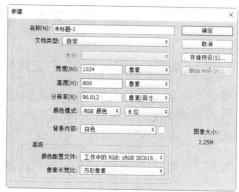

图 2-25　【新建】对话框

图 2-26　创建空白文档

图 2-27　绘制矩形框

step 05 使用文字工具创建一个文本图层，输入"网站页面的头部"，如图 2-28 所示。

step 06 依次绘出网站页面的中左、中右和底部，网站页面的结构布局最终如图 2-29 所示。
确定好网站页面框架后，就可以结合各相关知识进行网站页面不同区域的布局设计了。

图 2-28　输入文字

图 2-29　网站页面结构的最终布局

2.4 疑难解惑

疑问1：如何使自己网站的配色更具有亲和力？

答： 在对网页进行配色时，必须考虑网站本身的性质。如果网站的产品以化妆品为主，那么这样的网站配色多采用柔和、柔美、明亮的色彩，可以给人一种温柔的感觉，具有很强的亲和力。

疑问2：如何在自己的网页中营造出地中海风情的配色？

答： 使用"白+蓝"的配色，可营造出地中海风情的配色。白色很容易令人感到十分的自由，好像是属于大自然的一部分，令人心胸开阔，像海天一色的大自然一样开阔自在。要想营造这样的地中海式风情，必须把室内的物品，比如家具、装饰品、窗帘等都限制在一个色系中，这样就会产生统一感。对于向往碧海蓝天的人士，白色与蓝色是居家生活最佳的搭配选择。

第 3 章

磨刀不误砍柴工——
使用 Dreamweaver
CC 创建站点

　　Dreamweaver CC 是一款专业的网页编辑软件，利用它可以创建网页。其强大的站点管理功能、合理的站点结构能够加快对站点的设计，提高工作效率，节省时间。本章将要介绍的内容就是如何利用 Dreamweaver CC 创建并管理网站站点。

3.1 认识 Dreamweaver CC

在学习如何使用 Dreamweaver CC 制作网页之前，先来认识一下 Dreamweaver CC 的工作环境。

3.1.1 启动 Dreamweaver CC

完成 Dreamweaver CC 的安装后，就可以启动 Dreamweaver CC 了，具体操作步骤如下。

step 01 选择【开始】→Adobe Dreamweaver CC 命令，或双击桌面上的 Dreamweaver CC 快捷图标，如图 3-1 所示。

step 02 启动 Dreamweaver CC，进入 Dreamweaver CC 的初始化界面。Dreamweaver CC 的初始化界面时尚、大方，给人以焕然一新的感觉，如图 3-2 所示。

图 3-1 选择 Adobe Dreamweaver CC 命令　　　图 3-2 Dreamweaver CC 的初始化界面

step 03 通过初始化界面，便可打开 Dreamweaver CC 工作区的开始页面。默认情况下，Dreamweaver CC 的工作区是以【设计】视图布局的，如图 3-3 所示。

step 04 在开始页面中，单击【新建】栏下方的 HTML 选项，即可打开 Dreamweaver CC 的工作界面，如图 3-4 所示。

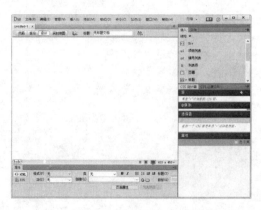

图 3-3 Dreamweaver CC 的开始界面　　　图 3-4 Dreamweaver CC 的工作界面

3.1.2　认识 Dreamweaver CC 的工作区

在 Dreamweaver CC 的工作区可查看到文档和对象属性。工作区将许多常用的工具放置于工具栏中，便于快速地对文档进行修改。Dreamweaver CC 的工作区主要由应用程序栏、菜单栏、【插入】面板、文档工具栏、文档窗口、状态栏、【属性】面板和面板组等部分组成，如图 3-5 所示。

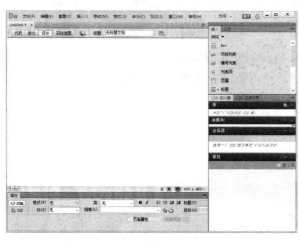

图 3-5　Dreamweaver CC 的工作界面

1. 菜单栏

该部分包括 10 个菜单，单击每个菜单的标签，会弹出一个下拉菜单，利用菜单中的命令基本上能够实现 Dreamweaver CC 的所有功能。菜单栏如图 3-6 所示。

文件(F)　编辑(E)　查看(V)　插入(I)　修改(M)　格式(O)　命令(C)　站点(S)　窗口(W)　帮助(H)

图 3-6　菜单栏

2. 文档工具栏

该部分包含 3 种文档窗口视图(代码、拆分和设计)按钮、各种查看选项和一些常用的操作功能(如在浏览器中预览)，如图 3-7 所示。

代码　拆分　设计　实时视图　　　　标题: 无标题文档

图 3-7　文档工具栏

文档工具栏中常用按钮的功能如下。

(1)　【显示代码视图】按钮 代码 ：单击该按钮，可以在文档窗口中显示和修改 HTML 源代码。

(2)　【显示代码视图和设计视图】按钮 拆分 ：单击该按钮，在文档窗口中同时显示 HTML 源代码和页面的设计效果。

(3)　【显示设计视图】按钮 设计 ：单击该按钮，可以在文档窗口中显示网页的设计效果。

(4) 【实时视图】按钮 实时视图 ：单击该按钮，显示不可编辑的、交互式的、基于浏览器的文档视图。

(5) 【在浏览器中预览/调试】按钮 ：单击该按钮，可在定义好的浏览器中预览或调试网页。

(6) 【文档标题】文本框 标题：无标题文档 ：该文本框用于设置或修改文档的标题。

(7) 【文件管理】按钮 ：单击该按钮，通过弹出的菜单可实现消除只读属性、获取、取出、上传、存回、撤销取出、设计备注以及在站点定位等功能。

3. 文档窗口

文档窗口用于显示当前创建和编辑的文档。在该窗口中，既可以输入文字、插入图片、绘制表格等，也可以对整个页面进行处理，如图 3-8 所示。

图 3-8　文档窗口

4. 状态栏

状态栏位于文档窗口的底部，包括两个功能区，即标签选择器(用于显示和控制文档当前插入点位置的 HTML 源代码标记)、窗口大小弹出菜单(用于显示页面大小，允许将文档窗口的大小调整到预定义或自定义的尺寸)，如图 3-9 所示。

图 3-9　状态栏

5. 【属性】面板

【属性】面板是网页中非常重要的面板，用于显示在文档窗口中所选元素的属性，并且可以对被选中元素的属性进行修改。该面板随着选择元素的不同而显示不同的属性，如图 3-10 所示。

图 3-10　【属性】面板

6.【插入】面板

【插入】面板包含将各种网页元素(如图像、表格和 AP 元素等)插入到文档时的快捷按钮。每个对象都是一段 HTML 代码，插入不同的对象时，可以设置不同的属性。单击相应的按钮，可插入相应的元素。要显示【插入】面板，选择【窗口】→【插入】菜单命令即可，如图 3-11 所示。

7.【文件】面板

【文件】面板用于管理文件和文件夹，无论它们是 Dreamweaver 站点的一部分，还是位于远程服务器上。在【文件】面板中还可以访问本地磁盘中的全部文件，如图 3-12 所示。

图 3-11 【插入】面板

图 3-12 【文件】面板

3.1.3 体验 Dreamweaver CC 的新增功能

Dreamweaver CC 是 Dreamweaver 的最新版本，它同以前的 Dreamweaver CS6 版本相比，增加了一些新的功能，并且还增强了很多原有的功能。下面就对 Dreamweaver CC 的新增功能进行简单介绍，带领读者一起体验 CC 的新增功能。

1. CSS 设计器

Dreamweaver CC 新增了 CSS 设计器功能，高度直观的可视化编辑工具，不仅可以帮助用户生成 Web 标准的代码，而且可以快速查看和编辑与特定上下文有关的样式，如图 3-13 所示。

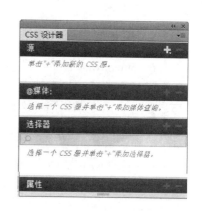

图 3-13 CSS 设计器

2. 云同步

Dreamweaver CC 新增了云同步功能，通过该功能用户可以在 Creative Cloud 上存放文件、应用程序和站点定义。当需要时只需登录 Creative Cloud 即可随时随地访问它们。

在 Dreamweaver CC 界面中，选择【编辑】→【首选项】菜单命令，打开【首选项】对话框，在【分类】列表框中选择【同步设置】选项，即可在右侧的面板中设置云同步，如图 3-14 所示。

图 3-14　【首选项】对话框

3．支持新平台

Dreamweaver CC 对 HTML5、CSS3、jQuery 和 jQuery Mobile 支持更灵活和更完善。

4．用户界面简化

对工作界面进行了全新的简化，减少了对话框的数量和很多不必要的操作按钮，如对文档工具栏和状态栏都进行了精简，使得整个工作界面更加简洁。

5．插入【画布】功能

在 Dreamweaver CC 的【常用】选项卡中新增了【画布】插入按钮。打开【插入】面板，然后在【常用】选项卡中单击【画布】按钮，即可快速地在网页中插入 HTML5 画布元素，如图 3-15 所示。

6．新增网页结构元素

在 Dreamweaver CC 中新增了 HTML5 结构语义元素的插入操作按钮，它们位于【插入】面板中的【结构】选项卡中，包括页眉、标题、Navigation、侧边、文章、章节和页脚等，如图 3-16 所示。通过这些按钮，可以快速地在网页中插入 HTML5 语义标签。

7．新增 Edge Web Fonts

在 Dreamweaver CC 中新增了 Edge Web Fonts 的功能，在网页中可以加载 Adobe 提供的 EdgeWeb 字体，从而在网页中实现特殊字体效果。依次选择【修改】→【管理字体】菜单命令，从打开的【管理字体】对话框中选择 Adobe Edge Web Fonts 选项卡，即可使用 Adobe 提供的 Edge Web 字体，如图 3-17 所示。

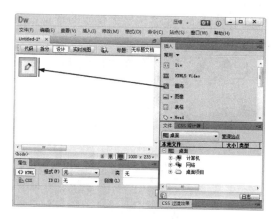

图 3-15　单击【画布】按钮

图 3-16　新增结构元素

8. 在【媒体】面板中新增 HTML5 音频和视频按钮

Dreamweaver CC 提供了对 HTML5 更全面、更便捷的支持，用户可以通过新增的 HTML5 音频和视频插入按钮，如图 3-18 所示，在网页中轻松插入 HTML5 音频和视频，而不需要编写 HTML5 代码。

图 3-17　选择 Adobe Edge
Web Fonts 选项卡

图 3-18　HTML5 Video 按钮和
HTML5 Audio 按钮

9. 在【媒体】面板中新增 Adobe Edge Animate 动画

在【媒体】面板中新增了 Adobe Edge Animate 动画，默认情况下，用户在 Dreamweaver 中插入 Adobe Edge Animate 动画后，会自动在当前站点的根目录中生成一个名为 edgeanimate_assets 的文件夹，将 Adobe Edge Animate 动画的提取内容放入该文件夹中。如果需要在 Dreamweaver CC 中插入 Adobe Edge Animate 动画，可以单击【插入】面板【媒体】选项卡中的【Edge Animate 作品】按钮，如图 3-19 所示。

10. 新增表单输入类型

在 Dreamweaver CC 中新增了许多 HTML5 表单输入类型，如数字、范围、颜色、月、周、日期、时间、日期时间和日期时间(当地),如图 3-20 所示。单击相应的按钮,即可在页面中插入相应的 HTML5 表单输入类型。

图 3-19　单击【Edge Animate 作品】按钮

图 3-20　新增表单输入类型

3.2　创　建　站　点

一般在制作网页之前,都需要先创建站点,这是为了更好地利用站点对文件进行管理,可以尽可能减少链接与路径方面的错误。本节将介绍创建本地站点以及使用高级面板创建站点的方法。

3.2.1　案例1——创建本地站点

使用向导创建本地站点的具体操作如下。

step 01 ▶ 启动 Dreamweaver CC,然后选择【站点】→【新建站点】菜单命令,即可打开【站点设置对象 我的站点】对话框,从中输入站点的名称,并设置本地站点文件夹的路径和名称,如图 3-21 所示。

step 02 ▶ 单击【保存】按钮,即可完成本地站点的创建,在【文件】面板【本地文件】窗格中会显示该站点的根目录,如图 3-22 所示。

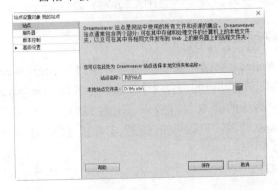

图 3-21　【站点设置对象 我的站点】对话框

图 3-22　【本地文件】窗格

3.2.2　案例2——创建远程站点

在远程服务器上创建站点，需要在远程服务器上指定远程文件夹的位置，该文件夹将存储网站中的文件和资源。

创建远程站点的具体操作步骤如下。

step 01 选择【站点】→【新建站点】菜单命令，在弹出的站点设置对象对话框中输入站点名称并选择本地站点文件夹，如图3-23所示。

step 02 选择【服务器】选项，单击【添加新服务器】按钮➕，如图3-24所示。

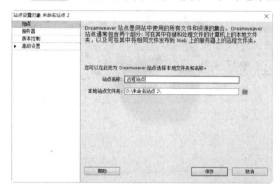

图3-23　站点设置对象对话框

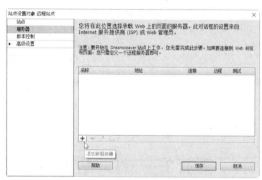

图3-24　选择【服务器】选项

step 03 在打开的对话框中输入【服务器名称】，然后选择连接方式，如果网站的空间已经购买完成，可以选择【连接方法】为FTP，再输入【FTP地址】、【用户名】和【密码】等，如图3-25所示。

step 04 选择【高级】选项卡，根据需要设置远程服务器的高级属性，然后单击【保存】按钮即可，如图3-26所示。

图3-25　【基本】选项卡

图3-26　【高级】选项卡

step 05 返回站点设置对象对话框中，在其中可以看到新建的远程服务器的相关信息，单击【保存】按钮，如图3-27所示。

step 06 站点创建完成，在【文件】面板的【本地文件】窗格中会显示该站点的根目录。单击【连接到远端主机】按钮，即可连接到远程服务器，如图3-28所示。

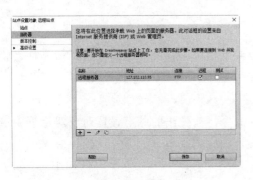

图 3-27　站点设置对象对话框　　　　　　　　图 3-28　【文件】面板

3.3　管理站点

在创建完站点以后，还可以对站点进行多方面的管理，如打开站点、编辑站点、删除站点及复制站点等。

3.3.1　案例3——打开站点

打开站点的具体操作如下。

step 01　在 Dreamweaver CC 工作界面中，选择【站点】→【管理站点】菜单命令，如图 3-29 所示。

step 02　即可打开【管理站点】对话框，然后选择【您的站点】列表框中的【我的站点】选项，如图 3-30 所示。最后单击【完成】按钮，即可打开站点。

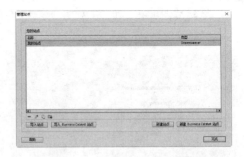

图 3-29　选择【管理站点】菜单命令　　　　　图 3-30　【管理站点】对话框

3.3.2　案例4——编辑站点

对于创建好的站点，还可以对其属性进行编辑，具体的操作如下。

step 01　在 Dreamweaver CC 工作界面的右侧切换到【文件】面板，然后单击【我的站点】文本框右侧的下拉按钮，从弹出的快捷菜单中选择【管理站点】命令，如图 3-31 所示。

step 02　即可打开【管理站点】对话框，从中选定要编辑的站点名称，然后单击【编辑当前选定的站点】按钮，如图 3-32 所示。

图 3-31 【管理站点】选项

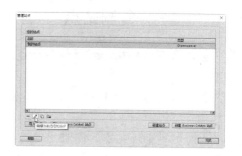

图 3-32 单击【编辑当前选定的站点】按钮

step 03 即可打开站点设置对象对话框，在该对话框中按照创建站点的方法对站点进行编辑，如图 3-33 所示。

step 04 单击【保存】按钮，返回到【管理站点】对话框，然后单击【完成】按钮，即可完成编辑操作，如图 3-34 所示。

图 3-33 站点设置对象对话框

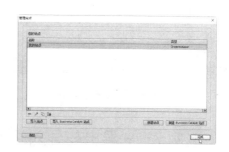

图 3-34 【管理站点】对话框

3.3.3 案例 5——删除站点

如果不再需要创建的站点，可以将其从站点列表中删除。具体的操作如下。

step 01 选中要删除的本地站点，然后单击【管理站点】对话框中的【删除当前选定的站点】按钮 ➖，如图 3-35 所示。

step 02 此时系统会弹出警告提示框，如图 3-36 所示，提示用户不能撤销删除操作，询问是否要删除选中的站点，单击【是】按钮，即可将选中的站点删除。

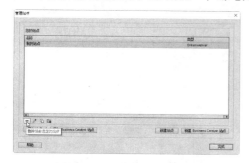

图 3-35 【管理站点】对话框

图 3-36 警告提示框

3.3.4 案例6——复制站点

如果想创建多个结构相同或类似的站点，则可利用站点的可复制性实现。复制站点的具体操作如下。

step 01 在【管理站点】对话框中单击【复制当前选定的站点】按钮，如图 3-37 所示。

step 02 即可复制该站点，复制出的站点会出现在【您的站点】列表框中，且该名称在原站点名称的后面会添加"复制"字样，如图 3-38 所示。

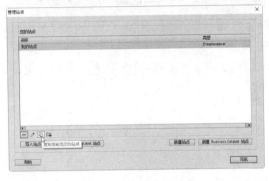

图 3-37　【管理站点】对话框　　　　图 3-38　复制站点后的效果

3.3.5 案例7——导出与导入站点

如果要在其他计算机上编辑同一个网站，此时可以通过导出站点的方法，将站点导出为 ste 格式的文件，然后导入到其他计算机上即可。具体操作步骤如下。

step 01 在【管理站点】对话框中，选中需要导出的站点后，单击【导出当前选定的站点】按钮，如图 3-39 所示。

step 02 打开【导出站点】对话框，在【文件名】下拉列表框中输入导出文件的名称，单击【保存】按钮即可，如图 3-40 所示。

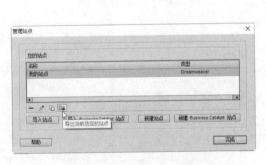

图 3-39　【管理站点】对话框

图 3-40　【导出站点】对话框

step 03 在其他计算机上打开【管理站点】对话框,单击【导入站点】按钮,如图 3-41 所示。

step 04 打开【导入站点】对话框,选中需要导入的文件,单击【打开】按钮,如图 3-42 所示。

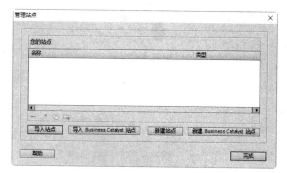

图 3-41 【管理站点】对话框

图 3-42 【导入站点】对话框

step 05 返回到【管理站点】对话框,即可看到新导入的站点,如图 3-43 所示。

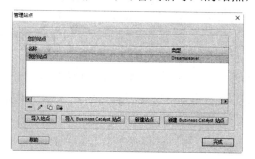

图 3-43 新导入的站点

3.4 操作站点文件及文件夹

无论是创建空白文档,还是利用已有的文档创建站点,都需要对站点中的文件或文件夹进行操作。在【本地文件】窗格中,可以对本地站点中的文件夹和文件进行创建、删除、移动和复制等操作。

3.4.1 案例 8——创建文件夹

在本地站点中创建文件夹的具体操作如下。

step 01 在 Dreamweaver CC 工作界面的右侧切换到【文件】面板,然后选中【本地文件】中创建的站点并右击,从弹出的快捷菜单中选择【新建文件夹】命令,如图 3-44 所示。

step 02 此时新建文件夹的名称处于可编辑状态,可以对其进行重命名,如这里将其重命名为 image,如图 3-45 所示。

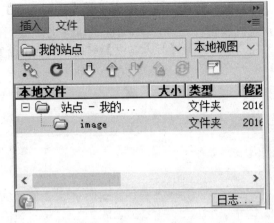

图 3-44　选择【新建文件夹】命令　　　　图 3-45　新建文件夹并重命名

3.4.2　案例 9——创建文件

文件夹创建好后，就可以在文件夹中创建相应的文件了。具体的操作如下。

step 01　切换到【文件】面板，在准备新建文件的位置处右击，从弹出的快捷菜单中选择【新建文件】命令，如图 3-46 所示。

step 02　此时新建文件的名称处于可编辑状态，如图 3-47 所示。

step 03　将新建的文件重命名为 index.html，然后按 Enter 键完成输入，即可完成文件的新建和重命名操作，如图 3-48 所示。

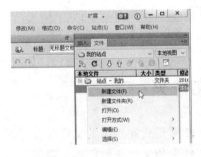

图 3-46　选择【新建文件】命令　　　图 3-47　新建文件　　　图 3-48　重命名为 index. html

3.4.3　案例 10——文件或文件夹的移动和复制

站点下的文件或文件夹可以进行移动与复制操作，具体的操作步骤如下。

step 01　选择【窗口】→【文件】菜单命令，打开【文件】面板，选中要移动的文件或文件夹，然后拖动到相应的文件夹中即可，如图 3-49 所示。

step 02　也可以利用剪切和粘贴的方法来移动文件或文件夹。在【文件】面板中，选中要移动或复制的文件或文件夹并右击，在弹出的快捷菜单中选择【编辑】→【剪切】或【拷贝】命令，如图 3-50 所示。

图 3-49　移动文件

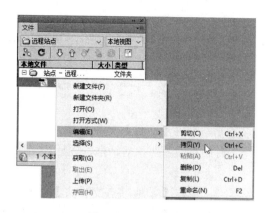

图 3-50　复制文件

 提示　进行移动可以选择【剪切】命令，进行复制可以选择【拷贝】命令。

step 03 选中目标文件夹并右击，在弹出的快捷菜单中选择【编辑】→【粘贴】命令，这样文件或文件夹就会被移动或复制到相应的文件夹中。

3.4.4　案例 11——删除文件或文件夹

对于站点下的文件或文件夹，如果不再需要，就可以将其删除，具体的操作步骤如下。

step 01 在【文件】面板中，选中要删除的文件或文件夹，然后在文件或文件夹上右击，在弹出的快捷菜单中选择【编辑】→【删除】命令或者按 Delete 键，如图 3-51 所示。

step 02 弹出提示对话框，询问是否要删除所选文件或文件夹，单击【是】按钮，即可将文件或文件夹从本地站点中删除，如图 3-52 所示。

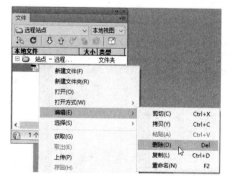

图 3-51　删除文件

图 3-52　信息提示框

 提示　和站点的删除操作不同，对文件或文件夹的删除操作会从磁盘上真正地删除相应的文件或文件夹。

3.5 综合案例——创建本地站点

通过本章的学习，可以在实际应用中创建本地站点了。创建本地站点的具体操作步骤如下。

step 01 单击【站点】菜单标签，从弹出的下拉菜单中选择【新建站点】命令，即可打开站点设置对象对话框，然后在【站点名称】文本框中输入"千谷网络"，如图 3-53所示。

step 02 单击【本地站点文件夹】文本框右侧的【浏览文件夹】按钮 ，即可打开【选择根文件夹】对话框，在该对话框中选择放置站点"千谷网络"的文件夹，如图 3-54所示。

图 3-53 站点设置对象对话框

图 3-54 选择存放站点的文件夹

step 03 单击【选择文件夹】按钮，返回到站点设置对象对话框，此时可以看到【本地站点文件夹】文本框中已经显示为"D:\千谷网络\"，如图 3-55 所示。

step 04 单击【保存】按钮，返回到 Dreamweaver CC 工作界面，然后选择【站点】→【管理站点】菜单命令，从打开的【管理站点】对话框中可以查看新建的站点，如图 3-56 所示。

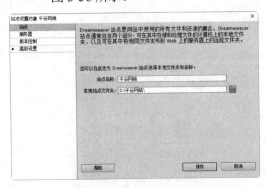
图 3-55 应用选择的文件夹

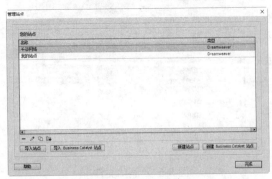
图 3-56 【管理站点】对话框

3.6 疑难解惑

疑问 1：在【资源】面板中，为什么有的资源在预览区中无法正常显示(如 Flash 动画)？

答：之所以会出现这种情况，主要是由于不同类型的资源有不同的预览显示方式。比如 Flash 动画，被选中的 Flash 在预览区中显示为占位符，要观看其播放效果，必须单击预览区中的【播放】按钮。

疑问 2：在 Adobe Dreamweaver CC 的【属性】面板中为什么只显示了其标题栏？

答：之所以会出现这种情况，主要是由于属性检查器被折叠起来了。Adobe Dreamweaver CC 为了节省屏幕空间，为各个面板组都设计了折叠功能，单击该面板组的标题名称，即可在"展开"与"折叠"状态之间进行切换。同时对于不用的面板组还可以将其暂时关闭，需要使用时再通过【窗口】菜单将其打开。

第 2 篇

核心技术

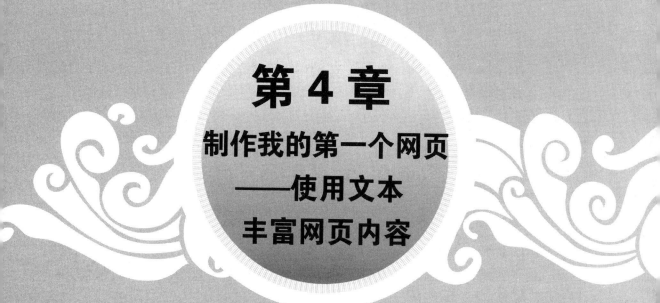

第4章
制作我的第一个网页
——使用文本
丰富网页内容

　　浏览网页时，通过文本获取信息是最直接的方式。文本是基本的信息载体，不管网页内容如何丰富，文本自始至终都是网页中最基本的元素。本章就来介绍使用文本丰富网页内容。

4.1 网页文档的基本操作

使用 Dreamweaver CC 可对网站的网页进行编辑。该软件为创建 Web 文档提供了灵活的编辑环境。

4.1.1 案例 1——创建网页

制作网页的第一步就是创建空白网页文档,使用 Dreamweaver CC 创建空白网页文档的具体操作步骤如下。

step 01 选择【文件】→【新建】菜单命令。打开【新建文档】对话框,并选择其左侧的【空白页】选项,在【页面类型】列表框中选择 HTML 选项,在【布局】列表框中选择【无】选项,如图 4-1 所示。

step 02 单击【创建】按钮,即可创建一个空白文档,如图 4-2 所示。

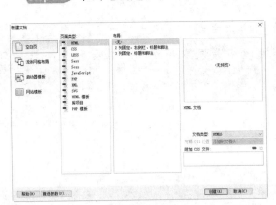

图 4-1 【新建文档】对话框   图 4-2 创建空白文档

4.1.2 案例 2——页面属性

创建空白文档后,接下来需要对文件的页面属性进行设置,也就是设置整个网站页面的外观效果。选择【修改】→【页面属性】菜单命令,如图 4-3 所示;或按 Ctrl+J 组合键,打开【页面属性】对话框,从中可以设置外观、链接、标题、标题/编码和跟踪图像等属性。下面分别介绍如何设置页面的外观、链接、标题等属性。

1. 设置外观

在【页面属性】对话框的【分类】列表框中选择【外观】选项,可以设置 CSS 外观和 HTML 外观。外观的设置可以从页面字体、文字大小、文本颜色等方面进行,如图 4-4 所示。

图4-3 选择【页面属性】命令

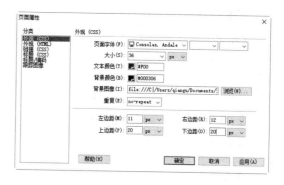

图4-4 【页面属性】对话框

例如，想要设置文本的字体样式，可以在【页面字体】下拉列表框中选择一种字体样式，然后单击【应用】按钮，页面中的字体即可显示为该种字体样式，如图4-5所示。

生活是一首歌，一首五彩缤纷的歌，一首低沉而又高昂的歌，一首令人无法捉摸的歌。生活中的艰难困苦就是那一个个跳动的音符，由于这些音符的加入才使生活变得更加美妙。

图4-5 设置页面字体

2. 设置链接

在【页面属性】对话框的【分类】列表框中选择【链接】选项，可设置链接的属性，如图4-6所示。

3. 设置标题

在【页面属性】对话框的【分类】列表框中选择【标题】选项，可设置标题的属性，如图4-7所示。

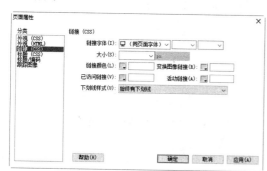

图4-6 设置页面的链接属性

图4-7 设置页面的标题属性

4. 设置标题/编码

在【页面属性】对话框的【分类】列表框中选择【标题/编码】选项，可以设置标题/编码的属性。比如网页的标题、文档类型和网页中文本的编码，如图 4-8 所示。

5. 设置跟踪图像

在【页面属性】对话框的【分类】列表框中选择【跟踪图像】选项，可设置跟踪图像的属性，如图 4-9 所示。

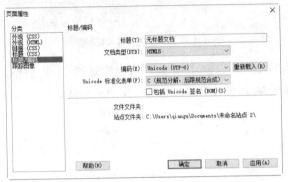
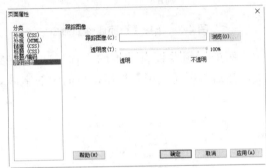

图 4-8 设置标题/编码   图 4-9 设置跟踪图像

1）跟踪图像

【跟踪图像】选项用于设置作为网页跟踪图像的文件路径。通过单击文本框右侧的 浏览(W)... 按钮，也可以在弹出的对话框中选择图像作为跟踪图像，如图 4-10 所示。

跟踪图像是 Dreamweaver 中非常有用的功能。使用这个功能时，需先用平面设计工具设计出页面的平面版式，再以跟踪图像的方式将其导入到页面中，这样用户在编辑网页时就可以精确地定位页面元素。

2）透明度

拖动滑块，可以调整图像的透明度，透明度越高，图像越清晰，如图 4-11 所示。

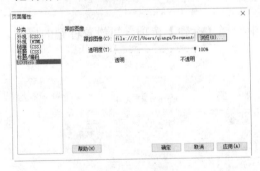
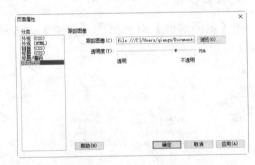

图 4-10 添加图像文件   图 4-11 设置图像的透明度

> 注意
> 使用了【跟踪图像】后，原来的背景图像则不会显示。但是在 IE 浏览器中预览时，则会显示出页面的真实效果，而不会显示跟踪图像的效果。

4.1.3 案例3——保存网页

网页制作完成后，用户经常会遇到的操作就是保存网页，具体操作步骤如下。

`step 01` 在 Dreamweaver CC 工作界面中选择【文件】→【保存】菜单命令，如图 4-12 所示。

`step 02` 打开【另存为】对话框，设置文件的保存路径和文件名称后，单击【保存】按钮即可，如图 4-13 所示。

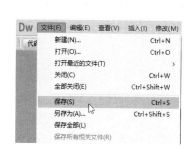

图 4-12　选择【保存】菜单命令

图 4-13　【另存为】对话框

　　为了提高保存网页的效率，用户可以直接按 Ctrl+S 组合键来保存网页文件。另外，用户选择【文件】→【另保存】菜单命令，也可以打开【另存为】对话框。

4.1.4 案例4——打开网页

网页文件保存完成后，如果还想编辑，则需要将其打开。常见的方法如下。

1. 通过欢迎界面打开网页

启动 Dreamweaver CC 程序后，在打开的欢迎界面中单击【打开】按钮，即可在指定的位置中打开网页文件，如图 4-14 所示。

2. 通过【文件】菜单打开网页

在 Dreamweaver CC 工作界面中选择【文件】→【打开】菜单命令，即可打开【打开】对话框，然后选择要打开的文件即可，如图 4-15 所示。

3. 通过最近访问的文件打开网页

在 Dreamweaver CC 工作界面中选择【文件】→【打开最近的文件】菜单命令，在弹出的子菜单中选择需要打开的文件即可，如图 4-16 所示。

4. 通过打开方式打开网页

在需要打开的网页文件上右击，在弹出的快捷菜单中选择【打开方式】→Adobe

Dreamweaver CC 命令，即可打开选择的网页文件，如图 4-17 所示。

图 4-14　欢迎界面

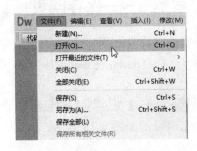

图 4-15　选择【打开】菜单命令

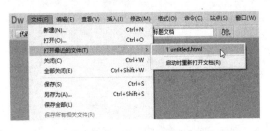

图 4-16　通过最近访问的文件打开网页

图 4-17　通过打开方式打开网页

　　　　用户选择网页文件后，按住鼠标左键不放，直接拖曳到 Dreamweaver CC 软件工作界面上，也可以快速打开该网页文件。

4.1.5　案例5——预览网页

　　在设计网页的过程中，如果想查看网页的显示效果，可以通过预览功能查看该网页，具体操作步骤如下。

step 01　选择【文件】→【在浏览器中预览】菜单命令，在弹出的子菜单中选择查看网页的浏览器，这里选择 IEXPLORE 命令，如图 4-18 所示。

step 02　浏览器会自动启动，并显示网页的最终显示效果，如图 4-19 所示。

图 4-18　选择 IEXPLORE 命令

图 4-19　预览网页效果

4.2　添加网页内容

文字是基本的信息载体，是网页中最基本的元素之一。在网页中运用丰富的字体、多样的格式以及赏心悦目的文字效果，是网站设计师必不可少的技能。

4.2.1　案例6——插入文字

在网页中插入文字的具体操作步骤如下。

step 01 选择【文件】→【打开】菜单命令，弹出【打开】对话框，选择要打开的文件，这里选中"ch04\插入文字.html"，然后单击【打开】按钮，如图 4-20 所示。

step 02 将光标放置在文档的编辑区，如图 4-21 所示。

图 4-20　【打开】对话框　　　　　　　　　　　　图 4-21　打开的素材文件

step 03 输入文字，如图 4-22 所示。

step 04 选择【文件】→【另存为】菜单命令，将文件保存为"ch04\插入文本后.html"，按 F12 键可在浏览器中预览效果，如图 4-23 所示。

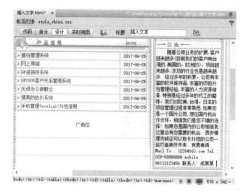

图 4-22　输入文字

图 4-23　预览网页效果

4.2.2 案例7——设置字体

插入网页文字后,用户可以根据自己的需要对插入的文字进行设置,包括字体样式、文字大小、文字颜色等。

对网页中的文本进行字体设置的具体操作步骤如下。

step 01 打开资源文件中的"ch04\插入文字后.html"文件。在文档窗口中,选中要设置字体的文本,如图4-24所示。

step 02 在下方的【属性】面板中,在【字体】下拉列表框中选择字体,如图4-25所示。

图4-24 选中文本

图4-25 选择字体

step 03 选中的文本即可变为所选字体。

4.2.3 案例8——设置字号

字号是指文字的大小。在Dreamweaver CC中设置文字字号的具体操作步骤如下。

step 01 打开资源文件中的"ch04\插入文字后.html"文件,选定要设置字号的文本,如图4-26所示。

图4-26 选中需要设置字号的文本

step 02 在【属性】面板的【大小】下拉列表框中选择字号。这里选择18,如图4-27所示。

step 03 选中的文本字体大小将更改为18,如图4-28所示。

图 4-27   【属性】面板

图 4-28   设置字号后的文本显示效果

 如果要设置相对默认字符大小的增减量，可以在同一个下拉列表框中选择 xx-small、xx-large 或 smaller 等选项。如果要取消对字号的设置，选择【无】选项即可。

4.2.4   案例 9——设置字体颜色

多彩的字体颜色会增强网页的表现力。在 Dreamweaver CC 中，设置字体颜色的具体操作步骤如下。

step 01 打开资源文件中的"ch04\设置文本属性.html"文件，选中要设置字体颜色的文本，如图 4-29 所示。

step 02 在【属性】面板中单击【文本颜色】按钮，打开 Dreamweaver CC 颜色板，从中选择需要的颜色，也可以直接在该按钮右边的文本框中输入颜色的十六进制数值，如图 4-30 所示。

图 4-29   选中文本

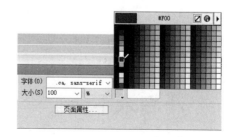

图 4-30   设置文本颜色

step 03 选定颜色后，被选中的文本将更改为选定的颜色，如图 4-31 所示。

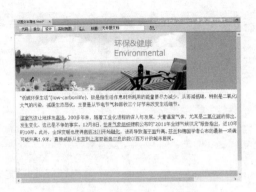

图 4-31　设置的文本颜色

4.2.5　案例 10——设置字体样式

字体样式是指字体的外观显示样式，如字体的加粗、倾斜、加下画线等。利用 Dreamweaver CC 可以设置多种字体样式，具体的操作步骤如下。

step 01 选定要设置字体样式的文本，如图 4-32 所示。

step 02 选择【格式】→【HTML 样式】菜单命令，弹出子菜单，如图 4-33 所示。

Untitled-3*
代码
拆分
设计
实时视图
锄禾日当午
汗滴禾下土

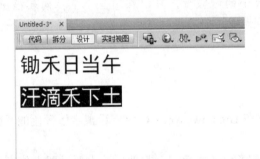

图 4-32　选中文本

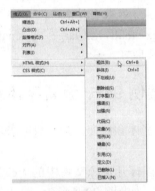

图 4-33　设置文本样式

各子命令含义如下。

- 粗体：从子菜单中选择【粗体】命令，可将选中的文字加粗显示，如图 4-34 所示。
- 斜体：从子菜单中选择【斜体】命令，可将选中的文字显示为斜体样式，如图 4-35 所示。

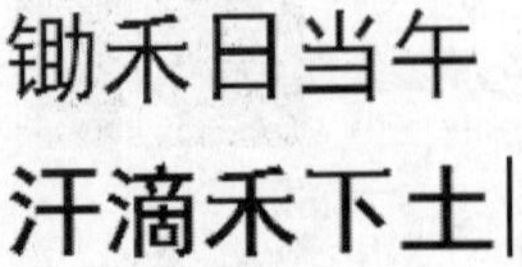

锄禾日当午
汗滴禾下土

图 4-34　设置文字为粗体

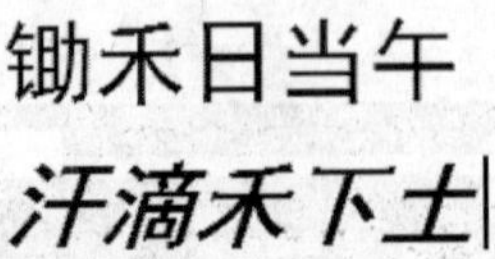

锄禾日当午
汗滴禾下土

图 4-35　设置文字为斜体

- 下画线：从子菜单中选择【下画线】命令，可在选中的文字下方显示一条下画线，如图 4-36 所示。

提示　利用【属性】面板也可以设置字体的样式。选中文本后，单击【属性】面板上的 **B** 按钮可加粗字体，单击 *I* 按钮可使文本变为斜体样式，如图 4-37 所示。

锄禾日当午
汪滴禾下土

图 4-36　给文字添加下画线

图 4-37　【属性】面板

提示　按 Ctrl+B 组合键，可以使选中的文本加粗；按 Ctrl+I 组合键，可以使选中的文本倾斜。

● 删除线：如果从【格式】→【HTML 样式】子菜单中选择【删除线】命令，就会在选中文字的中部出现一条横贯的线，表明文字已被删除，如图 4-38 所示。
● 打字型：如果从【格式】→【HTML 样式】子菜单中选择【打字型】命令，就可以将选中的文本作为等宽度文本来显示，如图 4-39 所示。

锄禾日当午
汪滴禾下土

图 4-38　添加文字删除线

锄禾日当午
汪滴禾下土

图 4-39　设置字体的打字效果

提示　所谓等宽度文本，是指每个字符或字母的宽度相同。

● 强调：如果从【格式】→【HTML 样式】子菜单中选择【强调】命令，则表明选中的文字需要在文件中被强调。大多数浏览器会把它显示为斜体样式，如图 4-40 所示。
● 加强：如果从【格式】→【HTML 样式】子菜单中选择【加强】命令，则表明选定的文字需要在文件中以加强的格式显示。大多数浏览器会把它显示为粗体样式，如图 4-41 所示。

锄禾日当午
汪滴禾下土

图 4-40　添加文字强调效果

锄禾日当午
汪滴禾下土

图 4-41　加强文字效果

4.2.6　案例 11——编辑段落

段落指的是一段格式上统一的文本。在文件窗口中每输入一段文字，按 Enter 键后，就会生成一个段落。编辑段落主要是对网页中的一段文本进行设置。

1. 设置段落格式

使用【属性】面板中的【格式】下拉列表框，或选择【格式】→【段落格式】菜单命令，都可以设置段落格式。其操作步骤如下。

step 01 将光标放置在段落中任意一个位置，或选中段落中的一些文本，如图 4-42 所示。

step 02 选择【格式】→【段落格式】子菜单中的命令，如图 4-43 所示。

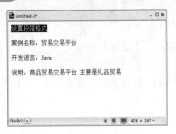
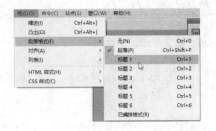

图 4-42　选中文本　　　　　　　　图 4-43　选择【段落格式】子菜单命令

提示　在【属性】面板的【格式】下拉列表框中选择任一选项，如图 4-44 所示。

图 4-44　【属性】面板

step 03 选择一个段落格式(如【标题 1】)，然后单击【拆分】按钮，在代码视图下可以看到与所选格式关联的 HTML 标记(如表示【标题 1】的 h1、表示【预先格式化的】文本的 pre 等)将应用于整个段落，如图 4-45 所示。

step 04 在段落格式中对段落应用标题标记时，Dreamweaver 会自动添加下一行文本作为标准段落，如图 4-46 所示。

图 4-45　查看段落代码　　　　　　　图 4-46　添加段落标记

提示　若要更改已设置的段落标记，可以选择【编辑】→【首选参数】菜单命令，弹出【首选项】对话框，然后在【常规】分类中的【编辑选项】区域中，撤选【标题后切换到普通段落】复选框即可，如图 4-47 所示。

2. 定义预格式化

在 Dreamweaver 中，不能连续地输入多个空格。在显示一些特殊格式的段落文本(如诗歌)时，这一点就会显得非常不便，如图 4-48 所示。

图 4-47 【首选项】对话框　　　　　　　图 4-48 输入空格后的段落显示效果

在这种情况下，可以使用预格式化标签<p>和</p>解决该问题。

　　预格式化指的是预先对<p>和</p>之间的文字进行格式化，这样浏览器在显示其中的内容时，就会完全按照真正的文本格式来显示，即原封不动地保留文档中的空白，如空格及制表符等，如图 4-49 所示。

在 Dreamweaver 中，设置预格式化段落的具体步骤如下。

step 01 将光标放置在要设置预格式化的段落中，如图 4-50 所示。

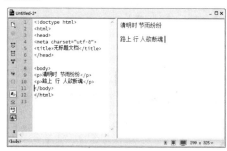

图 4-49 预格式化的文字　　　　　　　图 4-50 选择需要预格式化的段落

step 02 按 Ctrl+F3 组合键打开【属性】面板，在【格式】下拉列表框中选择【预先格式化的】选项，如图 4-51 所示。

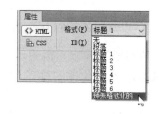

　　如果要将多个段落设置为预格式化，则可同时选中多个段落，如图 4-52 所示。

图 4-51 选择【预先格式化的】选项

　　选择【格式】→【段落格式】→【已编排格式】菜单命令，也可以实现段落的预格式化，如图 4-53 所示。

网站开发案例课堂

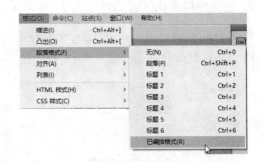

图 4-52　选中多个段落　　　　　图 4-53　选择【已编排格式】菜单命令

 注意　该操作会自动地在相应段落的两端添加<pre>和</pre>标记。如果原来段落的两端有<p>和</p>标记，则会分别用<pre>和</pre>标记将其替换，如图 4-54 所示。

 提示　由于预格式化文本不能自动换行，因此除非绝对需要，否则尽量不要使用预格式化功能。

step 03　如果要在段首空出两个空格，不能直接在【设计】视图方式下输入空格，必须切换到【代码】视图中，在段首文字之前输入代码 ，如图 4-55 所示。

图 4-54　添加段落标记<pre>　　　　图 4-55　在【代码】视图中输入空格代码

step 04　该代码只表示一个半角字符，要空出两个汉字的位置，需要添加 4 个代码。这样，在浏览器中就可以看到段首已经空两个格了，如图 4-56 所示。

3. 设置段落的对齐方式

段落的对齐方式指的是段落相对文件窗口(或浏览器窗口)在水平位置的对齐方式，有 4 种对齐方式，即左对齐、居中对齐、右对齐和两端对齐。

对齐段落的具体操作步骤如下。

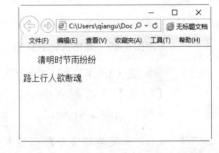

图 4-56　设置段落首行缩进格式

step 01　将光标放置在要设置对齐方式的段落中。如果要设置多个段落的对齐方式，则选择多个段落，如图 4-57 所示。

step 02 进行下列操作之一。

(1) 选择【格式】→【对齐】菜单命令，然后从子菜单中选择相应的对齐方式，如图 4-58 所示。

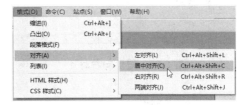

图 4-57 选择多个段落　　　　　　　　　　图 4-58 选择段落的对齐方式

(2) 单击【属性】面板中的对齐按钮，如图 4-59 所示。

图 4-59 【属性】面板

可供选择的按钮有 4 个，其含义如下。

● 【左对齐】按钮：单击该按钮，可以设置段落相对文档窗口向左对齐，如图 4-60 所示。

● 【居中对齐】按钮：单击该按钮，可以设置段落相对文档窗口居中对齐，如图 4-61 所示。

图 4-60 段落向左对齐　　　　　　　　　　图 4-61 段落居中对齐

● 【右对齐】按钮：单击该按钮，可以设置段落相对文档窗口向右对齐，如图 4-62 所示。

● 【两端对齐】按钮：单击该按钮，可以设置段落相对文档窗口向两端对齐，如图 4-63 所示。

图 4-62 段落向右对齐

图 4-63 段落向两端对齐

4. 设置段落缩进

在强调一段文字或引用其他来源的文字时，需要对文字进行段落缩进，以表示和普通段落有区别。缩进主要是指内容相对于文档窗口(或浏览器窗口)左端产生的间距。

实现段落缩进的具体操作步骤如下。

step 01 将光标放置在要设置缩进的段落中。如果要缩进多个段落，则选中多个段落，如图 4-64 所示。

step 02 选择【格式】→【缩进】菜单命令，即可将当前段落往右缩进一段位置，如图 4-65 所示。

图 4-64 选中多个段落

图 4-65 段落缩进

单击【属性】面板中的【删除内缩区块】按钮 和【内缩区块】按钮 ，即可实现当前段落的凸出和缩进。凸出是将当前段落向左恢复一段缩进位置。

提示
　　按 Ctrl+Alt+]组合键可以进行一次右缩进，按 Ctrl+Alt+[组合键可以向左恢复一段缩进位置。

4.2.7 案例 12——创建项目列表

列表就是那些具有相同属性元素的集合。Dreamweaver CC 中常用的列表有无序列表和有序列表两种。无序列表使用项目符号来标记无序的项目，有序列表使用编号来记录项目的顺序。

1. 无序列表

在无序列表中，各个列表项之间没有顺序级别之分，通常使用一个项目符号作为每个列表项的前缀。

设置无序列表的具体步骤如下。

`step 01` 将光标放置在需要设置无序列表的文档中，如图4-66所示。

`step 02` 选择【格式】→【列表】→【项目列表】菜单命令，如图4-67所示。

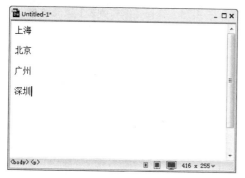

图4-66　设置无序列表

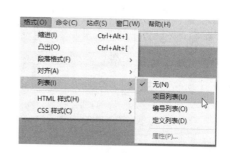

图4-67　选择【项目列表】菜单命令

`step 03` 光标所在的位置将出现默认的项目符号，如图4-68所示。

`step 04` 重复以上步骤，设置其他文本的项目符号，如图4-69所示。

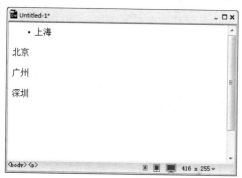

图4-68　添加无序的项目符号

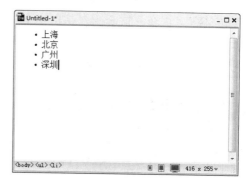

图4-69　带有项目符号的无序列表

2. 有序列表

对于有序编号，可以指定其编号类型和起始编号。其编号可以采用阿拉伯数字、大写字母或罗马数字等。

设置有序列表的具体步骤如下。

`step 01` 将光标放置在需要设置有序列表的文档中，如图4-70所示。

`step 02` 选择【格式】→【列表】→【编号列表】菜单命令，如图4-71所示。

网站开发案例课堂

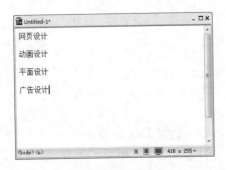

图 4-70　设置有序列表

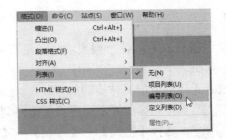

图 4-71　选择【编号列表】菜单命令

step 03　光标所在的位置将出现编号列表，如图 4-72 所示。

step 04　重复以上步骤，设置其他文本的编号列表，如图 4-73 所示。

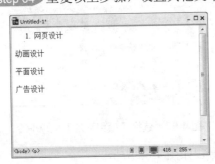

图 4-72　设置有序列表

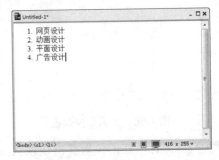

图 4-73　有序列表效果

列表还可以嵌套，嵌套列表是指一个列表中还包含有其他列表的列表。设置嵌套列表的操作步骤如下。

step 01　选中要嵌套的列表项。如果有多行文本需要嵌套，则需要选中多行文本，如图 4-74 所示。

step 02　单击【属性】面板中的【缩进】按钮，选择【格式】→【缩进】菜单命令，如图 4-75 所示。

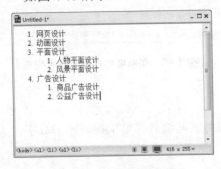

图 4-74　列表嵌套效果

图 4-75　【属性】面板

提示

在【属性】面板中直接单击或按钮，可以将选定的文本设置成项目(无序)列表或编号(有序)列表。

4.3 使用特殊文本添加网页内容

除了使用文字添加网页内容外，用户还可以在网页中通过插入其他元素来丰富网页内容，如水平线、日期、特殊字符等。

4.3.1 案例13——插入换行符

在输入文本的过程中，换行时如果直接按 Enter 键，行间距会比较大。一般情况下，在网页中换行时按 Shift + Enter 组合键才是正常的行距。

也可以在文档中添加换行符来实现文本换行，有以下两种操作方法。

(1) 选择【窗口】→【插入】菜单命令，打开【插入】面板，然后单击【字符】图标，在弹出的列表中选择【换行符】选项，如图 4-76 所示。

(2) 选择【插入】→【字符】→【换行符】菜单命令，如图 4-77 所示。

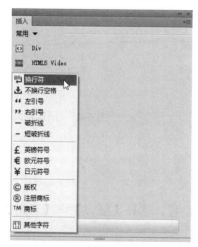

图 4-76　选择【换行符】选项

图 4-77　选择【换行符】菜单命令

4.3.2 案例14——插入水平线

网页文档中的水平线主要用于分隔文档内容，使文档结构清晰明了，便于浏览。在文档中插入水平线的具体操作步骤如下。

step 01 在 Dreamweaver CC 的编辑窗口中，将光标置于要插入水平线的位置，选择【插入】→【水平线】菜单命令，如图 4-78 所示。

step 02 即可在文档窗口中插入一条水平线，如图 4-79 所示。

step 03 在【属性】面板中，将【宽】设置为 710，【高】设置为 5，【对齐】设置为【默认】，并选中【阴影】复选框，如图 4-80 所示。

step 04 保存页面后按 F12 键，即可预览插入的水平线效果，如图 4-81 所示。

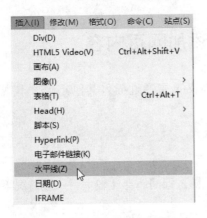

图 4-78　选择【水平线】菜单命令

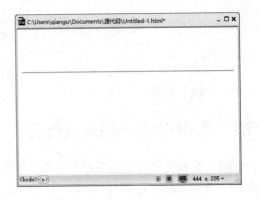

图 4-79　插入的水平线效果

图 4-80　【属性】面板

图 4-81　预览网页

4.3.3　案例 15——插入日期

向网页中插入系统当前日期的具体方法有以下两种。

(1) 在文档窗口中，将插入点放到要插入日期的位置。选择【插入】→【日期】菜单命令，如图 4-82 所示。

(2) 单击【插入】面板【常用】选项卡中的【日期】图标 📅，如图 4-83 所示。

图 4-82　选择【日期】菜单命令

图 4-83　【常用】选项卡

完成上述任一种操作后，可按以下步骤操作。

step 01 弹出【插入日期】对话框，从中分别设置【星期格式】、【日期格式】和【时间格式】，并选中【储存时自动更新】复选框，如图 4-84 所示。

step 02 单击【确定】按钮，即可将日期插入到当前文档中，如图 4-85 所示。

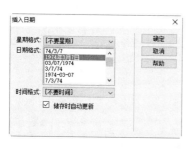

图 4-84　【插入日期】对话框

图 4-85　插入的日期

4.3.4　案例 16——插入特殊字符

在 Dreamweaver CC 中，有时需要插入一些特殊字符，如版权符号和注册商标符号等。插入特殊字符的具体操作步骤如下。

step 01　将光标放到文档中需要插入特殊字符(这里输入的是版权符号)的位置，如图 4-86 所示。

step 02　选择【插入】→【字符】→【版权】菜单命令，即可插入版权符号，如图 4-87 所示。

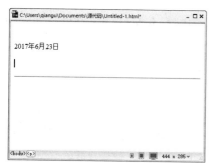

图 4-86　定位插入特殊符号的位置

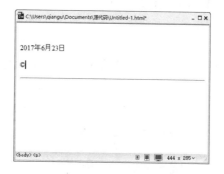

图 4-87　插入的特殊符号

如果在【字符】子菜单中没有需要的字符，则可通过选择【插入】→【字符】→【其他字符】菜单命令，打开【插入其他字符】对话框，如图 4-88 所示。

step 03　单击需要插入的字符，该字符就会出现在【插入】文本框中，如图 4-89 所示。

图 4-88　【插入其他字符】对话框

图 4-89　选择要插入的字符

网站开发案例课堂

step 04 单击【确定】按钮，即可将该字符插入到文档中，如图 4-90 所示。

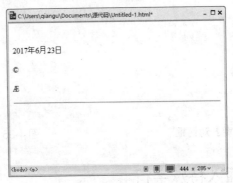

图 4-90　插入的特殊字符

4.4　综合案例——制作图文并茂的网页

本实例讲述如何在网页中插入文本和图像，并对网页中的文本和图像进行相应的排版，以形成图文并茂的网页。

其具体的操作步骤如下。

step 01 打开资源文件中的"ch04\制作图文并茂的网页\index.htm"文件，如图 4-91 所示。

step 02 将光标放置在要输入文本的位置，然后输入文本，如图 4-92 所示。

图 4-91　打开素材文件

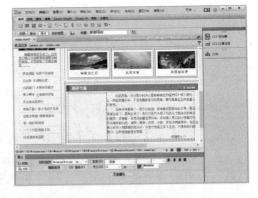

图 4-92　输入文本

step 03 将光标放置在文本的适当位置，选择【插入】→【图像】菜单命令，弹出【选择图像源文件】对话框，从中选择图像文件，如图 4-93 所示。

step 04 选择好后单击【确定】按钮，插入图像，如图 4-94 所示。

step 05 选择【窗口】→【属性】菜单命令，打开【属性】面板，在【属性】面板的【替换】文本框中输入"欢迎您的光临！"，如图 4-95 所示。

step 06 选定所输入的文字，在【属性】面板中设置【字体】为【宋体】，【大小】为12，并在中文输入法的全角状态下，设置每个段落的段首空两个汉字的空格，如图 4-96 所示。

图 4-93　【选择图像源文件】对话框

图 4-94　插入图像

图 4-95　输入替换文字

图 4-96　设置字体大小

step 07 保存文档，按 F12 键可在浏览器中预览效果，如图 4-97 所示。

图 4-97　预览效果

4.5　疑　难　解　惑

疑问 1：如何添加页面标题？

答：常见添加页面标题的方法有以下两种。

(1) 在工作主界面添加标题。在 Dreamweaver CC 工作界面中，在【标题】文本框中输入页面标题即可，这里输入"这是新添加的标题"，如图 4-98 所示。

(2) 使用代码添加页面标题。在代码视图中，使用<title>标签可以添加页面的标题，如图 4-99 所示。

图 4-98　添加页面标题

图 4-99　在代码视图中添加页面标题

疑问 2：如何理解外观(CSS)和外观(HTML)的区别？

答：如果使用外观(CSS)分类设置页面属性，程序会将设置的相关属性代码生成 CSS 样式。如果使用外观(HTML)分类设置页面属性，程序会自动将设置的相关属性代码添加到页面文件的主体<body>标签中。

第 5 章

有图有真相——
使用图像与多媒体
网页元素

在设计网页的过程中，单纯的文本无法表现出更形象、更具视觉冲击力的效果。图像和多媒体能使网页的内容更加丰富多彩、形象生动，可以为网页增色很多。本章重点学习图像和多媒体的使用方法和技巧。

5.1 常用图像格式

图像文件的格式非常多，如 GIF、JPEG、PNG、BMP 等。虽然这些格式都能插入网页之中，但为适应网络传输以及浏览的要求，在网页中最常使用的图像格式有 3 种，即 GIF、JPEG 和 PNG。

5.1.1 GIF 格式

网页中最常用的图像格式是 GIF，它的图像最多可显示 256 种颜色。GIF 格式的特点是图像文件占用磁盘空间小，支持透明背景和动画，多数用于图标、按钮、滚动条和背景等。

GIF 格式图像的另外一个特点是可以将图像以交错显示的形式下载。交错显示就是当图像尚未下载完成时，浏览器显示的图像会由不清晰慢慢变清晰到下载完成。图 5-1 所示为 GIF 格式的图像。

图 5-1 GIF 格式的图像示例

5.1.2 JPEG 格式

JPEG 格式是一种图像压缩格式，支持大约 1670 万种颜色。它主要应用于摄影图片的存储和显示，尤其是色彩丰富的大自然照片，其文件的扩展名为.jpg 或.jpeg。和 GIF 格式文件不同，JPEG 格式文件的压缩技术十分先进，它使用有损压缩的方式去除冗余的图像和色彩数据，在获取极高压缩率的同时，能展现十分丰富、生动的图像。它在处理颜色和图形细节方面比 GIF 文件要好，在复杂徽标和图像镜像等方面应用得更为广泛，特别适合在网上发布照片。图 5-2 所示为 JPEG 格式的图像。

图 5-2 JPEG 格式的图像示例

GIF 格式文件和 JPEG 格式文件各有优点，应根据实际的图片文件来决定采用哪种格式。这两种文件的特点对比如表 5-1 所示。

表 5-1　GIF 和 JPEG 格式文件对比

项　目	GIF	JPEG/JPG
色彩	16 色、256 色	真彩色
特殊功能	透明背景、动画效果	无
压缩是否有损失	无损压缩	有损压缩
适用面	颜色有限，主要以漫画图案或线条为主，一般用于表现建筑结构图或手绘图	颜色丰富，有连续的色调，一般用于表现真实的事物

5.1.3　PNG 格式

PNG 格式是近几年开始流行的一种全新的无显示质量损耗的文件格式。它避免了 GIF 格式文件的一些缺点，是一种替代 GIF 格式的无专利权限的格式，支持索引色、灰度、真彩色图像以及 Alpha 透明通道。PNG 格式是 Fireworks 固有的文件格式。

PNG 格式汲取了 GIF 格式和 JPEG 格式的优点，存储形式丰富，兼有 GIF 格式和 JPEG 格式的色彩模式。图 5-3 所示为 PNG 格式的图像。

图 5-3　PNG 格式的图像示例

PNG 格式能把图像文件大小压缩到极限，以利于网络的传输，却不失真。PNG 采用无损压缩方式来减小文件的大小。PNG 格式的图像显示速度快，只需下载 1/64 的图像信息就可以显示出低分辨率的预览图像。PNG 格式同样支持透明图像的制作。

PNG 格式文件可保留所有原始层、向量、颜色和效果等信息，并且在任何时候所有元素都是可以完全编辑的。

5.2　用图像美化网页

无论是个人网站还是企业网站，图文并茂的网页都能为网站增色不少。用图像美化网页会使网页变得更加美观、生动，从而吸引更多的浏览者。

5.2.1 案例1——插入图像

在文件中插入漂亮的图像会使网页更加美观，从而更具吸引力。在网页中插入图像的具体操作步骤如下。

step 01 新建一个空白文档，将光标放置在要插入图像的位置，在【插入】面板的【常用】选项卡中单击【图像】按钮，在打开的下拉列表中选择【图像】选项，如图 5-4 所示。用户也可以选择【插入】→【图像】→【图像】菜单命令，如图 5-5 所示。

图 5-4　【插入】面板　　　　　　　　　　图 5-5　选择【图像】菜单命令

step 02 打开【选择图像源文件】对话框，从中选择要插入的图像文件，然后单击【确定】按钮，如图 5-6 所示。

step 03 即可完成向文档中插入图像的操作，如图 5-7 所示。

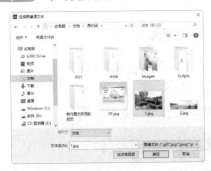

图 5-6　【选择图像源文件】对话框　　　　　　　图 5-7　插入图像

step 04 保存文档，按 F12 键在浏览器中预览效果，如图 5-8 所示。

图 5-8　预览网页

5.2.2 案例2——设置图像的属性

在页面中插入图像后单击选定的图像，此时图像的周围会出现边框，表示图像正处于选中状态，如图5-9所示。

图5-9 选中图像

可以在【属性】面板中设置该图像的属性，如设置源文件、输入替换文本、设置图片的宽与高等，如图5-10所示。

(1) 【地图】选项。

该选项用于创建客户端图像的热区，在右侧的文本框中可以输入【地图】的名称，如图5-11所示。

图5-10 【属性】面板

图5-11 图像地图设置区域

　　　　输入的名称中只能包含字母和数字，并且不能以数字开头。

(2) 【热点工具】按钮 ▶ □ ◇ ♡。

单击这些按钮，可以创建图像的热区链接。

(3) 【宽】和【高】选项。

这两个选项用于设置在浏览器中显示图像的宽度和高度，以像素为单位。比如在【宽】文本框中输入宽度值，页面中的图片即会显示相应的宽度，如图5-12所示。

　　　　【宽】和【高】的单位除像素外，还有 pc(十二点活字)、pt(点)、in(英寸)、mm(毫米)、cm(厘米)和类似 2in+5mm 的单位组合等。

调整后，其文本框的右侧将显示【重设图像大小】按钮 ，单击该按钮，可恢复图像到原来的大小。

(4) Src(源文件)选项。

该选项用于指定图像的路径。单击文本框右侧的【浏览文件】按钮 📁，打开【选择图像源文件】对话框，可从中选择图像文件，如图 5-13 所示。

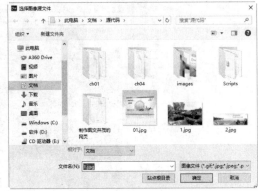

图 5-12　设置图像的宽与高　　　　　图 5-13　【选择图像源文件】对话框

(5) 【链接】选项。

该选项用于指定图像的链接文件。可拖动【指向文件】图标 ◎ 到【文件】面板中的某个文件上，或直接在文本框中输入 URL 地址，如图 5-14 所示。

图 5-14　【属性】面板

(6) 【目标】选项。

该选项用于指定链接页面在框架或窗口中的打开方式，如图 5-15 所示。

图 5-15　设置图像【目标】

【目标】下拉列表中有以下几个选项。

- _blank：在打开的新浏览器窗口中打开链接文件。
- _parent：如果是嵌套的框架，会在父框架或窗口中打开链接文件；如果不是嵌套的框架，则与_top 相同，在整个浏览器窗口中打开链接文件。

- _self：在当前网页所在的窗口中打开链接。此目标为浏览器默认的设置。
- _top：在完整的浏览器窗口中打开链接文件，因而会删除所有的框架。

（7）【原始】选项。

该选项用于设置图像下载完成前显示的低质量图像，这里一般指 PNG 图像。单击旁边的【浏览文件】按钮▣，即可在打开的对话框中选择低质量图像，如图 5-16 所示。

（8）【替换】选项。

该选项可设置图像的说明性文字，用于在浏览器不显示图像时替代图像显示的文本，如图 5-17 所示。

图 5-16　【选择原始文件】对话框

图 5-17　设置图像替换文本

5.2.3　案例 3——设置图像对齐方式

图像的对齐方式主要是设置图像与同一行中的文本或另一幅图像等元素的对齐方式。对齐图像的具体操作步骤如下。

step 01 在文档窗口中选定要对齐的图像，如图 5-18 所示。

step 02 选择【格式】→【对齐】→【左对齐】菜单命令后，效果如图 5-19 所示。

图 5-18　选择图像

图 5-19　图像左对齐

step 03 选择【格式】→【对齐】→【居中对齐】菜单命令后，效果如图 5-20 所示。

step 04 选择【格式】→【对齐】→【右对齐】菜单命令后，效果如图 5-21 所示。

图 5-20　图像居中对齐　　　　　　　　　图 5-21　图像右对齐

5.2.4　案例 4——剪裁需要的图像

在网页中插入图像后，如果只需要插入图像的部分内容，此时就可以通过裁剪功能裁剪需要的部分，具体的操作步骤如下。

step 01 在文档窗口中选定要剪裁的图像，如图 5-22 所示。

step 02 在【属性】面板中单击【裁剪】按钮，启用裁剪工具，如图 5-23 所示。

图 5-22　选择图像　　　　　　　　　　　图 5-23　单击【裁剪】按钮

step 03 被选中的图像上出现一个黑色方框，移动该方框到需要的裁剪图像位置，拖动方框四周的控制点至需要的图像内容，如图 5-24 所示。

step 04 调整好需要保留的图像内容后，双击鼠标左键完成裁剪操作，如图 5-25 所示。

图 5-24　裁剪图像　　　　　　　　　　　图 5-25　完成裁剪图像

step 05 保存文档，单击【预览】按钮，在弹出的下拉列表中选择预览方式，如图 5-26

所示。

step 06 启动 IE 浏览器，在其中即可查看到裁剪图片后的效果，如图 5-27 所示。

图 5-26　选择预览方式

图 5-27　预览裁剪后的图像

在确定需要保留的图片内容后，直接按下 Enter 键可以快速执行裁剪图片操作。

5.2.5　案例 5——调整图像的亮度与对比度

在网页中插入图片后，如果发现图片的亮度与对比度不符合需求，可以通过【亮度/对比度】对话框，对其亮度与对比度值进行自定义调整，具体的操作步骤如下。

step 01 在文档窗口中选定要调整亮度与对比度的图像，如图 5-28 所示。

step 02 在【属性】面板中单击【亮度和对比度】按钮，如图 5-29 所示。

图 5-28　选择图像

图 5-29　单击【亮度和对比度】按钮

step 03 打开【亮度/对比度】对话框，在其中输入【亮度】与【对比度】的值，或通过调整"亮度"与"对比度"下方的滑块来确定亮度与对比度的值，如图 5-30 所示。

step 04 单击【确定】按钮，完成图像亮度与对比度的调整，如图 5-31 所示。

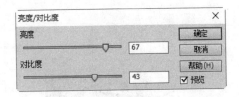

图 5-30 【亮度/对比度】对话框

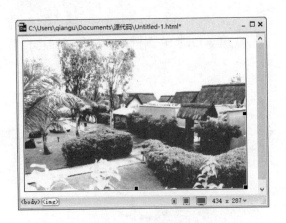

图 5-31 调整图像

step 05 保存文档,单击【预览】按钮,在弹出的下拉列表中选择预览方式,如图 5-32 所示。

step 06 启动 IE 浏览器,在其中即可查看到调整图像亮度与对比度后的效果,如图 5-33 所示。

图 5-33 预览图像效果

图 5-32 选择预览方式

5.2.6 案例6——设置图像的锐化效果

设置图像的锐化效果可以提高图像边缘轮廓的清晰度,从而让整个图像更加清晰,具体的操作步骤如下。

step 01 在文档窗口中选定需要锐化的图像,如图 5-34 所示。

step 02 在【属性】面板中单击【锐化】按钮△,如图 5-35 所示。

step 03 打开【锐化】对话框,拖动滑块实时预览调整图像的锐化效果,如图 5-36 所示。

step 04 单击【确定】按钮,完成图像锐化的调整,如图 5-37 所示。

step 05 保存文档,单击【预览】按钮,在弹出的下拉列表中选择预览方式,如图 5-38 所示。

step 06 启动 IE 浏览器,在其中即可查看到图像设置锐化后的效果,如图 5-39 所示。

图 5-34　选择图像

图 5-35　单击【锐化】按钮

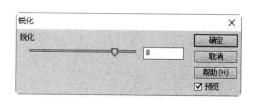

图 5-36　【锐化】对话框

图 5-37　调整图像锐化效果

图 5-38　选择预览方式

图 5-39　预览图像效果

5.3　插入其他图像元素

在网页中不仅可以插入图像文件，还可以插入其他的图像元素，如插入鼠标经过图像、图像占位符、图像热点区域等。

5.3.1 案例7——插入鼠标经过图像

鼠标经过图像是指在浏览器中查看并在鼠标指针移过它时发生变化的图像。鼠标经过图像实际上是由两幅图像组成，即初始图像(页面首次加载时显示的图像)和替换图像(鼠标指针经过时显示的图像)。

插入鼠标经过图像的具体操作步骤如下。

step 01 新建一个空白文档，将光标置于要插入鼠标经过图像的位置，选择【插入】→【图像】→【鼠标经过图像】菜单命令，如图5-40所示。

提示　也可以在【插入】面板的【常用】选项卡中单击【图像】按钮，然后从弹出的下拉列表中选择【鼠标经过图像】选项，如图5-41所示。

图5-40　选择【鼠标经过图像】菜单命令

图5-41　选择【鼠标经过图像】选项

step 02 打开【插入鼠标经过图像】对话框，在【图像名称】文本框中输入一个名称(这里保持默认名称不变)，如图5-42所示。

step 03 单击【原始图像】文本框右侧的【浏览】按钮，在打开的【原始图像】对话框中选择鼠标经过前的图像文件，设置完成后单击【确定】按钮，如图5-43所示。

图5-42　【插入鼠标经过图像】对话框

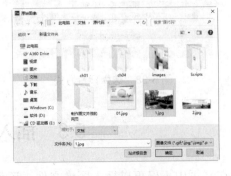

图5-43　选择原始图像

step 04 返回【插入鼠标经过图像】对话框，在【原始图像】文本框中即可看到添加的原始图像文件路径，如图 5-44 所示。

step 05 单击【鼠标经过图像】文本框右侧的【浏览】按钮，在打开的【鼠标经过图像】对话框中选择鼠标经过原始图像时显示的图像文件，如图 5-45 所示。然后单击【确定】按钮，返回【插入鼠标经过图像】对话框。

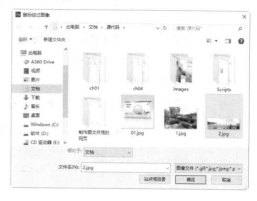

图 5-44　【插入鼠标经过图像】对话框

图 5-45　选择鼠标经过图像

step 06 在【替换文本】文本框中输入名称(这里不再输入)，并选中【预载鼠标经过图像】复选框。如果要建立链接，可以在【按下时，前往的 URL】文本框中输入 URL 地址，也可以单击其右侧的【浏览】按钮，选择链接文件(这里不填)，如图 5-46 所示。

step 07 单击【确定】按钮，关闭对话框，保存文档，按 F12 键在浏览器中预览效果。鼠标指针经过前的图像，如图 5-47 所示。

图 5-46　【插入鼠标经过图像】对话框

图 5-47　鼠标指针经过前显示的图像

step 08 鼠标指针经过后的图像如图 5-48 所示。

图 5-48　鼠标指针经过后显示的图像

网站开发案例课堂

5.3.2 案例8——插入图像占位符

在布局页面时，有可能需插入的图像还没有制作好。为了整体页面效果的统一，此时可以使用图像占位符来替代图片的位置，待网页布局好后，再根据实际情况插入图像。

插入图像占位符的操作步骤如下。

step 01 新建一个空白文档，将光标置于要插入图像占位符的位置。切换到代码视图，然后添加以下代码，设置图片的宽度和高度为 550 和 80，替换文本为"Banner 位置"，如图 5-49 所示。

```
<img src="" width="550" height="80" alt="Banner 位置" />
```

step 02 切换到设计视图，即可看到插入的图像占位符，如图 5-50 所示。

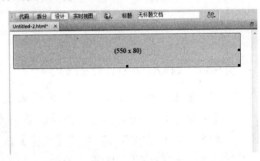

图 5-49 代码视图　　　　　　　　　　　　图 5-50 设计视图

5.3.3 案例9——插入图像热点区域

图像的热点区域是在一张图片上的不同部位绘制任意多边形或者图形区域，并加入链接的一种方法，在图像中插入热点区域的操作步骤如下。

step 01 在文档窗口中选定需要插入热点区域的图像，如图 5-51 所示。

step 02 在【属性】面板中选择热点工具，这里选择多边形工具，如图 5-52 所示。

图 5-51 选择图像　　　　　　　　　　　　图 5-52 选择多边形工具

step 03 在图片的指定位置处单击添加一个热点，然后使用相同的方法继续在图片指定位置绘制其他热点，从而完成图像热点区域的绘制，如图 5-53 所示。

step 04 在【属性】面板中的【链接】文本框中设置该热区需要链接的位置，这里输入wlmq.com，即链接到当前页面，如图 5-54 所示。

图 5-53　绘制热点区域

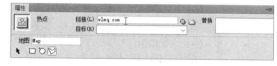

图 5-54　【属性】面板

step 05 保存文档，单击【预览】按钮，在弹出的下拉列表中选择预览方式，如图 5-55 所示。

step 06 启动 IE 浏览器，在打开的页面中将鼠标指针移动到热点区域上，此时鼠标指针变为手形，单击可以执行链接跳转，如图 5-56 所示。

图 5-55　选择预览方式

图 5-56　预览图像热点区域

5.4　在网页中插入多媒体

在网页中插入多媒体是美化网页的一种方法，常见的网页多媒体有背景音乐、Flash 动画、FLV 视频、HTML5 音频和 HTML5 视频等。

5.4.1　案例 10——插入背景音乐

通过添加背景音乐，可以使网页一打开就能听到舒适的音乐。

在网页中插入背景音乐的操作步骤如下。

step 01　新建一个空白文档，切换到代码视图，然后在<head>和</head>标记之间添加以下代码，设置背景音乐的路径，如图 5-57 所示。

```
<bgsound src="/ch04/song.mp3">
```

　提示

bgsound 标记的属性比较多，包括 src、balance、volume、delay 和 loop。各个属性的含义如下。

(1) src 属性：用于设置音乐的路径。

(2) balance 属性：用于设置声道，取值范围为-1000～1000，其中负值代表左声道，正值代表右声道，0 代表立体声。

(3) volume 属性：用于设置音量大小。

(4) delay 属性：用于设置播放的延时。

(5) loop 属性：用于设置循环播放次数，其中 loop=-1，代表音乐一直循环播放。

step 02　保存网页后，单击【预览】按钮，在弹出的下拉列表中选择预览方式，启动浏览器即可预览到效果，如图 5-58 所示。

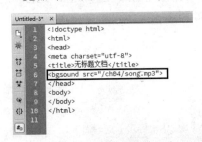

图 5-57　代码视图

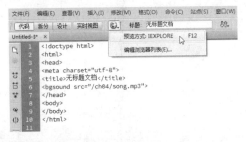

图 5-58　选择预览方式

5.4.2　案例 11——插入 Flash 动画

Flash 与 Shockwave 电影相比，其优势是文件小且网上传输速度快。在网页中插入 Flash 动画的操作步骤如下。

step 01　新建一个空白文档，将光标置于要插入 Flash 动画的位置，选择【插入】→【媒体】→Flash SWF 菜单命令，如图 5-59 所示。

step 02　打开【选择 SWF】对话框，从中选择相应的 Flash 文件，如图 5-60 所示。

step 03　单击【确定】按钮，打开【对象标签辅助功能属性】对话框，输入对象标签辅助的标题，如图 5-61 所示。

step 04　单击【确定】按钮，插入 Flash 动画，然后调整 Flash 动画的大小，使其适合网页，如图 5-62 所示。

step 05　保存文档，按 F12 键在浏览器中预览效果，如图 5-63 所示。

图 5-59　选择 Flash SWF 菜单命令

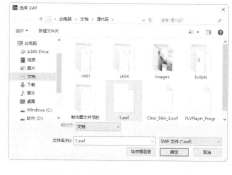

图 5-60　【选择 SWF】对话框

图 5-61　【对象标签辅助功能属性】对话框

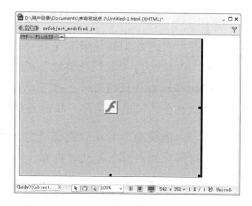

图 5-62　调整网页动画

图 5-63　预览网页动画

5.4.3　案例 12——插入 FLV 视频

用户可以向网页中轻松地添加 FLV 视频，而无须使用 Flash 创作工具。在开始操作之前，必须有一个经过编码的 FLV 文件。

step 01 新建一个空白文档，将光标置于要插入 FLV 视频的位置，选择【插入】→【媒体】→ Flash Video 菜单命令，如图 5-64 所示。

step 02 打开【插入 FLV】对话框，从【视频类型】下拉列表框中选择视频类型，这里选择【累进式下载视频】选项，如图 5-65 所示。

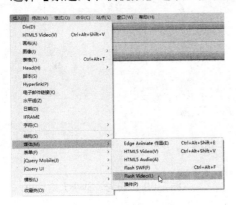

图 5-64 选择 Flash Video 菜单命令

图 5-65 【插入 FLV】对话框

 "累进式下载视频"是将 FLV 文件下载到站点访问者的硬盘上后播放。但是，与传统的"下载并播放"视频传送方法不同，累进式下载允许在下载完成之前就开始播放视频文件。也可以选择【流视频】选项，选择此选项后下方的选项区域也会随之发生变化，接着可以进行相应的设置，如图 5-66 所示。

 "流视频"对视频内容进行流式处理，并在一段可确保流畅播放的很短的缓冲时间后在网页上播放该内容。

step 03 在 URL 文本框右侧单击【浏览】按钮，即可在打开的【选择 FLV】对话框中选择要插入的 FLV 文件，如图 5-67 所示。

图 5-66 选择【流视频】选项

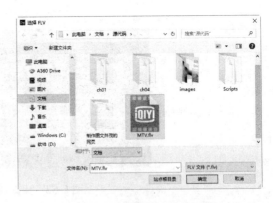

图 5-67 【选择 FLV】对话框

step 04 返回【插入 FLV】对话框，在【外观】下拉列表框中选择设置显示出来的播放器外观，如图 5-68 所示。

step 05 接着设置【宽度】和【高度】，并选中【限制高宽比】、【自动播放】和【自动重新播放】等 3 个复选框，完成后单击【确定】按钮，如图 5-69 所示。

<table>
<tr><td>图 5-68　选择外观</td><td>图 5-69　设置 FLV 的高度与宽度</td></tr>
</table>

提示　　　　"包括外观"是 FLV 文件的宽度和高度与所选外观的宽度和高度相加得出的和。

step 06 单击【确定】按钮，关闭对话框，即可将 FLV 文件添加到网页上，如图 5-70 所示。

step 07 保存页面后按 F12 键，即可在浏览器中预览效果，如图 5-71 所示。

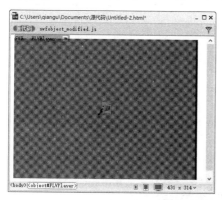

图 5-70　在网页中插入 FLV

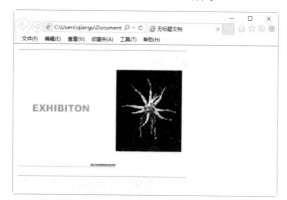

图 5-71　预览网页

5.4.4　案例 13——插入 HTML5 音频

Dreamweaver CC 支持插入 HTML5 音频的功能。在网页中插入 HTML5 音频的操作步骤如下。

step 01 新建一个空白文档，将光标置于要插 HTML5 音频的位置，选择【插入】→【媒体】→HTML5 Audio 菜单命令，如图 5-72 所示。

step 02 即可看到插入一个音频图标，在【属性】面板中单击【源】右侧的【浏览】按钮，如图 5-73 所示。

step 03 打开【选择音频】对话框，选择资源文件中的 "\ch05\song.mp3" 文件，单击【确定】按钮，如图 5-74 所示。

图 5-72　选择 HTML5 Audio 菜单命令

图 5-73　【属性】面板

step 04　返回到设计视图中，保存网页后单击【预览】按钮，在弹出的下拉列表中选择预览方式，如图 5-75 所示。

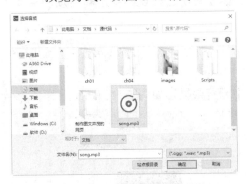

图 5-74　【选择音频】对话框

图 5-75　选择预览方式

step 05　启动浏览器即可预览到效果，用户可以控制播放属性和声音大小，如图 5-76 所示。

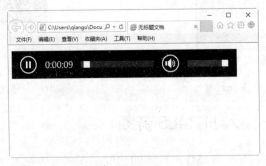

图 5-76　查看预览效果

5.4.5　案例 14——插入 HTML5 视频

Dreamweaver CC 支持插入 HTML5 视频的功能。在网页中插入 HTML5 视频的操作步骤如下。

step 01　新建一个空白文档，将光标置于要插 HTML5 视频的位置，选择【插入】→【媒体】→HTML5 Video 菜单命令，如图 5-77 所示。

step 02 即可看到插入一个视频图标，在【属性】面板中单击【源】右侧的【浏览】按钮，如图 5-78 所示。

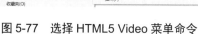

图 5-77　选择 HTML5 Video 菜单命令

图 5-78　【属性】面板

step 03 打开【选择视频】对话框，选择资源文件中的"\ch04\123.mp4"文件，单击【确定】按钮，如图 5-79 所示。

step 04 返回到设计视图中，保存网页后，单击【预览】按钮，在弹出的下拉列表中选择预览方式，如图 5-80 所示。

图 5-79　【选择视频】对话框

图 5-80　选择预览方式

step 05 启动浏览器即可预览到效果，用户可以控制播放属性和声音大小，如图 5-81 所示。

图 5-81　查看预览效果

5.5 综合案例1——制作精彩的多媒体网页

一个网页中可以包括多种网页元素，如文本、图像、视频、动画等。使用 Dreamweaver CC，用户可以制作包含多种元素的多媒体网页。下面介绍创建多媒体网页的操作方法与步骤。

step 01 启动 Dreamweaver CC，选择【文件】→【新建】菜单命令，创建一个空白网页文档，如图 5-82 所示。

step 02 选择【插入】→【图像】→【图像】菜单命令，打开【选择图像源文件】对话框，在其中选择要插入的图像，如图 5-83 所示。

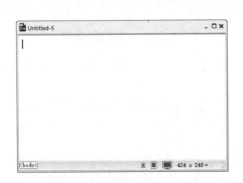

图 5-82 创建空白文档　　　　　　　　图 5-83 选择要插入的图像

step 03 单击【确定】按钮，即可将选中的图片添加到空白网页中，如图 5-84 所示。

step 04 将光标定位在图片的下方，在其中输入相关文本信息，并设置文本的大小、字体的颜色、样式等，如图 5-85 所示。

图 5-84 插入图片　　　　　　　　　图 5-85 输入文本信息

step 05 将光标定位在文本的下方，选择【插入】→【媒体】→【插件】菜单命令，打开【选择文件】对话框，在其中选择需要的音乐文件，如图 5-86 所示。

step 06 单击【确定】按钮，即可将音乐文件添加到网页之中，如图 5-87 所示。

图 5-86　选择音乐文件

图 5-87　插入音乐文件

step 07 保存文档，单击【预览】按钮，在弹出的下拉列表中选择预览方式，如图 5-88 所示。

step 08 启动 IE 浏览器，即可在浏览器中查看创建的多媒体网页，如图 5-89 所示。

图 5-88　选择预览方式

图 5-89　预览多媒体网页

5.6　综合案例 2——在【代码】视图中插入背景音乐

在制作网页时，除了要尽量提高页面的视觉效果、互动功能外，还需要尽可能地提高网页的听觉效果，如为网页插入背景音乐。下面介绍在【代码】视图中插入背景音乐的方法与步骤。

step 01 启动 Dreamweaver CC，打开资源文件中的"ch05\插入背景音乐.html"文件，如图 5-90 所示。

step 02 单击工具栏中的【代码】按钮，转换到【代码】视图中，在<body>后输入"<"符号，用于显示标签列表，这里双击 bgsound 选项，如图 5-91 所示。

step 03 按下空格键，在弹出的列表中双击 src 选项，设置背景音乐文件的路径，如图 5-92 所示。

step 04 在弹出的列表中，选择【浏览】选项，如图 5-93 所示。

图 5-90 打开素材文件

图 5-91 【代码】视图窗口

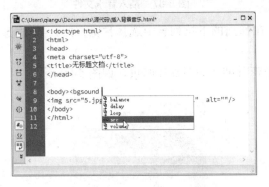

图 5-92 设置背景音乐文件的路径

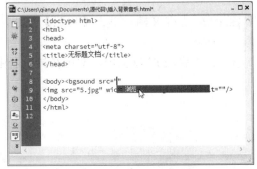

图 5-93 选择【浏览】选项

step 05 打开【选择文件】对话框，在其中选择要添加的音乐文件，如图 5-94 所示。

step 06 单击【确定】按钮，返回到【代码】视图中，如图 5-95 所示。

图 5-94 【选择文件】对话框

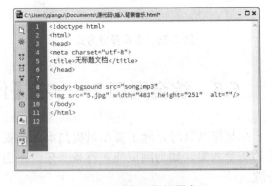

图 5-95 【代码】视图窗口

step 07 按下空格键，在弹出的列表中双击 loop 选项，如图 5-96 所示。

step 08 在弹出的列表中，双击-1 选项，如图 5-97 所示。

step 09 在属性值后面输入"/>"符号，在视图窗口中可以生成代码，如图 5-98 所示。

step 10 保存文档。按下 F12 键，即可在浏览的同时收听到刚刚添加的背景音乐，如
图 5-99 所示。

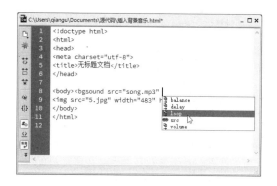

图 5-96　双击 loop 选项

图 5-97　设置 loop 的值

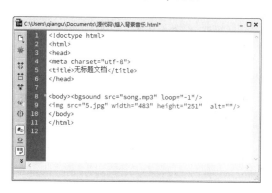

图 5-98　输入符号

图 5-99　预览网页

5.7　疑 难 解 惑

疑问 1：为什么插入的 HTML5 视频不能播放？

答：在制作网页时，在其中插入了 HTML5 视频，所有的操作和语法都正确，就是不能播放，出现这种情况的原因，可能是因为使用的浏览器不支持 HTML5，可以换一个浏览器试一试，如搜狗浏览器、360 安全浏览器等。

疑问 2：为什么我在网页中插入的 Active 控件不能正常显示？

答：使用 Dreamweaver 在网页中插入 Active 后，如果浏览器不能正常显示 Active 控件，则可能是因为浏览器禁用了 Active 控件所致，此时可以通过下面的方法启用 Active 控件。

step 01　打开 IE 浏览器窗口，选择【工具】→【Internet 选项】菜单命令。打开【Internet 选项】对话框，选择【安全】选项卡，单击【自定义级别】按钮，如图 5-100 所示。

step 02　打开【安全设置-Internet 区域】对话框，在【设置】列表框中启用有关的 Active 选项，然后单击【确定】按钮即可，如图 5-101 所示。

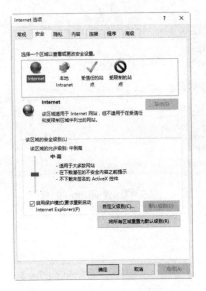

图 5-100 【Internet 选项】对话框

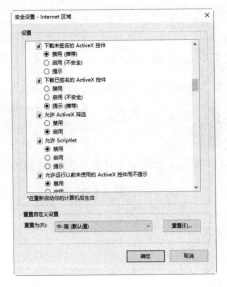

图 5-101 【安全设置-Internet 区域】对话框

第6章
不在网页中迷路
——设计网页中的超链接

链接是网页中比较重要的部分，是各个网页之间相互跳转的依据。网页中常用的链接形式包括文本链接、图像链接、锚记链接、电子邮件链接、空链接及脚本链接等。本章就来介绍如何创建网站链接。

网站开发案例课堂

6.1 超级链接

链接是网页中极为重要的部分，单击文档中的链接，即可跳转至相应的位置。网站中正是有了链接，才实现了在各文档之间的相互跳转进而方便地查阅所需的知识，享受网络带来的无穷乐趣。

6.1.1 链接的概念

链接也叫超级链接，由源端点和目标端点两部分组成，通常将开始位置的端点称为源端点(或源锚)，而将目标位置的端点称为目标端点(或目标锚)，链接就是由源端点到目标端点的一种跳转。目标端点可以是任意的网络资源，比如，它可以是一个页面、一幅图像、一段声音、一段程序甚至可以是页面中的某个位置。

根据链接源端点的不同，超级链接可分为超文本和超链接两种。超文本就是利用文本创建的超级链接。在浏览器中，超文本一般显示为下方带蓝色下画线的文字。超链接是利用除了文本之外的其他对象所构建的链接，如图6-1所示。

利用链接可以实现在文档间或文档中的跳转。可以说，浏览网页就是从一个文档跳转到另一个文档，从一个位置跳转到另一个位置，从一个网站跳转到另一个网站的过程，而这些过程都是通过链接来实现的，如图6-2所示。

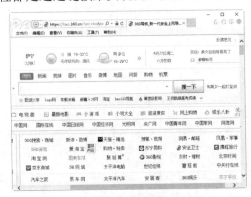

图6-1 网站首页

图6-2 通过链接进行跳转

6.1.2 常规的链接

常规超级链接包括内部链接、外部链接和脚本链接。

1. 内部链接

内部链接是指目标端点位于站点内部的超级链接，其设置非常灵活。

创建内部链接的方法是：选中准备设置超链接的文本或图像后，在【属性】面板的【链接】文本框中输入要链接对象的相对路径即可，如图6-3所示。

图6-3 输入链接对象的相对路径

2. 外部链接

外部链接是指目标端点位于其他网站中的超级链接。

创建外部链接的方法是：选中准备设置超链接的文本或图像后，在【属性】面板中的【链接】文本框中输入准备链接网页的网址即可，如图6-4所示。

图6-4 输入链接网页的网址

3. 脚本链接

脚本链接是指通过脚本控制的超链接，一般情况下，脚本链接可以用来执行计算、表单验证和其他处理。

创建脚本链接的方法是：选中准备设置脚本链接的文本或图像后，在【属性】面板中的【链接】文本框中输入相应的脚本信息，如 JavaScript:window.close()，如图6-5所示。

图6-5 输入链接对象的脚本信息

6.1.3 链接的类型

根据链接的范围，链接可分为内部链接和外部链接两种。内部链接是指同一个文档之间的链接；外部链接是指不同网站文档之间的链接。

根据建立链接的不同对象，链接又可分为文本链接和图像链接两种。浏览网页时，将鼠标指针移到文字上时，鼠标指针将变成手形，单击文字就会打开一个网页，这样的链接就是文本链接，如图6-6所示。

在网页中浏览内容时，若将鼠标指针移到图像上，鼠标指针将变成手形，单击图片就会打开一个网页，这样的链接就是图片链接，如图6-7所示。

图 6-6　文本链接示例　　　　　　图 6-7　图片链接示例

6.2　链接路径

一般来说，Dreamweaver CC 允许使用的链接路径有 3 种，即绝对路径、相对路径和根路径。

6.2.1　URL 概述

URL(Uniform Resource Locator，统一资源定位符)是互联网上标准资源的地址，主要用于各种 WWW 客户程序和服务器程序，表示一个网页地址。

URL 由 3 部分组成，即资源类型、存放资源的主机域名、资源文件名。图 6-8 所示为网址的结构。

图 6-8　网址的结构

6.2.2　绝对路径

如果在链接中使用完整的 URL 地址，这种链接路径就被称为绝对路径。绝对路径的特点是路径同链接的源端点无关。

例如，要创建"白雪皑皑"文件夹中的 index.html 文档的链接，则可使用绝对路径"D:\我的站点\index.html"。

提示 采用绝对路径有两个缺点：一是不利于测试；二是不利于移动站点。

6.2.3　相对路径

相对路径是指以当前文档所在的位置为起点到被链接文档经由的路径。文档相对路径可以表述源端点同目标端点之间的相互位置，它同源端点的位置密切相关。

使用文档相对路径有以下 3 种情况。

（1）如果链接中源端点和目标端点在同一目录下，那么在链接路径中只需提供目标端点的文件名即可。

（2）如果链接中源端点和目标端点不在同一目录下，则需要提供目录名、前斜杠和文件名。

（3）如果链接指向的文档没有位于当前目录的子级目录中，则可利用"../"符号来表示当前位置的上级目录。

采用相对路径的特点是，只要站点的结构和文档的位置不变，那么链接就不会出错；否则链接就会失效。在把当前文档与处在同一文件夹中的另一文档链接，或把同一网站下不同文件夹中的文档相互链接时，就可以使用相对路径。

6.2.4　根路径

根路径可被看作是绝对路径和相对路径之间的一种折中，是指从站点根文件夹到被链接文档经由的路径。在这种路径表达式中，所有的路径都是从站点的根目录开始的，同源端点的位置无关，通常用一个斜线 / 来表示根目录。

提示 根路径同绝对路径非常相似，只是它省去了绝对路径中带有协议地址的部分。

6.3　创建超级链接的方法

在 Dreamweaver CC 中，创建超级链接的方法多种多样，下面介绍 3 种创建超级链接的方法。

6.3.1　案例 1——使用菜单命令创建链接

在 Dreamweaver CC 中，用户可以使用菜单命令创建超级链接，具体的操作步骤如下。

step 01 启动 Dreamweaver CC，选中要创建超级链接的文本或图像，选择【修改】→【创建链接】菜单命令，如图 6-9 所示。

step 02 弹出【选择文件】对话框，在其中选择要链接的目标文件，如图 6-10 所示。

图 6-9　选择【创建链接】菜单命令　　　　图 6-10　【选择文件】对话框

step 03　单击【确定】按钮，即可完成使用菜单创建超链接的操作，在【属性】面板中的【链接】文本框中可以看到链接的目标文件，如图 6-11 所示。

图 6-11　【属性】面板(1)

6.3.2　案例 2——使用【属性】面板创建链接

【属性】面板中的【浏览文件】图标和【链接】文本框可用于创建从图像对象或文本到其他文档或文件的链接。

具体的方法为：首先选择准备创建链接的对象，然后在【属性】面板中的【链接】文本框中输入准备链接的路径，如图 6-12 所示，这样即可完成使用【属性】面板创建链接的操作。

图 6-12　【属性】面板(2)

6.3.3　案例 3——使用【指向文件】按钮创建链接

利用【属性】面板中的【指向文件】按钮也可以创建超链接。具体的方法为：首先选择准备创建链接的对象，然后在【属性】面板中，在【指向文件】按钮上按住鼠标左键，并将其拖动到站点窗口中的目标文件上，再释放鼠标左键，这样即可完成创建链接的操作，如图 6-13 所示。

图 6-13　使用【指向文件】按钮创建链接

6.4　创建不同种类的网页超链接

Internet 之所以越来越受欢迎，很大程度上是因为在网页中使用了链接。

6.4.1　案例 4——添加文本链接

通过 Dreamweaver CC，可以使用多种方法来创建内部链接。使用【属性】面板创建网站内文本链接的具体操作步骤如下。

step 01　启动 Dreamweaver CC，打开资源文件中的"ch06\index.html"文件，选定"关于我们"这几个字，将其作为建立链接的文本，如图 6-14 所示。

step 02　单击【属性】面板中的【浏览文件】按钮，弹出【选择文件】对话框，选择网页文件"关于我们.html"，单击【确定】按钮，如图 6-15 所示。

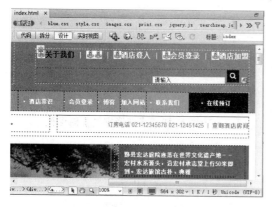

图 6-14　选定文本

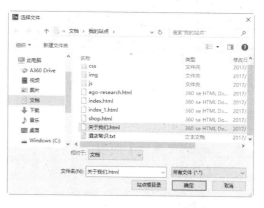

图 6-15　【选择文件】对话框

提示　在【属性】面板中直接输入链接地址也可以创建链接。其方法是，选定文本后，选择【窗口】→【属性】菜单命令，打开【属性】面板，然后在【链接】文本框中直接输入链接文件名"关于我们.html"即可。

step 03　保存文档。按 F12 键在浏览器中可以预览添加的文本链接效果，如图 6-16 所示。

图6-16　预览网页

6.4.2　案例5——添加图像链接

使用【属性】面板创建图像链接的具体操作步骤如下。

step 01　打开资源文件中的"ch06\index.html"文件，选定要创建链接的图像，然后单击【属性】面板中的【浏览文件】按钮🗀，如图6-17所示。

step 02　弹出【选择文件】对话框，浏览并选择一个文件，在【组织】下拉列表框中选择【文档】选项，然后单击【确定】按钮，如图6-18所示。

图6-17　选定图像

图6-18　【选择文件】对话框

step 03　在【属性】面板的【目标】下拉列表框中，选择链接文档打开的方式，然后在【替换】文本框中输入图像的替换文本"美丽风光！"，如图6-19所示。

图6-19　【属性】面板

　提示　与文本链接一样，也可以通过直接输入链接地址的方法来创建图像链接。

6.4.3 案例6——创建外部链接

创建外部链接是指将网页中的文字或图像，与站点外的文档，或与 Internet 上的网站相连接。

 提示　创建外部链接(从一个网站的网页链接到另一个网站的网页)时，必须使用绝对路径，即被链接文档的完整 URL 要包括所使用的传输协议(对于网页通常是 http://)。

比如，在主页上添加网易、搜狐等网站的图标，将它们与相应的网站链接起来。

step 01　打开资源文件中的"ch06\index_1.html"文件，选定百度网站图标，在【属性】面板的【链接】文本框中输入百度的网址 http://www.baidu.com，如图 6-20 所示。

step 02　保存网页后按 F12 键，在浏览器中将网页打开。单击创建的图像链接，即可打开百度网站首页，如图 6-21 所示。

图 6-20　【属性】面板

图 6-21　预览网页

6.4.4 案例7——创建锚记链接

创建命名锚记(简称锚点)就是在文档的指定位置设置标记，给该标记命名一个名称以便引用。通过创建锚点，可以使链接指向当前文档或不同文档中的指定位置。

step 01　打开资源文件中的"ch06\index.html"文件，切换到代码视图中，如图 6-22 所示。

step 02　将光标放置到要命名锚记的位置，或选中要为其命名锚记的文本，这里定位在 <body> 标签后，输入<a name="top"></a>代码，其中锚记名称为 top，如图 6-23 所示。

step 03　返回到设计视图，此时即可在文档窗口中看到锚记标记，如图 6-24 所示。

提示　在一篇文档中，锚记名称是唯一的，不允许在同一篇文档中出现相同的锚记名称。锚记名称中不能含有空格，而且不应置于层内。锚记名称区分大小写。

在文档中定义了锚记后，只做好了链接的一半任务，要链接到文档中锚记所在的位置，还必须创建锚记链接。

图 6-22 代码视图　　　　　　　　　　图 6-23 添加命名锚记

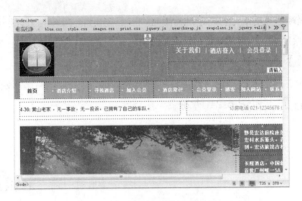

图 6-24 查看新添加的锚记

具体的操作步骤如下。

step 01　在文档的底部输入文本"返回顶部"并将其选定，作为链接的文字，如图 6-25 所示。

step 02　在【属性】面板的【链接】文本框中输入一个字符"#"和锚记名称。例如，要链接到当前文档中名为 Top 的锚记，则输入#Top，如图 6-26 所示。

图 6-25 选定链接的文字

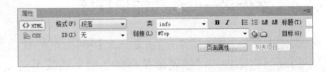

图 6-26 【属性】面板

提示

　　　若要链接到同一文件夹内其他文档(如 main.html)中名为 top 的锚记，则应输入 main.html#top。同样，也可以使用【属性】面板中的【指向文件】图标来创建锚记链接。单击【属性】面板中的【指向文件】图标，然后将其拖至要链接到的锚记(可以是同一文档中的锚记，也可以是其他打开文档中的锚记)上即可。

step 03　保存文档，按 F12 键在浏览器中将网页打开，然后单击网页底部的"返回顶部"4 个字，如图 6-27 所示。

step 04　在浏览器的网页中，正文的第 1 行就会出现在页面顶部，如图 6-28 所示。

图 6-27　预览网页

图 6-28　返回页面顶部

6.4.5　案例 8——创建图像热点链接

在网页中，不但可以单击整幅图像跳转到链接文档，也可以单击图像中的不同区域而跳转到不同的链接文档。通常将处于一幅图像上的多个链接区域称为热点。热点工具有 3 种，即矩形热点工具、椭圆形热点工具和多边形热点工具。

下面通过实例介绍创建图像热点链接的方法。

step 01　打开资源文件中的"ch06\index.html"文件，选中其中的图像，如图 6-29 所示。

step 02　单击【属性】面板中相应的热点工具，这里选择矩形热点工具口，然后在图像上需要创建热点的位置拖动鼠标创建热点，如图 6-30 所示。

图 6-29　选定图像

图 6-30　绘制图像热点

step 03　在【属性】面板的【链接】文本框中输入链接的文件，即可创建一个图像热点链接，如图 6-31 所示。

图 6-31　【属性】面板

step 04 用 step 01～03 的方法创建其他的热点链接，单击【属性】面板上的指针热点工具 ↖，将鼠标指针恢复为标准箭头状态，可在图像上选取热点。

提示 被选中的热点边框上将会出现控点，拖动控点可以改变热点的形状。选中热点后，按 Delete 键可以删除热点。在【属性】面板中可以设置与热点相对应的 URL 链接地址。

6.4.6　案例 9——创建电子邮件链接

电子邮件链接是一种特殊的链接，单击这种链接，会启动计算机中相应的 E-mail 程序，允许书写电子邮件，然后发往链接中指定的邮箱地址。

创建电子邮件链接的具体操作步骤如下。

step 01 打开需要创建电子邮件链接的文档。将光标置于文档窗口中要显示电子邮件链接的地方(这里选择页面底部)，选中即将显示为电子邮件链接的文本或图像，然后选择【插入】→【电子邮件链接】菜单命令，如图 6-32 所示。

提示 在【插入】面板的【常用】选项卡中单击【电子邮件链接】按钮也可以打开【电子邮件链接】对话框，如图 6-33 所示。

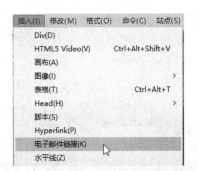

图 6-32　选择【电子邮件链接】菜单命令

图 6-33　【常用】选项卡

step 02 在弹出的【电子邮件链接】对话框的【文本】文本框中，输入或编辑作为电子邮件链接显示在文档中的文本，在【电子邮件】文本框中输入邮件送达的 E-mail 地址，然后单击【确定】按钮，如图 6-34 所示。

提示 同样，也可以利用【属性】面板创建电子邮件链接。其方法是，选中即将显示为电子邮件链接的文本或图像，在【属性】面板的【链接】文本框中输入 mailto:liule2012@163.com，如图 6-35 所示。

图 6-34　【电子邮件链接】对话框

图 6-35　【属性】面板

提示　　　电子邮件地址的格式为：用户名@主机名(服务器提供商)。在【属性】面板的【链接】文本框中输入电子邮件地址时，mailto:与电子邮件地址之间不能出现空格(比如正确的格式为 mailto:liule2012@163.com)。

step 03　保存文档，按 F12 键在 IE 浏览器中预览，可以看到电子邮件链接的效果，如图 6-36 所示。

图 6-36　预览效果

6.4.7　案例 10——创建下载文件的链接

下载文件的链接在软件下载网站或源代码下载网站中应用较多。其创建的方法与一般链接的创建方法相同，只是所链接的内容不是文字或网页，而是一个软件。

创建下载文件链接的具体操作步骤如下。

step 01　打开需要创建下载文件链接的文档文件，选中要设置为下载文件的链接的文本，然后单击【属性】面板中【链接】文本框右边的【浏览文件】按钮，如图 6-37 所示。

step 02　打开【选择文件】对话框，选择要链接的下载文件，如"酒店常识.txt"文件，然后单击【确定】按钮，即可创建下载文件的链接，如图 6-38 所示。

图 6-37　选择文本

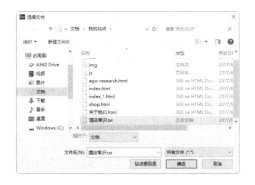

图 6-38　【选择文件】对话框

6.4.8 案例 11——创建空链接

空链接是指没有目标端点的链接。利用空链接可以激活文档中链接对应的对象和文本。一旦对象或文本被激活，就可以为之添加一个行为，以实现当光标移动到链接上时，进行切换图像或显示分层等动作。创建空链接的具体操作步骤如下。

step 01 在文档窗口中，选中要设置为空链接的文本或图像，如图 6-39 所示。

图 6-39 选择图像

step 02 打开【属性】面板，然后在【链接】文本框中输入一个"#"，即可创建空链接，如图 6-40 所示。

图 6-40 【属性】面板

6.4.9 案例 12——创建脚本链接

脚本链接是另一种特殊类型的链接，通过单击带有脚本链接的文本或对象，可以运行相应的脚本及函数(JavaScript 和 VBScript 等)，从而为浏览者提供许多附加的信息。脚本链接还可以被用来确认表单。创建脚本链接的具体操作步骤如下。

step 01 打开需要创建脚本链接的文档，选择要创建脚本链接的文本、图像或其他对象，这里选中文本"酒店加盟"，如图 6-41 所示。

step 02 在【属性】面板的【链接】文本框中输入 JavaScript:，接着输入相应的 JavaScript 代码或函数，如输入 window.close()，表示关闭当前窗口，如图 6-42 所示。

step 03 保存网页，按 F12 键在 IE 浏览器中将网页打开，如图 6-43 所示。单击创建的脚本链接文本，会弹出一个对话框，单击【是】按钮，将关闭当前窗口，如图 6-44 所示。

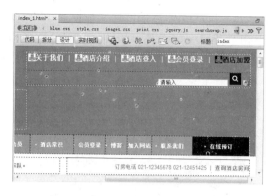

图 6-41　选择文本

图 6-42　输入脚本代码

图 6-43　预览网页

图 6-44　提示信息对话框

 提示

　　JPG 格式的图片不支持脚本链接，如果要为图像添加脚本链接，则应先将图像转换为 GIF 格式。

6.5　综合案例——为企业网站添加友情链接

使用链接功能可以为企业网站添加友情链接，具体的操作步骤如下。

step 01　打开资源文件中的 "ch06\index.html" 文件，在页面底部输入需要添加的友情链接名称，如图 6-45 所示。

step 02　这里选中 "百度" 文件，在下方【属性】面板的【链接】文本框中输入www.baidu.com，如图 6-46 所示。

图 6-45　输入友情链接文本

图 6-46　添加链接地址

step 03 重复 step 02 的操作，选中其他文字，并为这些文字添加链接，如图 6-47 所示。

step 04 保存文档，按 F12 键在 IE 浏览器中预览效果。单击其中的链接，即可打开相应的网页，如图 6-48 所示。

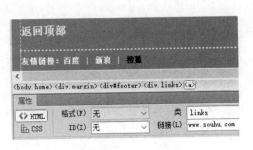

图 6-47 添加其他文本的链接地址

图 6-48 预览网页

6.6 疑 难 解 惑

疑问 1：如何在 Dreamweaver 中去除网页中链接文字下面的下画线？

答：在完成网页中的链接制作之后，系统往往会自动在链接文字的下面添加一条下画线，用来表示该内容包含超级链接。当一个网页中的链接较多时，就会显得杂乱，因此有时就需要去除超级链接。其具体操作方法是，在设置页面属性中【链接】选项卡下的【水平线样式】下拉列表框中，选择【始终无下画线】选项，即可去除网页中链接文字下面的下画线。

疑问 2：在为图像设置热点链接时，为什么之前为图像设置的普通链接无法使用呢？

答：一幅图像只能选择创建普通链接或热点链接。如果同一幅图像在创建了普通链接后再创建热点链接，则普通链接会无效，只有热点链接是有效的。

第 7 章

让网页互动起来
——使用网页
表单和行为

　　很多网站都有申请注册会员或邮箱的模块，这些模块都是通过添加网页表单来完成的。另外，设计人员在设计网页时，需要使用编程语言实现一些动作，如打开浏览器窗口、验证表单等，这些就是网页行为。本章将要介绍的内容是如何使用网页表单和行为。

7.1 认识表单

表单是网页中的重要组成部分，在网页中使用表单之前，首先应该了解什么是表单、表单对象有哪些、插入表单以及设置表单属性等内容。

7.1.1 表单概述

表单在网页中的主要功能是数据采集，实现浏览者与服务器之间的信息传递。它通常由文本框、下拉列表框、复选框以及按钮等表单对象组成，图 7-1 所示为一个网页的用户注册页面。

图 7-1 网页用户注册页面

另外，一个表单有 3 个基本组成部分，包括表单标签、表单域和表单按钮。

(1) 表单标签。表单标签为<form></form>，在这对标签中包含了处理表单数据所用 CGI 程序的 URL 以及数据提交到服务器的方法。

(2) 表单域。表单域包括文本框、密码框、隐藏框、多行文本框、复选框、单选按钮、下拉列表框和文本上传框等对象。

(3) 表单按钮。表单按钮包括提交按钮、复位按钮和一般按钮，用于将数据传送到服务器上或者取消输入等。

7.1.2 认识表单对象

表单是放置表单对象的容器，要使表单具有真正的意义，就离不开表单对象。因此，表单与表单对象是一个整体，下面认识一下常见的表单对象。

1. 文本字段

文本字段可以输入任意类型的文本信息，是表单应用较多的表单对象之一。图 7-2 所示为一个注册页面，其中用户名、手机号和验证码右侧的文本框就是文本字段表单对象在网页中的体现。

2. 密码框

密码框是文本字段的特殊形式，该文本框中的文本信息不会以明文的方式显示出来。图 7-3 所示为一个网页的用户登录页面，其中密码右侧的文本框就是密码框表单对象在网页中的体现。

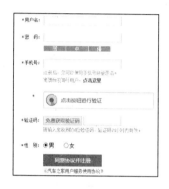

图 7-2　文本字段示例

图 7-3　密码框示例

3. 文本区域

文本区域和文本字段一样，可以输入任意类型的文本信息，只不过文本区域可以设置行数与列表，而文本字段不可以。图 7-4 所示为一个网页中在线留言页面，其中留言右侧的区域就是文本区域表单对象在网页中的体现，用户可以在该区域输入多行文本内容。

4. 单选按钮

单选按钮在同一组选项中只能选择一个选项，如性别男和女只能选择一个。图 7-5 所示为一个网页的留言本页面，其中【性别】右侧的单选按钮就是单选按钮表单对象在网页中的体现。

图 7-4　文本区域示例

图 7-5　单选按钮示例

5. 复选框

复选框在同一组选项中可以同时选择多个选项。图 7-6 所示【兴趣标签】右侧的控件就是复选框表单对象在网页中的体现，用户可以选择多个兴趣对象。

6. 选择控件

选择控件可以让浏览者通过列表和菜单提供的选项，来选择合适的数据。图 7-7 所示为一个网页的商品发布页面，通过单击【订单类型】右侧下三角按钮，在弹出的下拉列表中可以选择合适的类型，这就是选择控件表单对象在网页中的体现。

图 7-6　复选框示例　　　　　　　　图 7-7　选择控件示例

7. 按钮

按钮可用于提交或者重置表单元素，通过按钮可以触发某种行为或事件。图 7-8 所示为一个留言本页面，其中下方的两个按钮就是按钮表单对象在网页中的体现。

8. 图像按钮

图像按钮和网页中默认的按钮功能一样，只不过图像按钮显示得更加直观，视觉冲击力较强。图 7-9 所示为一个网页中的登录区域，其中【登录】按钮就是一个图像按钮。

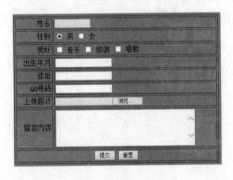

图 7-8　按钮示例　　　　　　　　　　图 7-9　图像按钮示例

9. 文件域

文件域的作用是让浏览者浏览本地文件，并将其作为表单数据进行上传。图 7-10 所示为一个留言本页面，其中【上传照片】右侧的内容就是文件域表单对象在网页中的体现。

10. 电子邮件控件

电子邮件控件是用于让浏览者输入正确的电子邮箱地址的。图 7-11 所示为一个网页中的用户注册区域，其中【邮箱】右侧的文本框就是电子邮件控件表单对象在网页中的体现，提示用户输入正确的邮箱地址。

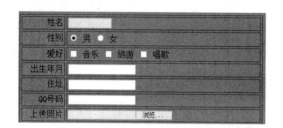

图 7-10　文件域示例

图 7-11　电子邮件控件示例

7.1.3　插入表单

在网页中插入表单的方法很简单，可以通过【插入】菜单中的命令来插入，也可以通过【插入】面板来插入，下面介绍插入表单的方法与步骤。

在文档中插入表单的具体操作步骤如下。

`step 01` 将光标放置在要插入表单的位置，选择【插入】→【表单】→【表单】菜单命令，如图 7-12 所示。

 提示　要插入表单域，也可以在【插入】面板的【表单】选项卡中单击【表单】按钮。

`step 02` 插入表单后，页面上会出现一条红色的虚线，如图 7-13 所示。这就是在设计视图中查看到的添加的表单效果。

图 7-12　选择【表单】菜单命令

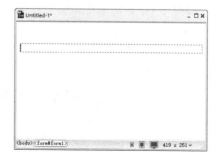

图 7-13　插入的表单域

129

注
意　　表单在浏览页面时是不会显示出来的，即不可见。

7.1.4　设置表单属性

表单在网页中有很重要的作用，因此对其属性的设置也就显得格外重要与谨慎了。在网页中插入表单后，选中插入的表单，或在标签选择器中选择 `<form#form1>` 标签，即可在表单的【属性】面板中设置属性，如图 7-14 所示。

图 7-14　【属性】面板

表单的常用属性有以下几种。

(1)　ID：为表单指定 ID 编号，一般被程序或脚本所用。

(2)　Class：为表单添加样式。

(3)　Action：为表单指定处理数据的路径。

(4)　Method：为表单指定将数据传输到服务器的方法，包括默认、POST 和 GET 3 种方法，其中 GET 方法将值附加到请求该页面的 URL 中；POST 方法将在 HTTP 请求中嵌入表单数据；默认方法使用浏览器的默认设置将表单数据发送给服务器。通常，默认方法为 GET 方法。

(5)　Title：为表单指定标题。

(6)　Enctype：为表单指定传输数据时所使用的编码类型。

(7)　Target：为表单指定目标窗口的打开方式。

(8)　Accept Charset：为表单指定字符集。

(9)　No Validate：为表单指定提交时是否进行数据验证。

(10) Auto Complete：为表单指定是否让浏览器自动记录之前输入的信息。

注
意　　提交的表单如果要传输用户名和密码、信用卡或其他敏感性信息，POST 方法相对于 GET 方法更加安全。图 7-15 所示为 Method 下拉列表。

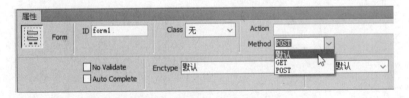

图 7-15　Method 下拉列表

7.2　常用表单对象的应用

表单用于把来自用户的信息提交给服务器，是网站管理者与浏览者之间进行沟通的桥梁。利用表单处理程序，可以收集、分析用户的反馈意见，使网站管理者对完善网站建设做出科学、合理的决策。因此，表单是决定网站成功与否的重要因素。

7.2.1　插入文本域

文本域分为单行文本域和多行文本域，下面讲解这两种文本域的插入方法，具体操作方法如下。

step 01 将光标定位在表单内，在其中插入一个两行两列的表格，然后输入文本内容并调整表格的大小，如图 7-16 所示。

step 02 将光标定位在表格第一行右侧的单元格中，选择【插入】→【表单】→【文本】菜单命令，或在【插入】面板的【表单】选项卡中单击【文本】按钮，如图 7-17 所示。

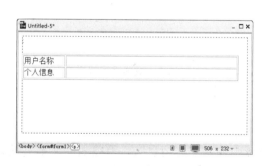

图 7-16　插入表格

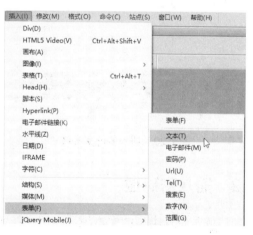

图 7-17　选择【文本】菜单命令

step 03 单行文本域插入完成后，在【属性】面板中选中 Required(必要)和 Auto Focus(自动焦点)复选框，将 Max Length(最多字符)设置为 15，如图 7-18 所示。

step 04 将光标定位在表格第二行右侧的单元格中，选择【插入】→【表单】→【文本区域】菜单命令，或在【插入】面板的【表单】选项卡中单击【文本区域】按钮，如图 7-19 所示。

step 05 多行文本域插入完成后，在【属性】面板中设置 Rows(行数)为 5、Cols(列)为 50，如图 7-20 所示。

step 06 保存网页后按 F12 键，进入页面预览效果，如图 7-21 所示。

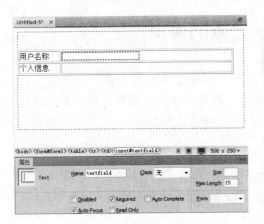

图 7-18　插入单行表单

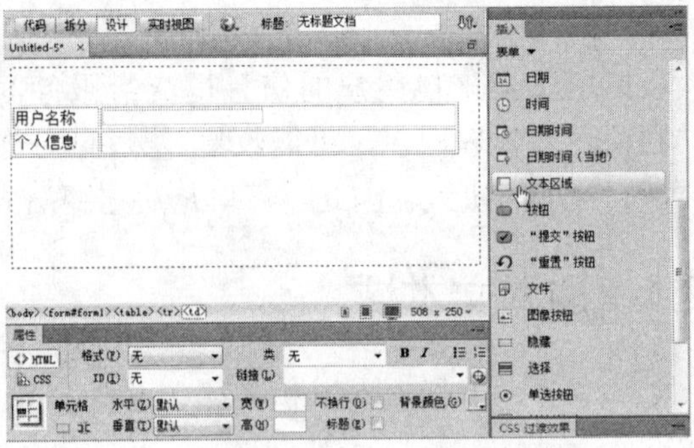

图 7-19　单击【文本区域】按钮

图 7-20　插入多行文本域

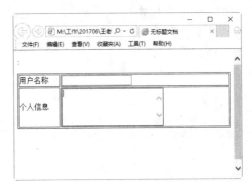

图 7-21　页面预览效果

7.2.2　插入密码域

密码域是特殊类型的文本域。当用户在密码域中输入文本信息时，所输入的文本会被替换为星号或项目符号以隐藏该文本，从而保护这些信息不被别人看到。

插入密码域的具体操作步骤如下。

step 01　打开资源文件中的"ch07\密码域.html"文件，将光标定位在"密码"右侧的单元格中，如图 7-22 所示。

step 02　选择【插入】→【表单】→【密码】菜单命令，或在【插入】面板的【表单】选项卡中单击【密码】按钮，如图 7-23 所示。

step 03　密码域插入完成后，在【属性】面板中选中 Required(必要)复选框，将 Max Length(最多字符)设置为 25，如图 7-24 所示。

step 04　保存网页后按 F12 键，进入页面预览效果，当在密码域中输入密码时，显示为项目符号，如图 7-25 所示。

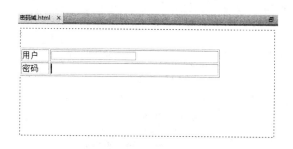

图 7-22　打开素材文件

图 7-23　选择【密码】菜单命令

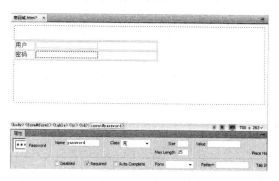

图 7-24　插入密码域

图 7-25　页面预览效果

7.2.3　插入复选框

如果要从一组选项中选择多个选项，则可使用复选框。有以下两种方法插入复选框。

(1)　选择【插入】→【表单】→【复选框】菜单命令，如图 7-26 所示。

(2)　单击【插入】面板【表单】选项卡中的【复选框】按钮，如图 7-27 所示。

图 7-26　选择【复选框】菜单命令

图 7-27　单击【复选框】按钮

若要为复选框添加标签，可在该复选框的旁边单击，然后输入标签文字即可，如图 7-28 所示。另外，选中复选框🔲，在【属性】面板中可以设置其属性，如图7-29 所示。

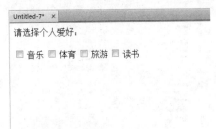

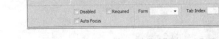

图 7-28　输入复选框标签文字　　　　　　图 7-29　复选框【属性】面板

7.2.4　插入单选按钮

如果从一组选项中只能选择一个选项，则需要使用单选按钮功能。选择【插入】→【表单】→【单选按钮】菜单命令，即可插入单选按钮。

 通过单击【插入】面板【表单】选项卡中的【单选按钮】按钮 ◉，也可以插入单选按钮。

若要为单选按钮添加标签，可在该单选按钮的旁边单击，然后输入标签文字即可，如图 7-30 所示。选中单选按钮 ◯，在【属性】面板中可为其设置属性，如图 7-31 所示。

图 7-30　输入单选按钮标签文字　　　　　　图 7-31　单选按钮【属性】面板

7.2.5　插入下拉菜单

表单中有两种类型的菜单：一种是单击时下拉的菜单，称为下拉菜单；另一种则显示为一个有项目的可滚动列表，用户可从该列表中选择项目，称为滚动列表。图 7-32 分别是下拉菜单域和滚动列表。

图 7-32　菜单与列表

创建下拉菜单的具体操作步骤如下。

step 01 选择【插入】→【表单】→【选择】菜单命令，即可插入下拉菜单，然后在其
【属性】面板中，单击【列表值】按钮，如图 7-33 所示。

step 02 在打开的对话框中进行相应的设置，如图 7-34 所示。

图 7-33 【属性】面板

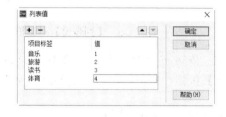

图 7-34 【列表值】对话框

step 03 单击【确定】按钮，在【属性】面板的 Selected(初始化时选定)列表框中选择
【体育】选项，如图 7-35 所示。

step 04 保存文档，按 F12 键在 IE 浏览器中预览效果，如图 7-36 所示。

图 7-35 选择初始化时选定的菜单

图 7-36 预览效果

7.2.6 插入滚动列表

创建滚动列表的具体操作步骤如下。

step 01 选择【插入】→【表单】→【选择】菜单命令，插入选择菜单，然后在其【属
性】面板中将 Size 设置为 3，如图 7-37 所示。

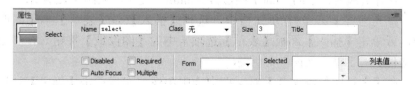

图 7-37 【属性】面板

step 02 单击【列表值】按钮，在打开的对话框中进行相应的设置，如图 7-38 所示。

step 03 单击【确定】按钮保存文档。按 F12 键在 IE 浏览器中预览效果，如图 7-39 所示。

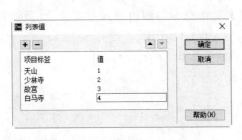

图 7-38 【列表值】对话框   图 7-39 预览效果

按钮对于表单来说是必不可少的，无论用户对表单进行了什么操作，只要不单击【提交】按钮，服务器与客户之间就不会有任何交互操作。

7.2.7 插入按钮

将光标放在表单内，选择【插入】→【表单】→【按钮】菜单命令，即可插入按钮，如图 7-40 所示。

选中表单按钮 提交 ，即可在打开的【属性】面板中设置按钮 Name(名称)、Class(类)、Form Action(动作)等属性，如图 7-41 所示。

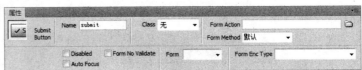

图 7-40 插入按钮   图 7-41 设置按钮的属性

7.2.8 插入图像按钮

在 HTML5 中，可以使用图像作为按钮图标。如果要使用图像来执行任务而不是提交数据，则只需将某种行为附加到表单对象上即可。

step 01 打开资源文件中的 "ch07\图像按钮.html" 文件，如图 7-42 所示。

step 02 将光标置于第 4 行单元格中，选择【插入】→【表单】→【图像域】菜单命令，或单击【插入】面板【表单】选项卡中的【图像域】按钮 ，弹出【选择图像源文件】对话框，如图 7-43 所示。

step 03 在【选择图像源文件】对话框中选中图像，然后单击【确定】按钮，即可插入图像域，如图 7-44 所示。

step 04 选中该图像域，打开其【属性】面板，设置图像域的属性，这里采用默认设置，如图 7-45 所示。

图 7-42 打开素材文件

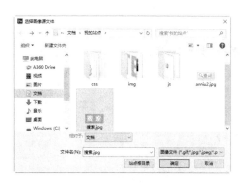

图 7-43 【选择图像源文件】对话框

图 7-44 插入图像域

图 7-45 图像域【属性】面板

step 05 完成设置后保存文档，按 F12 键在 IE 浏览器中预览效果，如图 7-46 所示。

图 7-46 预览效果

7.2.9 插入文件上传域

通过插入文件上传域，可以实现上传文档和图像的功能。插入文件上传域的具体操作步骤如下。

step 01 新建网页，输入文字内容，将光标定位在需要插入文件上传域的位置，如图 7-47 所示。

step 02 选择【插入】→【表单】→【文件】菜单命令，或单击【插入】面板【表单】选项卡中的【图像域】按钮，如图 7-48 所示。

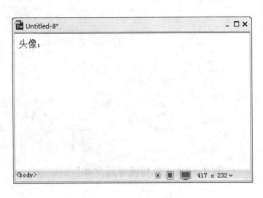

图 7-47 新建网页

图 7-48 选择【文件】菜单命令

step 03 即可插入文本上传域，如图 7-49 所示。

step 04 选择文本上传域，在【属性】面板中可以设置文本上传域的属性，如图 7-50 所示。

图 7-49 插入文本上传域

图 7-50 设置文本上传域的属性

7.3 认 识 行 为

行为是由事件和该事件触发的动作组成的，功能很强大，受到了广大网页设计者的喜爱。行为是一系列使用 JavaScript 程序预定义的页面特效工具。

7.3.1 行为的概念

在 Dreamweaver CC 中，行为是插入到网页内的一段 JavaScript 代码，由对象、事件和动作构成。其中，对象是产生行为的主体，如图像、文本等；动作是最终产生的工作效果，可以是播放声音、交换图像、弹出提示信息、自动关闭网页等。

事件用于指定选定行为在何种情况下发生的工作。例如，想应用单击图像时跳转到指定网站的行为，用户需要把事件指定为单击(onClick)事件。

7.3.2　打开【行为】面板

在 Dreamweaver CC 中，对行为的添加和控制主要是通过【行为】面板来实现的。选择
【窗口】→【行为】菜单命令，即可打开【行为】面板，如图 7-51 所示。

使用【行为】面板可以将行为附加到页面元素，并且可以修改以前所附加行为的参数。
【行为】面板中包含以下一些选项行为。

（1）单击 + 按钮，可弹出动作菜单，如图 7-52 所示，从中可以添加行为。添加行为时，
只需从动作菜单中选择一个行为项即可。当从该动作菜单中选择一个动作时，将出现一个对
话框，可以在此对话框中指定该动作的参数。如果动作菜单上的所有动作都处于灰显状态，
则表示选定的元素无法生成任何事件。

图 7-51　【行为】面板

图 7-52　【行为】菜单列表

（2）单击 — 按钮，可从行为列表中删除所选的事件和动作。

（3）单击 ▲ 按钮或 ▼ 按钮，可将动作项向前或向后移动，从而改变动作执行的顺序。对
于不能在列表中上下移动的动作，箭头按钮则处于禁用状态。

提示　　按 Shift+F4 组合键在为选定对象添加了行为之后，就可以利用行为的事件列
表，选择触发该行为的事件，打开【行为】面板。

7.4　常用内置行为的应用

Dreamweaver CC 内置有许多行为，每一种行为都可以实现一个动态效果，或用户与网页
之间的交互。

7.4.1　交换图像

使用【交换图像】行为，通过更改图像标签的 src 属性，可将一幅图像与另一幅图像进行
交换。使用此动作可以创建鼠标经过图像和其他的图像效果(包括一次交换多幅图像)。

创建【交换图像】行为的具体操作步骤如下。

step 01 打开资源文件中的"ch07\应用行为\index.html"文件,如图 7-53 所示。

step 02 选择【窗口】→【行为】菜单命令,打开【行为】面板。选中图像,单击➕按钮,在弹出的菜单中选择【交换图像】命令,如图 7-54 所示。

图 7-53 打开素材文件

图 7-54 选择【交换图像】命令

step 03 弹出【交换图像】对话框,如图 7-55 所示。

step 04 单击 浏览... 按钮,弹出【选择图像源文件】对话框,从中选择一幅图像,如图 7-56 所示。

图 7-55 【交换图像】对话框

图 7-56 【选择图像源文件】对话框

step 05 单击【确定】按钮,返回【交换图像】对话框,如图 7-57 所示。

step 06 单击【确定】按钮,添加【交换图像】行为,如图 7-58 所示。

图 7-57 设置原始图像

图 7-58 添加【交换图像】行为

step 07 保存文档，按 F12 键在 IE 浏览器中预览效果，如图 7-59 所示。

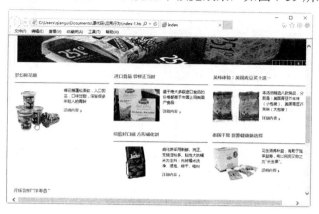

图 7-59　预览效果

7.4.2　弹出信息

创建【弹出信息】行为可显示一个带有指定信息的 JavaScript 警告。因为 JavaScript 警告只有一个【确定】按钮，所以使用此行为可以提供信息，而不能为用户提供选择。

创建【弹出信息】行为的具体操作步骤如下。

step 01 打开资源文件中的 "ch07\应用行为\index.html" 文件，如图 7-60 所示。

step 02 单击文档窗口状态栏中的<body>标签，选择【窗口】→【行为】菜单命令，打开【行为】面板。单击【行为】面板中的 ✚ 按钮，在弹出的下拉菜单中选择【弹出信息】命令，如图 7-61 所示。

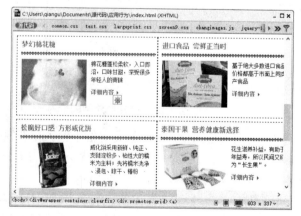

图 7-60　打开素材文件

图 7-61　选择【弹出信息】命令

step 03 弹出【弹出信息】对话框，在【消息】文本框中输入要显示的信息 "欢迎你的光临"，如图 7-62 所示。

step 04 单击【确定】按钮，添加行为，并设置相应的事件，如图 7-63 所示。

step 05 保存文档，按 F12 键在 IE 浏览器中预览效果，如图 7-64 所示。

图 7-62 【弹出信息】对话框 　　图 7-63 添加行为事件 　　图 7-64 信息提示框

7.4.3 打开浏览器窗口

使用【打开浏览器窗口】行为可以在一个新的窗口中打开 URL，可以指定新窗口的属性(包括其大小)、特性(是否可以调整大小、是否具有菜单栏等)和名称。

使用【打开浏览器窗口】行为的具体操作步骤如下。

step 01 　打开资源文件中的"ch07\应用行为\index.html"文件，如图 7-65 所示。

step 02 　选择【窗口】→【行为】菜单命令，打开【行为】面板。单击该面板中的 [+] 按钮，在弹出的下拉菜单中选择【打开浏览器窗口】命令，如图 7-66 所示。

图 7-65 打开素材文件 　　　　　　　　図 7-66 选择要添加的行为

step 03 　弹出【打开浏览器窗口】对话框，在【要显示的 URL】文本框中输入在新窗口中载入的目标 URL 地址(可以是网页，也可以是图像)；或单击【要显示的 URL】文本框右侧的【浏览】按钮，弹出【选择文件】对话框，如图 7-67 所示。

step 04 　在【选择文件】对话框中选择文件，单击【确定】按钮，将其添加到文本框中，然后将【窗口宽度】和【窗口高度】分别设置为 380 和 350，在【窗口名称】文本框中输入"弹出窗口"，如图 7-68 所示。

在【打开浏览器窗口】对话框中，各部分的含义如下。

● 【窗口宽度】和【窗口高度】文本框：用于指定窗口的宽度和高度(以像素为单位)。

● 【导航工具栏】复选框：浏览器窗口的组成部分，包括【后退】、【前进】、【主页】和【重新载入】等按钮。

● 【地址工具栏】复选框：浏览器窗口的组成部分，包括【地址】文本框等。

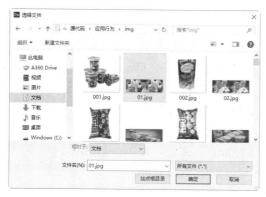

图 7-67　【选择文件】对话框　　　　　　图 7-68　【打开浏览器窗口】对话框

- 【状态栏】复选框：位于浏览器窗口的底部，在该区域中显示消息(如剩余的载入时间以及与链接关联的 URL)。

- 【菜单条】复选框：浏览器窗口上显示菜单(如文件、编辑、查看、转到和帮助等菜单)的区域。如果要让访问者能够从新窗口导航，用户应该选中此复选框。如果撤选此复选框，在新窗口中用户只能关闭或最小化窗口。

- 【需要时使用滚动条】复选框：用于指定如果内容超出可视区域时将显示滚动条。如果撤选此复选框，则不显示滚动条，同时【调整大小手柄】复选框该功能也会被撤选，访问者将很难看到超出窗口大小以外的内容(虽然他们可以拖动窗口的边缘使窗口滚动)。

- 【调整大小手柄】复选框：用于指定应该能够调整窗口的大小。方法是拖动窗口的右下角或单击右上角的最大化按钮。如果撤选此复选框，调整大小控件将不可用，右下角也不能拖动。

- 【窗口名称】文本框：新窗口的名称。如果用户要通过 JavaScript 使用链接指向新窗口或控制新窗口，则应该对新窗口命名。此名称不能包含空格或特殊字符。

step 05　单击【确定】按钮，添加行为，并设置相应的事件，如图 7-69 所示。

step 06　保存文档，按 F12 键在 IE 浏览器中预览效果，如图 7-70 所示。

图 7-69　设置行为事件

图 7-70　预览效果

7.4.4　检查表单行为

在包含表单的页面中填写相关信息且信息填写出错时，系统会自动显示出错信息，这是通过检查表单来实现的。在 Dreamweaver CC 中，可以使用【检查表单】行为来为文本域设置有效性规则，检查文本域中的内容是否有效，以确保输入数据的正确性。

使用【检查表单】行为的具体操作步骤如下。

step 01　打开资源文件中的"ch07\检查表单行为.html"文件，如图 7-71 所示。

step 02　按 Shift+F4 组合键，打开【行为】面板，如图 7-72 所示。

图 7-71　打开素材文件　　　　　　　　　　图 7-72　【行为】面板

step 03　单击【行为】面板上的 ➕ 按钮，在弹出的下拉菜单中选择【检查表单】命令，如图 7-73 所示。

step 04　弹出【检查表单】对话框，【域】列表框中显示了文档中插入的文本域，如图 7-74 所示。

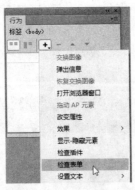

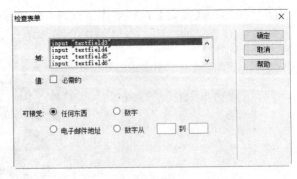

图 7-73　选择【检查表单】命令　　　　　　图 7-74　【检查表单】对话框

在【检查表单】对话框中主要参数选项的具体作用如下。

● 【域】列表框：用于选择要检查数据有效性的表单对象。

● 【值】复选框：用于设置该文本域中是否使用必填文本域。

● 【可接受】选项区域：用于设置文本域中可填数据的类型，可以选择 4 种类型。选中【任何东西】单选按钮表明文本域中可以输入任意类型的数据。选中【数字】单选按钮表明文本域中只能输入数字数据。选中【电子邮件地址】单选按钮表明文本域中只能输入电子邮件地址。选中【数字从】单选按钮可以设置可输入数字值的范围，可在右边的文本框中从左到右分别输入最小数值和最大数值。

step 05 选择 textfield3 文本域，选中【必需的】复选框，选中【任何东西】单选按钮，设置该文本域是必须填写项，可以输入任何文本内容，如图 7-75 所示。

step 06 参照相同的方法，设置 textfield2 和 textfield4 文本域为必须填写项。其中 textfield2 文本域的可接受类型为数字，textfield4 文本域的可接受类型为任何东西，如图 7-76 所示。

图 7-75 设置【检查表单】属性

图 7-76 设置其他检查信息

step 07 单击【确定】按钮，即可添加【检查表单】行为，如图 7-77 所示。

step 08 保存文档，按 F12 键在 IE 浏览器中预览效果。当在文档的文本域中未填写或填写有误时，会打开一个信息提示框，提示出错信息，如图 7-78 所示。

图 7-77 添加【检查表单】行为

图 7-78 预览网页提示信息

7.4.5 设置状态栏文本

使用【设置状态栏文本】行为可在浏览器窗口底部左侧的状态栏中显示消息。比如，可以使用此行为在状态栏中显示链接的目标而不是显示与之关联的 URL。

设置状态栏文本的操作步骤如下。

step 01 打开资源文件中的"ch07\设置状态栏\index.html"文件，如图 7-79 所示。

step 02 按 Shift+F4 组合键，打开【行为】面板，如图 7-80 所示。

step 03 单击【行为】面板上的 按钮，在弹出的下拉菜单中选择【设置文本】→【设置状态栏文本】命令，如图 7-81 所示。

step 04 弹出【设置状态栏文本】对话框，在【消息】文本框中输入"欢迎光临！"，也可以输入相应的 JavaScript 代码，如图 7-82 所示。

图 7-79　打开素材文件

图 7-80　【行为】面板

图 7-81　选择【设置状态栏文本】命令

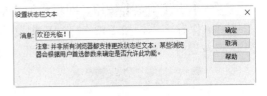

图 7-82　【设置状态栏文本】对话框

step 05 单击【确定】按钮，添加行为，如图 7-83 所示。

step 06 保存文档，按 F12 键在 IE 浏览器中预览效果，如图 7-84 所示。

图 7-83　添加行为

图 7-84　预览效果

7.5 综合案例——使用表单制作留言本

一个好的网站，总是在不断地完善和改进。在改进的过程中，总是要经常听取别人的意见，为此可以通过留言本来获取浏览者浏览网站的反馈信息。

使用表单制作留言本的具体操作步骤如下。

step 01 打开资源文件中的"ch07\制作留言本.html"文件，如图 7-85 所示。

step 02 将光标移到下一行，单击【插入】面板【表单】选项卡中的【表单】按钮 ，插入一个表单，如图 7-86 所示。

图 7-85　打开素材文件

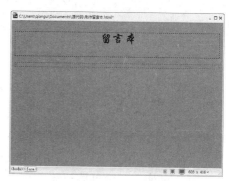

图 7-86　插入表单

step 03 将光标放在红色的虚线内，选择【插入】→【表格】菜单命令，打开【表格】对话框。将【行数】设置为 9，【列】设置为 2，【表格宽度】设置为 470 像素，【边框粗细】设置为 1 像素，【单元格边距】设置为 2，【单元格间距】设置为 3，如图 7-87 所示。

step 04 单击【确定】按钮，在表单中插入表格，并调整表格的宽度，如图 7-88 所示。

图 7-87　设置【表格】对话框

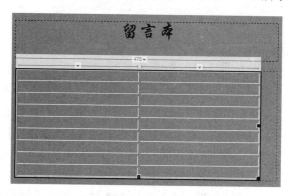

图 7-88　插入表格

step 05 在第 1 列单元格中输入相应的文字，然后选定文字，在【属性】面板中，设置文字的【大小】为 12，将【水平】设置为【右对齐】，【垂直】设置为【居中】，如图 7-89 所示。

step 06 将光标放置在第 1 行第 2 列单元格中，选择【插入】→【表单】→【文本域】菜单命令，插入文本域。在【属性】面板中，设置文本域的【字符宽度】为 12，【最多字符数】为12，如图7-90 所示。

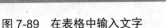
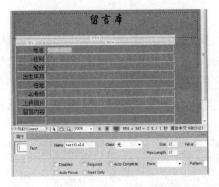

图 7-89　在表格中输入文字　　　　　　　　　图 7-90　添加文本域

step 07 重复以上步骤，在第 3 行、第 4 行和第 5 行的第 2 列单元格中插入文本域，并设置相应的属性，如图 7-91 所示。

step 08 将光标放置在第 2 行第 2 列单元格中，单击【插入】面板【表单】选项卡中的【单选按钮】按钮，插入单选按钮。在单选按钮的右侧输入"男"，按照同样的方法再插入一个单选按钮，输入"女"。在【属性】面板中，将【初始状态】分别设置为【已勾选】和【未选中】，如图 7-92 所示。

图 7-91　添加其他文本域　　　　　　　　　图 7-92　添加单选按钮

step 09 将光标放置在第 3 行第 2 列单元格中，单击【插入】面板【表单】选项卡中的【复选框】按钮，插入复选框。在【属性】面板中，将【初始状态】设置为【未选中】，在其后输入文本"音乐"，如图 7-93 所示。

step 10 按照同样的方法，插入其他复选框，设置其属性并输入文字，如图 7-94 所示。

step 11 将光标置于第 8 行第 2 列单元格中，选择【插入】→【表单】→【文本区域】菜单命令，插入多行文本域，并将【属性】面板中的选项设置为默认值，如图 7-95 所示。

step 12 将光标放置在第 7 行第 2 列单元格中，选择【插入】→【表单】→【文件域】菜单命令，插入文件域。在【属性】面板中为其设置相应的属性，如图 7-96 所示。

图 7-93　添加复选框

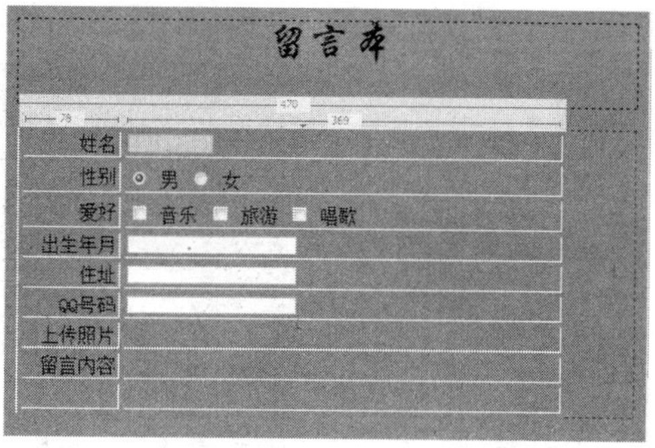

图 7-94　添加其他复选框

图 7-95　插入多行文本域

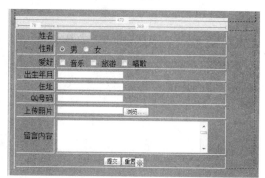

图 7-96　插入文件域

step 13　选定第 9 行的两个单元格，选择【修改】→【表格】→【合并单元格】菜单命令，合并单元格。将光标放置在合并后的单元格中，在【属性】面板中，将【水平】设置为【居中对齐】，如图 7-97 所示。

step 14　选择【插入】→【表单】→【按钮】菜单命令，插入 提交 按钮和 重置 按钮。在【属性】面板中，分别为其设置相应的属性，如图 7-98 所示。

step 15　保存文档，按 F12 键在 IE 浏览器中预览效果，如图 7-99 所示。

图 7-97　合并单元格

图 7-98　插入【提交】与【重置】按钮

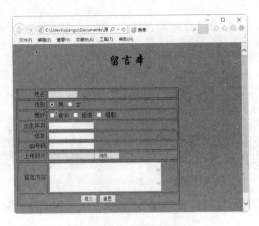

图 7-99　预览网页效果

7.6　疑难解惑

疑问 1：如何保证表单在 IE 浏览器中正常显示？

答： 在 Dreamweaver 中插入表单并调整到合适的大小后，在 IE 浏览器中预览时可能会出现表单大小失真的情况。为了保证表单在 IE 浏览器中能正常显示，建议使用 CSS 样式表调整表单的大小。

疑问 2：如何下载并使用更多的行为？

答： Dreamweaver 包含了百余个事件、行为，如果认为这些行为还不足以满足需求，Dreamweaver 同时也提供有扩展行为的功能，可以下载第三方的行为。下载之后解压到 Dreamweaver 的安装目录 Adobe Dreamweaver CC\configuration\Behaviors\Actions 下。重新启动 Dreamweaver，在【行为】面板中单击 ![+] 按钮，在弹出的【行为】菜单中即可看到新添加的行为选项。

第 8 章
简单的网页布局
——使用表格
布局网页

表格是布局页面时极为有用的设计工具,通过使用表格布局网页可实现对页面元素的准确定位,使得页面在形式上丰富多彩、条理清晰,在组织上井然有序而又不失单调。合理地利用表格来布局页面有助于协调页面结构的均衡。本章就来介绍如何使用表格布局网页。

8.1 案例1——插入表格

表格由行、列和单元格 3 部分组成。使用表格可以排列网页中的文本、图像等各种网页元素，可以在表格中自由地进行移动、复制和粘贴等操作，还可以在表格中嵌套表格，使页面的设计更灵活、方便。

使用【插入】面板或【插入】菜单都可以创建表格，插入表格的具体操作步骤如下。

step 01 新建一个空白网页文档，将光标定位在需要插入表格的位置，如图 8-1 所示。

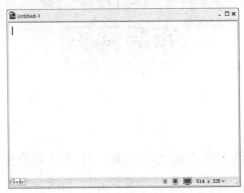

图 8-1　空白网页文档

step 02 单击【插入】面板【常用】选项卡中的【表格】按钮，或选择【插入】→【表格】菜单命令，如图 8-2 所示。

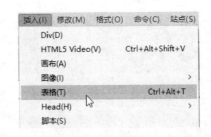

图 8-2　【常用】面板与【表格】菜单命令

step 03 打开【表格】对话框，在其中可以对表格的行数、列数以及表格宽度等信息进行设置，如图 8-3 所示。

【表格】对话框中各个选项及参数的含义如下。

- 【行数】：在该文本框中输入新建表格的行数。
- 【列】：在该文本框中输入新建表格的列数。
- 【表格宽度】：该文本框用于设置表格的宽度，单位可以是像素或百分比。
- 【边框粗细】：该文本框用于设置表格边框的宽度(以像素为单位)。若设置为 0，在浏览时则不显示表格边框。

- 【单元格边距】：该文本框用于设置单元格边框和单元格内容之间的像素数。
- 【单元格间距】：该文本框用于设置相邻单元格之间的像素数。
- 【标题】：该选项组用于设置表头样式，有 4 种样式可供选择，分别如下。

  【无】：不将表格的首列或首行设置为标题。

  【左】：将表格的第一列作为标题列，表格中的每一行可以输入一个标题。

  【顶部】：将表格的第一行作为标题行，表格中的每一列可以输入一个标题。

  【两者】：可以在表格中同时输入列标题和行标题。

- 【标题】：在该文本框中输入表格的标题，标题将显示在表格的外部。
- 【摘要】：在这里可输入文字对表格进行说明或注释，内容不会在浏览器中显示，仅在源代码中显示，可提高源代码的可读性。

step 04 单击【确定】按钮，即可在文档中插入表格，如图 8-4 所示。

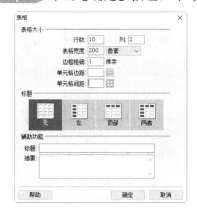

图 8-3　【表格】对话框

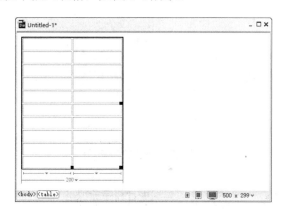

图 8-4　在文档中插入表格

8.2　选　中　表　格

插入表格后，可以对表格进行选中操作，比如选中整个表格或表格中的行与列、单元格等。

8.2.1　案例 2——选中完整的表格

选中完整表格的方法主要有以下 4 种。

(1) 将鼠标指针移动到表格上面，当鼠标指针呈网格图标田时单击鼠标左键，如图 8-5 所示。

(2) 单击表格四周的任意一条边框线，如图 8-6 所示。

(3) 将光标置于任意一个单元格中，选择【修改】→【表格】→【选择表格】菜单命令，如图 8-7 所示。

(4) 将光标置于任意一个单元格中，在文档窗口状态栏的标签选择器中单击<table>标签，如图 8-8 所示。

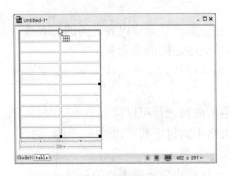

图 8-5　选中表格的方法(1)

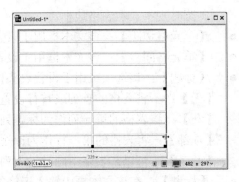

图 8-6　选中表格的方法(2)

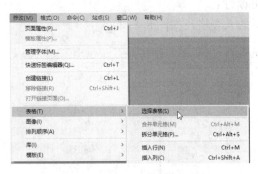

图 8-7　选中表格的方法(3)

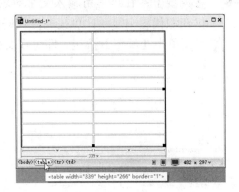

图 8-8　选中表格的方法(4)

8.2.2　案例 3——选中行和列

选中表格中的行和列的方法主要有以下两种。

(1) 将光标定位于行首或列首，当鼠标指针变成➡或⬇的箭头形状时单击鼠标左键，即可选中表格的行或列，如图 8-9 所示。

(2) 按住鼠标左键不放从左至右或从上至下拖动，即可选中表格的行或列，如图 8-10 所示。

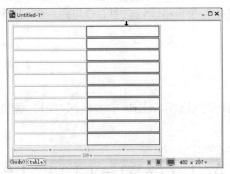

图 8-9　选中表格中的列

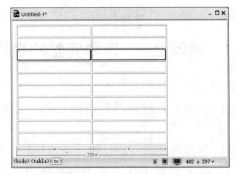

图 8-10　选中表格中的行

8.2.3　案例 4——选中单元格

要想选中表格中的某个单元格，可以进行以下几种操作。

(1)　按住 Ctrl 键不放单击单元格，可以选中一个或多个单元格。

(2)　按住鼠标左键不放并拖动，可以选中多个单元格。

(3)　将光标放置在要选中的单元格中，单击文档窗口状态栏上的<td>标签，即可选中该单元格，如图 8-11 所示。

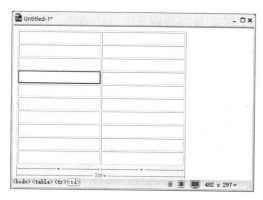

图 8-11　选中单元格

想要选中表格中的多个单元格，可以进行下列操作。

(1)　选中相邻的单元格、行或列：先选中一个单元格、行或列，按住 Shift 键的同时单击另一个单元格、行或列，矩形区域内的所有单元格、行或列就都会被选中，如图 8-12 所示。

(2)　选中不相邻的单元格、行或列：按住 Ctrl 键的同时单击需要选中的单元格、行或列即可，如图 8-13 所示。

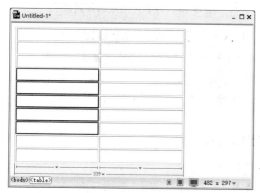
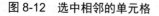

图 8-12　选中相邻的单元格

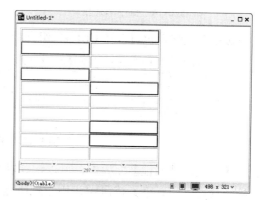

图 8-13　选中不相邻的单元格

提示

在选中单元格、行或列时，两次单击会取消已选中对象的选中状态。

8.3 表 格 属 性

为了使创建的表格更加美观，需要对表格的属性进行设置。表格属性主要包括完整表格的属性和表格中单元格的属性两种。

8.3.1 案例5——设置单元格属性

在 Dreamweaver CC 中，可以单独设置单元格的属性。设置单元格属性的具体操作步骤如下。

step 01 按住 Ctrl 键的同时单击单元格的边框，选中单元格，如图 8-14 所示。

step 02 选择【窗口】→【属性】菜单命令，打开显示单元格属性的面板，从中对单元格、行和列等的属性进行设置，比如将选中的单元格的背景颜色设置为蓝色(#0000FF)，如图 8-15 所示。

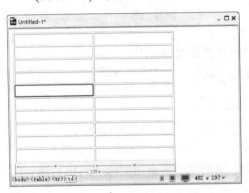
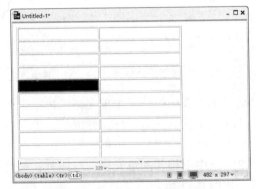

图 8-14　选中单元格　　　　　图 8-15　为单元格添加背景颜色

在选中单元格后也可以按 Ctrl+F3 组合键，打开【属性】面板，如图 8-16 所示。

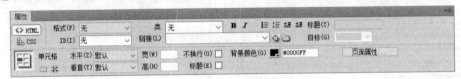

图 8-16　【属性】面板

在单元格的【属性】面板中，可以设置以下选项或参数。

(1) 【合并单元格】按钮：用于把所选的多个单元格合并为一个单元格。

(2) 【拆分单元格为行或列】按钮：用于将一个单元格分成两个或更多个单元格。

　　　　　一次只能对一个单元格进行拆分，如果选择的单元格多于一个，此按钮将被禁用。

(3) 【水平】：该下拉列表框用于设置单元格中对象的水平对齐方式。【水平】下拉列表框中包括默认、左对齐、居中对齐和右对齐等 4 个选项。

(4) 【垂直】：该下拉列表框用于设置单元格中对象的垂直对齐方式，【垂直】下拉列表框中包括默认、顶端、居中、底部和基线等 5 个选项。

(5) 【宽】和【高】：这两个文本框用于设置单元格的宽度和高度，单位是像素或百分比。

 　　采用像素为单位的值是表格、行或列当前的宽度或高度的值；以百分比为单位的值是表格、行或列占当前文档窗口宽度或高度的百分比。

(6) 【不换行】：该复选框用于设置单元格文本是否换行。如果选中【不换行】复选框，表示单元格的宽度随文字长度的增加而变宽。当输入的表格数据超出单元格宽度时，单元格会调整宽度来容纳数据。

(7) 【标题】：该复选框用于将当前单元格设置为标题行。

(8) 【背景颜色】：该选项用于设置单元格的背景颜色。使用颜色选择器█▊可选择要设置的单元格的背景颜色。

8.3.2 案例 6——设置整个表格属性

选中整个表格后，选择【窗口】→【属性】菜单命令或按 Ctrl+F3 组合键，即可打开表格的【属性】面板，如图 8-17 所示。

图 8-17 表格的【属性】面板

在表格的【属性】面板中，可以对表格的行、宽、对齐方式等参数进行设置。不过，对表格的高度一般不需要进行设置，因为表格会根据单元格中所输入的内容自动调整。

8.4 操 作 表 格

表格创建完成后，还可以对表格进行操作，如调整表格的大小、增加或删除表格中的行与列、合并与拆分单元格等。

8.4.1 案例 7——调整表格的大小

创建表格后，可以根据需要调整表格或表格的行、列的宽度或高度。整个表格的大小被调整时，表格中所有的单元格将成比例地改变大小。

调整行和列大小的方法如下。

要改变行的高度，将鼠标指针置于表格两行之间的界线上，当鼠标指针变成 ⬍ 形状时上下拖动鼠标即可，如图 8-18 所示。

要改变列的宽度,将鼠标指针置于表格两列之间的界线上,当鼠标指针变成 ◆╫◆ 形状时左右拖动即可,如图8-19所示。

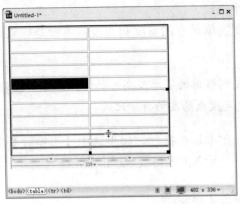

图8-18　改变行的高度

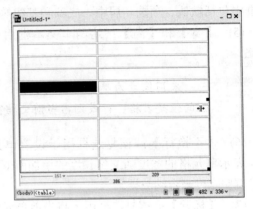

图8-19　改变列的宽度

调整表格大小的方法如下。

选中表格后拖动选择手柄,沿相应的方向调整大小。拖动右下角的手柄,可在两个方向上调整表格的大小(宽度和高度),如图8-20所示。

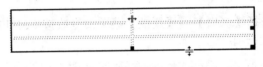

图8-20　调整表格的大小

8.4.2　案例8——增加行和列

(1) 要在当前表格中增加行和列,可以进行以下几种操作之一。

① 将光标移动到要插入行的下一行并右击,在弹出的快捷菜单中选择【表格】→【插入行】命令,如图8-21所示。

② 将光标移动到要插入行的下一行,选择【修改】→【表格】→【插入行】菜单命令,如图8-22所示。

图8-21　在右键快捷菜单中选择【插入行】命令

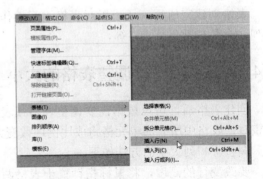

图8-22　选择【插入行】菜单命令

③ 将光标移动到要插入行的单元格，按 Ctrl+M 组合键，即可插入行，如图 8-23 所示。

图 8-23　插入行

 　　使用键盘也可以在单元格中移动光标，按 Tab 键可将光标移动到下一个单元格，按 Shift+Tab 组合键可将光标移动到上一个单元格。在表格最后一个单元格中按 Tab 键，将自动添加一行单元格。

(2) 要在当前表格中插入列，可以进行以下几种操作之一。

① 将光标移动到要插入列的右边一列并右击，在弹出的快捷菜单中选择【表格】→【插入列】命令，如图 8-24 所示。

② 将光标移动到要插入列的右边一列，选择【修改】→【表格】→【插入列】菜单命令，如图 8-25 所示。

图 8-24　在右键快捷菜单中选择【插入列】命令

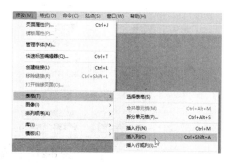

图 8-25　选择【插入列】菜单命令

③ 将光标移动到要插入列的右边一列，按 Ctrl+Shift+A 组合键，即可插入列，如图 8-26 所示。

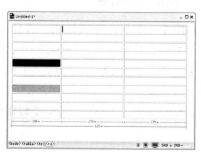

图 8-26　插入列

网站开发案例课堂

注意　　在插入列时，表格的宽度不会改变，但随着列数的增加，列的宽度会相应地减小。

8.4.3　案例9——删除行、列、单元格

要删除行或列，可以进行以下几种操作之一。

(1) 选定要删除的行或列，按 Delete 键即可删除。

提示　　使用 Delete 键可以删除多行或多列，但不能删除所有的行或列。如果要删除整个表格，则需要先选中整个表格，然后按 Delete 键即可删除。

(2) 将光标放置在要删除的行或列中，选择【修改】→【表格】→【删除行】或【删除列】菜单命令，即可删除行或列，如图 8-27 所示。

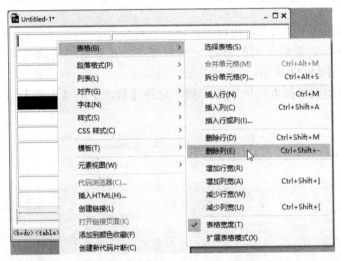

图 8-27　选择【删除列】菜单命令

8.4.4　案例10——剪切、复制和粘贴单元格

1. 剪切、粘贴单元格(实现移动单元格功能)

移动单元格可使用【剪切】和【粘贴】命令来完成。移动单元格的具体操作步骤如下。

step 01　选中要移动的一个或多个单元格，如图 8-28 所示。

step 02　选择【编辑】→【剪切】菜单命令，可将选中的一个或多个单元格从表格中剪切出来，如图 8-29 所示。

step 03　将光标置于需要粘贴单元格的位置，选择【编辑】→【粘贴】菜单命令即可，如图 8-30 所示。

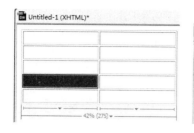
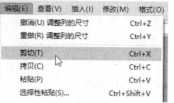
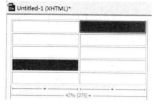

图 8-28 选中单元格　　　图 8-29 选择【剪切】菜单命令　　　图 8-30 粘贴单元格

 提示 所有被选中的单元格必须是连续的且形成的区域呈矩形才能被剪切或复制。对于表格中的某些行或列，使用【剪切】命令可将所选中的行或列删除；否则仅删除单元格中的内容和格式。

2. 复制和粘贴单元格

要粘贴多个单元格，剪贴板的内容必须和表格的格式保持一致。复制、粘贴单元格的具体操作步骤如下。

step 01 选中要复制的单元格，选择【编辑】→【拷贝】菜单命令，如图 8-31 所示。

step 02 将光标置于需要粘贴单元格的位置，选择【编辑】→【粘贴】菜单命令即可，如图 8-32 所示。

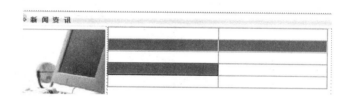

图 8-31 选择【拷贝】菜单命令　　　　　图 8-32 粘贴单元格

8.4.5 案例11——合并和拆分单元格

1. 合并单元格

只要选择的单元格区域是连续的矩形，就可以对单元格进行合并操作，生成一个跨多行或多列的单元格；否则将无法合并。

合并单元格的具体操作步骤如下。

step 01 在文档窗口中选中要合并的单元格，如图 8-33 所示。

图 8-33 选中要合并的单元格

step 02 执行下列任意一种操作即可合并单元格。

(1) 选择【修改】→【表格】→【合并单元格】菜单命令，如图 8-34 所示。

(2) 单击【属性】面板中的【合并单元格】按钮 ▥ 。

(3) 按下鼠标右键，在弹出的快捷菜单中选择【表格】→【合并单元格】命令。

合并完成后，合并前各单元格中的内容将放在合并后的单元格里面，如图 8-35 所示。

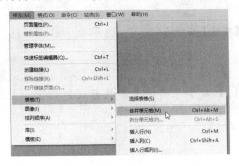

图 8-34　选择【合并单元格】菜单命令　　　　图 8-35　合并之后的单元格

2. 拆分单元格

拆分单元格是将选中的单元格拆分成行或列。拆分单元格的具体操作步骤如下。

step 01 将光标放置在要拆分的单元格中或选中一个单元格，如图 8-36 所示。

图 8-36　选中要拆分的单元格

step 02 执行下列任意一种操作即可实现拆分单元格。

(1) 选择【修改】→【表格】→【拆分单元格】菜单命令。

(2) 单击【属性】面板中的【拆分单元格】按钮 ▦ 。

(3) 按下鼠标右键，在弹出的快捷菜单中选择【表格】→【拆分单元格】命令。

step 03 弹出【拆分单元格】对话框，在【把单元格拆分】选项组中可选择【行】或
【列】单选按钮，在【列数】或【行数】微调框中可输入要拆分成的列数或行数，如
图 8-37 所示。

step 04 单击【确定】按钮，即可拆分单元格，如图 8-38 所示。

图 8-37　【拆分单元格】对话框　　　　　　图 8-38　拆分后的单元格

8.5 操作表格数据

在制作网页时，可以使用表格来布局页面。使用表格时，在表格中既可以输入文字，也可以插入图像，还可以插入其他的网页元素。在网页的单元格中还可以嵌套一个表格，这样就可以使用多个表格来布局页面。

8.5.1 案例 12——在表格中输入文本

在需要输入文本的单元格中单击，即可在表格中输入文本。单元格在输入文本时可以自动扩展，如图 8-39 所示。

图 8-39 在单元格中输入文本

8.5.2 案例 13——在表格中插入图像

在表格中插入图像是制作网页过程中常见的操作之一，其具体的操作步骤如下。

step 01 将光标放置在需要插入图像的单元格中，如图 8-40 所示。

step 02 单击【插入】面板【常用】选项卡中的【图像】按钮，或选择【插入】→【图像】菜单命令；或从【插入】面板中拖动【图像】按钮到单元格中，如图 8-41 所示。

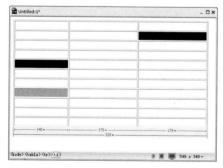

图 8-40 选中要插入图像的单元格

图 8-41 【常用】选项卡

step 03 打开【选择图像源文件】对话框，在其中选择需要插入表格中的图片，如图 8-42 所示。

step 04 单击【确定】按钮，即可将选中的图片添加到表格中，如图 8-43 所示。

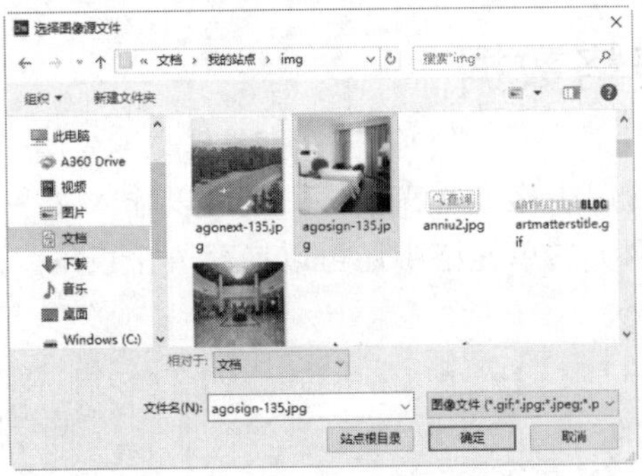

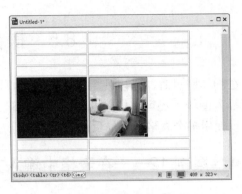

图 8-42　【选择图像源文件】对话框　　　　图 8-43　在表格中插入图片

8.5.3　案例 14——表格中的数据排序

表格中的排序功能主要是针对具有格式的数据表格，是根据表格列表中的数据来排序的。具体操作步骤如下。

step 01 选中要排序的表格，如图 8-44 所示。

step 02 选择【命令】→【排序表格】菜单命令，打开【排序表格】对话框，在其中可以根据需要对表格的排序参数进行设置，如图 8-45 所示。

学生姓名	性别	政治面貌	总成绩	兴趣爱好
A	女	团员	96	羽毛球
D	女	党员	58	排球
C	男	党员	97	音乐
B	女	团员	68	网球

图 8-44　选中要排序的表格　　　　　图 8-45　【排序表格】对话框

step 03 单击【确定】按钮，即可完成对表格的排序。本例是按照表格第 4 列数字的降序进行排列的，如图 8-46 所示。

学生姓名	性别	政治面貌	总成绩	兴趣爱好
C	男	党员	97	音乐
A	女	团员	96	羽毛球
B	女	团员	68	网球
D	女	党员	58	排球

图 8-46　排序完成后的表格

8.5.4　案例 15——导入 Excel 表格数据

在编辑表格的过程中，用户可以将 Excel 表格中的数据直接导入到 Dreamweaver CC 之中，方便用户引用数据，导入 Excel 数据的操作步骤如下。

step 01 启动 Dreamweaver CC，新建一个网页文档，将光标定位在编辑窗口中，如图 8-47 所示。

step 02 选择【文件】→【导入】→【Excel 文档】菜单命令，如图 8-48 所示。

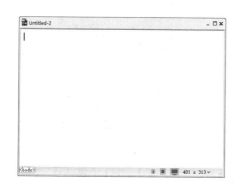

图 8-47　新建空白文档

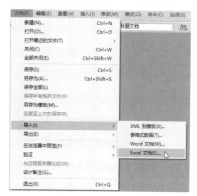

图 8-48　选择【Excel 文档】菜单命令

step 03 弹出【导入 Excel 文档】对话框，在其中选择准备导入的 Excel 文档，如图 8-49 所示。

step 04 单击【打开】按钮，即可将 Excel 文档中的数据导入到网页之中，如图 8-50 所示。

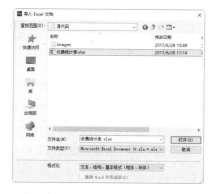

图 8-49　选择要导入的 Excel 文档

交费时间	所属年度	所属月份	交费单位	金额
2017/1/10	2017	1	a公司	566.00
2017/1/15	2017	1	c公司	6256.00
2017/1/16	2017	1	d公司	2656.00
2017/1/18	2017	1	b公司	1656.00
2017/1/19	2017	1	a公司	6566.00
2017/2/20	2017	2	a公司	2659.00
2017/2/21	2017	2	d公司	5656.00
2017/2/25	2017	2	d公司	415.00
2017/3/10	2017	3	a公司	6556.00

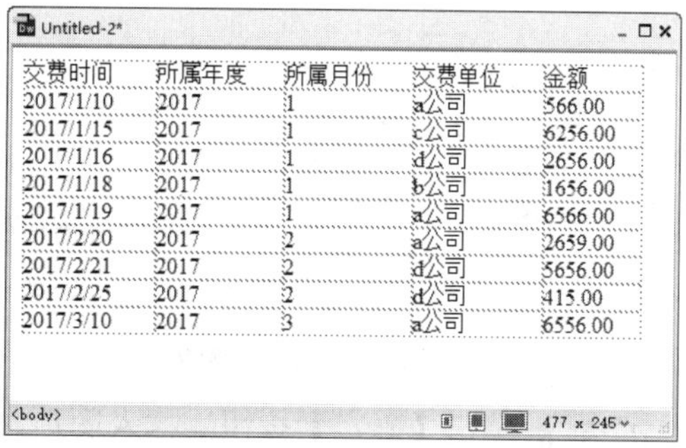

图 8-50　导入 Excel 文档

8.6　综合案例——使用表格布局网页

使用表格可以将网页设计得更加合理，可以将网页元素非常轻松地放置在网页中的任何位置。具体操作步骤如下。

step 01 打开资源文件中的“ch08\index.htm”文件，将光标放置在要插入表格的位置，如图 8-51 所示。

step 02 单击【插入】面板【常用】选项卡中的【表格】按钮。弹出【表格】对话框，将【行数】和【列】均设置为 2，【表格宽度】设置为 100%，【边框粗细】设置为 0，【单元格边距】设置为 0，【单元格间距】设置为 0，如图 8-52 所示。

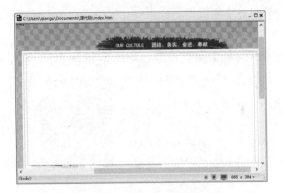

图 8-51　打开素材文件

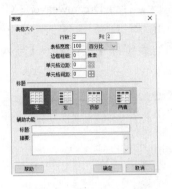

图 8-52　【表格】对话框

step 03　单击【确定】按钮，一个 2 行 2 列的表格就插入到了页面中，如图 8-53 所示。

step 04　将光标放置在第一行第一列单元格中，单击【插入】面板【常用】选项卡中的
【图像】按钮。弹出【选择图像源文件】对话框，从中选择图像文件，如图 8-54
所示。

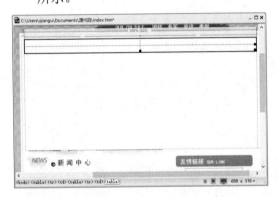

图 8-53　插入表格

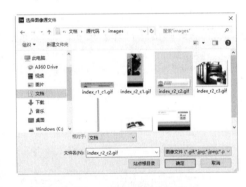

图 8-54　选择要插入的图片

step 05　单击【确定】按钮，插入图片，如图 8-55 所示。

step 06　将光标放置在第二行第一列单元格中，在【属性】面板中将【背景颜色】设置
为#E3E3E3，如图 8-56 所示。

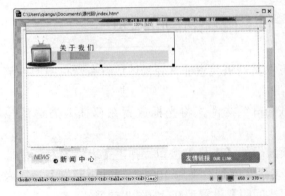

图 8-55　插入图片

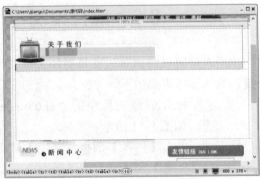

图 8-56　设置单元格的背景色

step 07 在单元格中输入文本，在【属性】面板中设置文本的【大小】为 16 像素，如图 8-57 所示。

step 08 选择第二列的两个单元格，在单元格的【属性】面板中单击■按钮，将单元格合并，如图 8-58 所示。

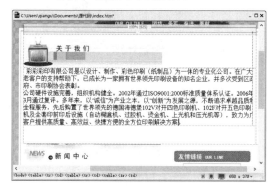

图 8-57 设置文本大小

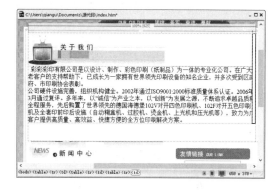

图 8-58 合并选定的单元格

step 09 选定合并后的单元格，选择【插入】→【表格】菜单命令。弹出【表格】对话框，将【行数】设置为 2，【列】设置为 1，【表格宽度】设置为 100%，【边框粗细】设置为 0，【单元格边距】设置为 0，【单元格间距】设置为 0，如图 8-59 所示。

step 10 单击【确定】按钮，一个两行一列的表格就插入到了页面中，如图 8-60 所示。

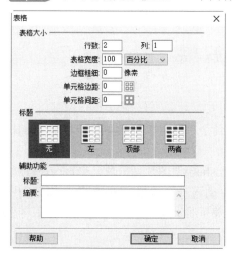

图 8-59 【表格】对话框

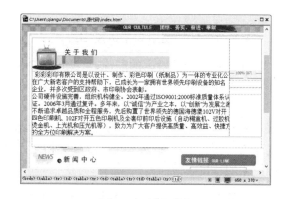

图 8-60 插入表格

step 11 将光标放置到第一行的单元格中，单击【插入】面板【常用】选项卡中的【图像】按钮。弹出【选择图像源文件】对话框，从中选择图片文件，如图 8-61 所示。

step 12 单击【确定】按钮插入图片，如图 8-62 所示。

step 13 重复上述步骤，在第二行单元格中插入图片，如图 8-63 所示。

step 14 保存文档，按 F12 键在 IE 浏览器中预览效果，如图 8-64 所示。

图 8-61　选择图片

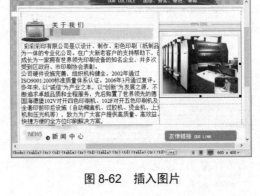

图 8-62　插入图片

图 8-63　再次插入图片

图 8-64　预览网页

8.7　疑难解惑

疑问 1：如何使用表格拼接图片？

答： 对于一些较大的图片，读者可将其切分成几个部分，然后再利用表格把它们拼接到一起，这样就可以加快图片的下载速度。

具体的操作方法是：先用图像处理工具(如 Photoshop)把图片切分成几个部分(具体切图方法读者可以参照本书中的相关章节)，然后在网页中插入一个表格(其行列数与切分的图片相同)，在表格属性中将边框粗细、单元格边距和单元格间距均设置为 0，再把切分后的图片按照原来的位置关系插进相应的单元格中即可。

疑问 2：导入到网页中数据混乱怎么办？

答： 一般出现这种数据混乱的原因是由于全角造成的，因为此时记事本中分号为全角。用户需要重新将记事本中的全角分号修改为半角分号，即修改为英文状态下输入，然后再导入到网页中即可解决该数据问题。

第 9 章

批量制作网页——
使用模板和库

　　使用模板可以为网站的更新和维护提供极大的方便，仅修改网站的模板即可完成对整个网站中页面的统一修改。本章就来介绍如何使用模板批量制作风格统一的网页。

9.1 创 建 模 板

使用模板创建文档可以使网站和网页具有统一的结构和外观。模板实质上就是作为创建其他文档的基础文档。在创建模板时，可以明确哪些网页元素应该长期保留、不可编辑，哪些元素可以编辑修改。

9.1.1 案例1——使用菜单创建空白模板

利用 Dreamweaver CC 的【文件】→【新建】菜单命令可以直接创建空白模板，具体操作步骤如下。

step 01 启动 Dreamweaver CC，选择【文件】→【新建】菜单命令，如图9-1所示。

step 02 弹出【新建文档】对话框，在【新建文档】对话框中选择【空白页】选项，在【页面类型】列表框中选择【HTML 模板】选项，如图9-2所示。

图9-1 选择【新建】菜单命令   图9-2 【新建文档】对话框

step 03 单击【创建】按钮即可创建一个空白的模板文档，如图9-3所示。

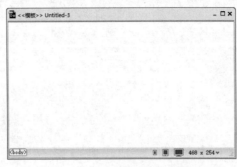

图9-3 创建空白模板文档

9.1.2 案例2——在【资源】面板中创建模板

在【资源】面板中创建模板的具体操作步骤如下。

step 01 选择【窗口】→【资源】菜单命令，打开【资源】面板，如图 9-4 所示。

step 02 在【资源】面板中，单击【模板】按钮 ，【资源】面板将变成模板样式，如图 9-5 所示。

图 9-4 【资源】面板

图 9-5 模板样式

step 03 单击【资源】面板右下角的【新建模板】按钮；或在【资源】面板的列表中右击，在弹出的快捷菜单中选择【新建模板】命令，如图 9-6 所示。

step 04 一个新的模板就被添加到了模板列表中。选中该模板，然后修改模板的名称即可完成创建，如图 9-7 所示。

图 9-6 选择【新建模板】命令

图 9-7 选中创建的模板

 提示

如果要编辑创建完成的空白模板，可单击【编辑】按钮，Dreamweaver 会在【资源】面板和 Templates 文件夹中创建一个新的空模板。单击【资源】面板右上角的【菜单】按钮；或在要重命名的模板上右击，从弹出的快捷菜单中选择【重命名】命令，可以对模板重命名。在重命名模板时，Dreamweaver 的模板参数会自动更新使用该模板的文档。

9.1.3 案例 3——基于现有网页创建模板

如果用户要创建的网页与已经存在的某个网站的结构相似，可基于该网页创建模板，再经过简单设计与修改，从而快速创建新模板。

基于现有网页创建模板的具体操作步骤如下。

step 01 打开资源文件中的"ch09\index.htm"文件，如图9-8所示。

step 02 选择【文件】→【另存为模板】菜单命令，弹出【另存模板】对话框，在【站点】下拉列表框中选择保存的站点"模板"，在【另存为】文本框中输入模板名，如图9-9所示。

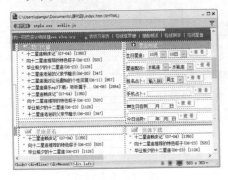

图9-8 打开素材文件

图9-9 【另存模板】对话框

step 03 单击【保存】按钮，弹出信息提示框，如图9-10所示。

step 04 单击【是】按钮，即可将网页文件保存为模板，如图9-11所示。

图9-10 信息提示框

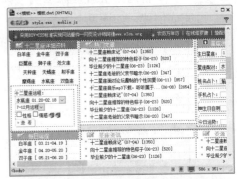

图9-11 基于现有网页创建的模板

9.2 管理模板

模板创建好后，根据实际需要可以随时对模板的样式、内容进行更改。更改模板后，Dreamweaver会对应用该模板的所有网页进行同步更新。

9.2.1 案例4——定义可编辑区域

创建模板之后，用户需要根据自己的具体要求对模板中的内容进行编辑，即指定哪些内容可以编辑，哪些内容不能编辑。可编辑区是页面中变化的部分；不可编辑区是各页面中相对保持不变的部分。

定义模板可编辑区域的具体操作步骤如下。

step 01 打开资源文件中的"ch09\Templates\模板.dwt"文件，如图 9-12 所示。

step 02 将光标放置在要插入可编辑区域的位置，选择【插入】→【模板】→【可编辑区域】菜单命令，如图 9-13 所示。

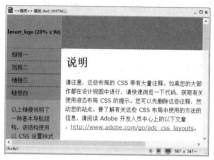

图 9-12 打开素材文件

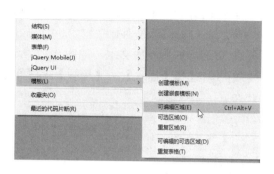

图 9-13 选择【可编辑区域】菜单命令

step 03 弹出【新建可编辑区域】对话框，在【名称】文本框中输入名称，如图 9-14 所示。

> **提示** 命名一个可编辑区域时，不能使用单引号(')、双引号(")、尖括号(< >)和&等。

step 04 单击【确定】按钮，即可插入可编辑区域。在模板中，可编辑区域会被突出显示，如图 9-15 所示。

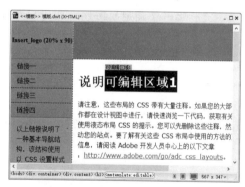

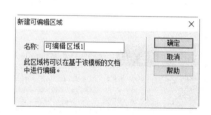

图 9-14 【新建可编辑区域】对话框

图 9-15 突出显示可编辑区域

step 05 选择【文件】→【保存】菜单命令，保存模板，如图 9-16 所示。

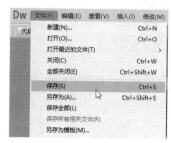

图 9-16 选择【保存】菜单命令

9.2.2 案例5——定义可选区域

可选区域是模板中的区域，可将其设置为在基于模板的文件中显示或隐藏，当要为在文件中显示的内容设置条件时，即可使用可选区域，定义可选区域的操作步骤如下。

step 01 打开资源文件中的"ch09\Templates\模板.dwt"文件，选中准备设置可选区域的页面导航所在的文本，如图9-17所示。

step 02 选择【插入】→【模板】→【可选区域】菜单命令，如图9-18所示。

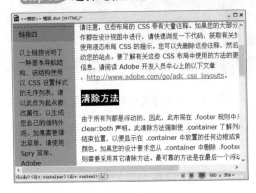

图9-17 选择文本

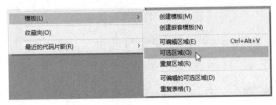

图9-18 选择【可选区域】菜单命令

step 03 弹出【新建可选区域】对话框，在【名称】文本框中输入可选区域的名称，这里输入"可选区域1"，如图9-19所示。

step 04 单击【确定】按钮，即可将选择的文本区域定义为可选区域，如图9-20所示。

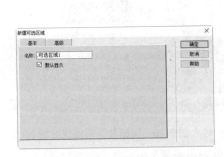

图9-19 【新建可选区域】对话框

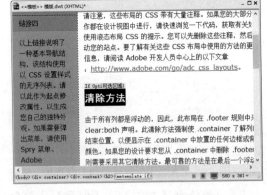

图9-20 完成定义可选区域设置

9.2.3 案例6——定义重复区域

重复区域是能够根据需要在基于模板的页面中赋值任意次数的模板部分。在网页中，重复区域通常用于表格，不过，也能够为其他页面元素定义重复区域。

定义重复区域的操作步骤如下。

step 01 打开资源文件中的"ch09\Templates\模板.dwt"文件，选中准备设置重复区域的文本，如图9-21所示。

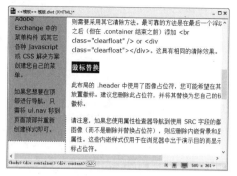

step 02 ▶ 选择【插入】→【模板】→【重复区域】菜单命令，如图 9-22 所示。

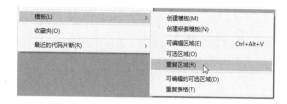

图 9-21 选择要设置重复区域文本 　　　　图 9-22 选择【重复区域】菜单命令

step 03 ▶ 弹出【新建重复区域】对话框，在【名称】文本框中输入重复区域的名称，这里输入"重复区域 1"，如图 9-23 所示。

step 04 ▶ 单击【确定】按钮，即可将选择的文本区域定义为重复区域，如图 9-24 所示。

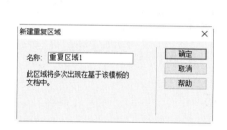

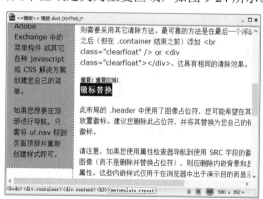

图 9-23 【新建重复区域】对话框 　　　　图 9-24 完成重复区域的定义

9.2.4 案例 7——从模板中分离文档

利用从模板中分离功能，可以将文档从模板中分离，分离后模板中的内容依然存在。文档从模板中分离后，文档的不可编辑区域会变成可编辑区，这就给修改网页内容带来很大方便。

从模板中分离文档的具体操作步骤如下。

step 01 ▶ 打开资源文件中的"ch09\模板.html"文件，从图 9-25 中可以看出页面处于不可编辑状态。

step 02 ▶ 选择【修改】→【模板】→【从模板中分离】菜单命令，如图 9-26 所示。

step 03 ▶ 选择命令后，即可将网页从模板中分离出来，此时即可将图像路径重新设置，如图 9-27 所示。

step 04 ▶ 保存文档，按 F12 键在 IE 浏览器中预览效果，如图 9-28 所示。

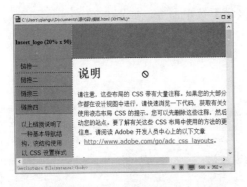

图 9-25　打开素材文件

图 9-26　选择【从模板中分离】菜单命令

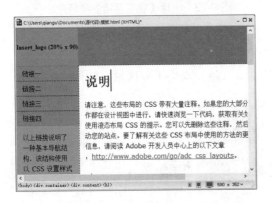

图 9-27　将网页从模板中分离

图 9-28　预览网页效果

9.2.5　案例 8——在现有文档中应用模板

在 Dreamweaver CC 中，用户可以通过文档窗口将模板应用于文档之中，具体的操作步骤如下。

step 01 启动 Dreamweaver CC，打开准备应用模板的文档，如图 9-29 所示。

step 02 选择【修改】→【模板】→【应用模板到页】菜单命令，如图 9-30 所示。

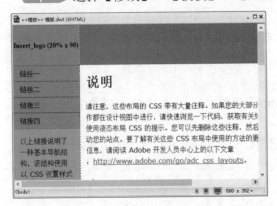

图 9-29　打开要应用模板的文件

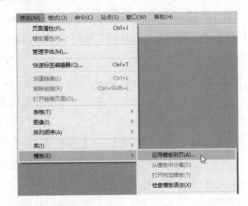

图 9-30　选择【应用模板到页】菜单命令

step 03 弹出【选择模板】对话框，选择准备应用的模板，单击【选定】按钮，即可应用被选中的模板对象，如图 9-31 所示。

注意 如果存在不一致的区域名称，将会弹出【不一致的区域名称】对话框，如图 9-32 所示，在其中需要将每一不匹配的区域名称与新区域名称进行匹配，这样才能应用被选中的模板对象。

图 9-31 【选择模板】对话框

图 9-32 【不一致的区域名称】对话框

9.2.6 案例 9——更新模板和基于模板的网页

用模板的最新版本更新整个站点及应用特定模板的所有文档的具体操作步骤如下。

step 01 打开资源文件中的"ch09\Templates\模板.dwt"文件，如图 9-33 所示。

step 02 将光标置于模板需要修改的地方，并进行修改，如图 9-34 所示。

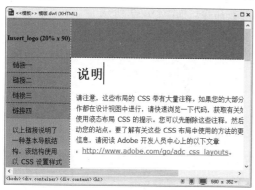

图 9-33 打开素材文件

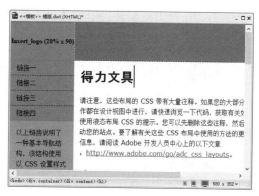

图 9-34 修改模板

step 03 选择【文件】→【保存】菜单命令，即可保存更改后的网页。然后打开应用该模板的网页文件，可以看到更新后的网页，如图 9-35 所示。

图 9-35　预览网页效果

9.3　使 用 库

库是一种特殊的文件，是一组单个资源或资源副本，库的作用类似于插件，在页面中可以重复使用，它的实质就是一段可重复使用的代码或一部分内容。

9.3.1　案例 10——创建库文件

创建库文件前需要创建一个站点，随后打开【资源】面板进行库文件的操作，创建库文件的操作步骤如下。

step 01　启动 Dreamweaver CC，选择【窗口】→【资源】菜单命令，如图 9-36 所示。

step 02　打开【资源】面板，在其中单击【库】按钮，然后在【库】列表的任意处右击，在弹出的快捷菜单中选择【新建库项】命令，如图 9-37 所示。

图 9-36　选择【资源】菜单命令

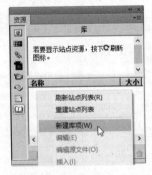

图 9-37　选择【新建库项】命令

step 03　双击新建的库文件进入名称的可编辑状态，输入库名称，如这里输入 header，然后按下 Enter 键完成重命名操作，如图 9-38 所示。

step 04　在库文件中输入内容，输入方法与普通页面相似，输入完毕后保存该文件，即可完成创建库文件的操作，如图 9-39 所示。

图 9-38　输入库名称

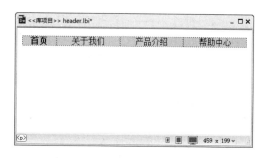

图 9-39　创建的库文件

9.3.2　案例 11——向页面添加库文件

创建好库文件后，即可在页面中使用库了，具体的操作步骤如下。

step 01　启动 Dreamweaver CC，打开需要添加库文件的网页，如图 9-40 所示。

step 02　打开【资源】面板，在其中选择库文件，按住鼠标左键不放，将其拖曳到页面需要嵌入库文件的位置，这里将 header 库文件拖放到页面头部区域，如图 9-41 所示。

图 9-40　打开网页文件

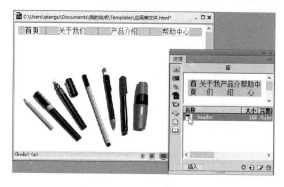

图 9-41　选择库文件

step 03　设置完成后保存网页，按 F12 键，即可在浏览器中预览网页效果，如图 9-42 所示。

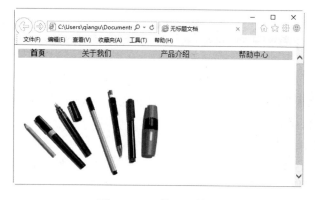

图 9-42　预览网页效果

9.3.3 案例12——修改并更新库文件

对库文件进行修改后，需要对添加该库文件的页面进行更新，具体的操作步骤如下。

step 01 启动 Dreamweaver CC，打开【资源】面板，在其中选择要修改的库文件，这里选择 header 文件，如图9-43所示。

step 02 在打开的库文件中对内容进行修改，如这里将"帮助中心"修改为"联系我们"，如图9-44所示。

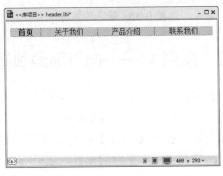

图9-43 【资源】面板　　　　　　　图9-44 修改内容

step 03 修改好库文件后，在保存文件时会打开【更新库项目】对话框，选择需要更新的网页，如图9-45所示。

step 04 单击【更新】按钮，在打开的【更新页面】对话框中对相关网页进行更新，完成后单击【关闭】按钮即可，如图9-46所示。

图9-45 【更新库项目】对话框　　　　图9-46 【更新页面】对话框

9.4 综合案例——创建基于模板的页面

模板制作完成后，就可以将其应用到网页中。建立站点 my site，并将资源文件中的"素材\ch10\"设置为站点根目录。通过使用模板，能快速、高效地设计出风格一致的网页。

本实例的具体操作步骤如下。

step 01 选择【文件】→【新建】菜单命令，打开【新建文档】对话框，在【新建文档】对话框中选择【网站模板】选项，在【站点】列表框中选择【我的站点】选项，选择【站点"我的站点"的模板】列表框中的模板文件"模板"，如图9-47所示。

step 02 单击【创建】按钮，创建一个基于模板的网页文档，如图9-48所示。

图 9-47 【新建文档】对话框

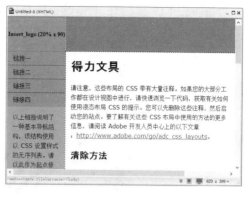

图 9-48 创建基于模板的网页

step 03 将光标放置在可编辑区域中，选择【插入】→【表格】菜单命令，弹出【表格】对话框，将【行数】和【列】都设置为 1，【表格宽度】设置为 95%，【边框粗细】设置为 0，【单元格边距】和【单元格间距】均设置为 0，如图 9-49 所示。

step 04 单击【确定】按钮插入表格。在【属性】面板中，将【对齐】设置为【居中对齐】，如图 9-50 所示。

图 9-49 【表格】对话框

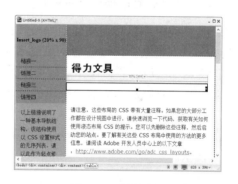

图 9-50 插入表格

step 05 将光标放置在表格中，输入文字和图像，并设置文字和图像的对齐方式，如图 9-51 所示。

step 06 选择【文件】→【保存】菜单命令，打开【另存为】对话框，在【文件名】下拉列表框中输入"基于模板的网页.html"，单击【保存】按钮，如图 9-52 所示。

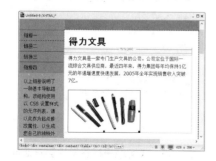

图 9-51 添加文字和图像

图 9-52 【另存为】对话框

step 07 按 F12 键在 IE 浏览器中预览效果，如图 9-53 所示。

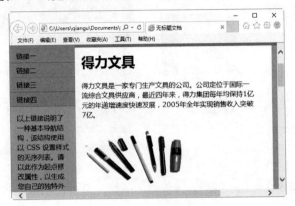

图 9-53　预览网页效果

9.5　疑 难 解 惑

疑问 1：为什么我的模板不可编辑？

答：为了避免编辑时误操作而导致模板中的元素发生变化，模板中的内容才默认为不可编辑状态。只有把某个区域或者某段文本设置为可编辑状态之后，才可以在由该模板创建的文档中改变这个区域。具体操作步骤如下。

step 01 先用鼠标选取需要编辑的某个区域，然后选择【修改】→【模板】→【令属性可编辑】菜单命令，如图 9-54 所示。

step 02 在弹出的对话框中选中【令属性可编辑】复选框，单击【确定】按钮，如图 9-55 所示。

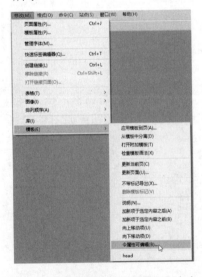

图 9-54　选择【令属性可编辑】命令

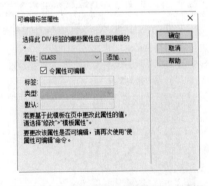

图 9-55　【可编辑标签属性】对话框

疑问2：使用模板可以为网站的更新和维护提供极大的方便，那么在制作网页时，模板可以相互嵌套吗？

答：嵌套模板是基于另一个模板创建的模板，在一个站点中，对于共享设计元素很多而变化不多的网页，采用嵌套模板进行设计有利于页面内容的控制、更新和维护，因此模板是可以相互嵌套的。

第 10 章

读懂样式表密码——使用 CSS 层叠样式表

使用 CSS 技术可以对文档进行精细的页面美化。CSS 样式不仅可以对单个页面进行格式化，还可以对多个页面使用相同的样式进行修饰，以达到统一的效果。本章就来介绍如何使用 CSS 层叠样式表美化网页。

10.1 初识 CSS 样式表

CSS 是一种重要的网页设计语言，其作用是定义各种网页标签的样式属性，从而丰富网页的表现力。此外，使用层叠样式表，可以让样式和代码分离开来，让整个网页代码更清晰。

10.1.1 CSS 概述

CSS(Cascading Style Sheet，层叠样式表)也可以称为 CSS 样式表或样式表，其文件扩展名为.css。CSS 是用于增强或控制网页样式，并允许将样式信息与网页内容分离的一种标记性语言。

引用样式表的目的是将"网页结构代码"和"网页样式风格代码"分离，从而使网页设计者可以对网页布局进行更多的控制。利用样式表，可以将整个站点上的所有网页都指向某个 CSS 文件，设计者只需要修改 CSS 文件中的某一行，整个网页上对应的样式都会随之发生同步改变。图 10-1 所示为 Dreamweaver CC 的代码窗口，在其中可以查看相应的 CSS 代码。

```
C:\Users\qiangu\Documents\源代码\css\css\common.css          _ □ ×
22  }
23  blockquote:before, blockquote:after, q:before, q:after
    {
24      content:"";
25  }
26  blockquote, q {
27      quotes:"" "";
28  }
29  html, body {
30      height:101%;
31  }
32  body {
33      background:#fff;
34      height:100%;
35      padding:0;
36      vertical-align:top;
37  }
```

图 10-1 Dreamweaver CC 的代码窗口

10.1.2 CSS 的 3 种类型

CSS 的定义类型主要有 3 种，分别是自定义的 CSS、重定义标签的 CSS 和伪类及伪对象。

1. 自定义的 CSS

自定义的 CSS 就是根据需要自行定义的样式名称，图 10-2 所示的#facebox 样式就是自定义的 CSS 样式。

2. 重定义标签的 CSS

重定义标签样式即对现有的 HTML 标签样式进行重定义，图 10-3 所示为重定义的<ul>标签的样式。

图 10-2　自定义的 CSS

图 10-3　重定义标签的 CSS

3. 伪类及伪对象

CSS 中有一些比较特殊的属性，称为伪类，常见的伪类有:link、:hover、:first-child、:active、:focus 等。图 10-4 所示为 CSS 中的伪类对象。

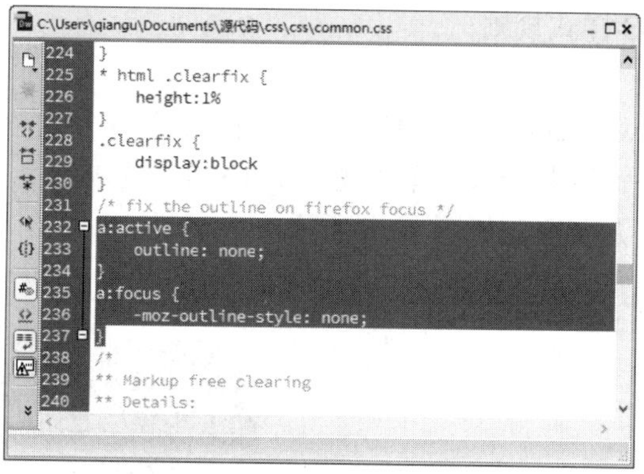

图 10-4　伪类及伪类对象

10.1.3　CSS 的语法格式

CSS 样式表由若干条样式规则组成。这些样式规则可以应用到不同的元素或文档，从而定义它们显示的外观。每一条 CSS 规则由 3 个部分构成，即选择符(selector)、属性(property)和属性值(value)。其语法基本格式如下。

```
selector{property: value}
```

- selector 选择符：采用多种形式，可以为文档中的 HTML 标记，如<body>、<table>、<p>等，但是也可以是 XML 文档中的标记。
- property 属性：是选择符指定的标记所包含的属性。
- value：指定了属性的值。

如果定义选择符的多个属性，则属性和属性值为一组，组与组之间用分号(;)隔开。其基本格式如下：

```
selector{property1: value1; property2: value2;… }
```

下面就给出一条 CSS 样式规则：

```
p{color:red}
```

该 CSS 样式规则中的选择符 p 为段落标记<p>提供样式；color 为指定文字颜色属性；red 为属性值。此样式表示标记<p>指定的段落文字为红色。

如果要为段落设置多种样式，则可以使用下列语句：

```
p{font-family:"隶书"; color:red; font-size:40px; font-weight:bold}
```

10.1.4 案例 1——使用 Dreamweaver 编写 CSS

随着 Web 的发展，越来越多的开发人员开始使用功能更多、界面更友好的专用 CSS 编辑器，如 Dreamweaver 的 CSS 编辑器和 Visual Studio 的 CSS 编辑器，这些编辑器有语法着色、带输入提示甚至有自动创建 CSS 的功能，因此深受开发人员喜爱。下面介绍使用 Dreamweaver CC 编写 CSS 样式规则。

具体的操作步骤如下。

step 01 使用 Dreamweaver CC 创建 HTML 文档，然后输入内容，如图 10-5 所示。

step 02 在【CSS 设计器】面板中单击【添加 CCS 源】按钮，在弹出的下拉菜单中选择【在页面中定义】命令，如图 10-6 所示。

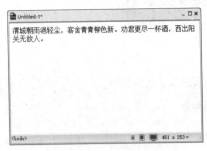

图 10-5　新建网页文档

图 10-6　【CSS 设计器】面板

step 03 在页面中选择需要设置样式的对象，这里选择添加的文本内容，然后在【源】栏中选择<style>选项，单击【选择器】栏中的【添加选择器】按钮，即可在选择器中添加标签样式 body，如图 10-7 所示。

step 04 在【属性】栏中单击【文本】按钮，设置 color(颜色)为红色、font-size(文字大小)为 x-large，如图 10-8 所示。

step 05 在【属性】栏中单击【背景】按钮，设置 background-color(背景颜色)为浅黄色，如图 10-9 所示。

图 10-7　添加标签样式 body

图 10-8　设置文本属性

图 10-9　设置背景属性

step 06 在页面中即可看到添加样式后的效果，如图 10-10 所示。

step 07 切换到【代码】视图中，查看添加的样式表的具体内容，如图 10-11 所示。

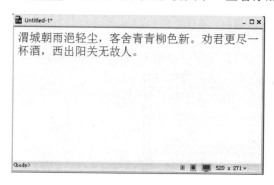

图 10-10　添加 CSS 样式后的效果

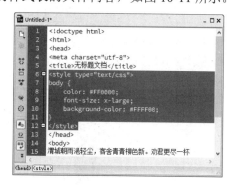

图 10-11　【代码】视图

step 08 保存文件后，按 F12 键查看预览效果，如图 10-12 所示。

　　上述使用 Dreamweaver CC 设置 CSS，只是其中一种方法。读者还可以直接在代码模式中编写 CSS 代码，此时会有很好的语法提示。

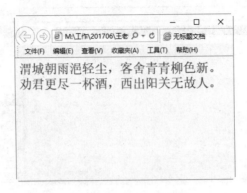

图 10-12   预览文件效果

10.2   CSS 的使用方式

CSS 样式表能很好地控制页面显示，以达到分离网页内容和样式代码的目的。CSS 样式表控制 HTML5 页面达到好的样式效果，其使用方式通常包括行内样式、内嵌样式、链接样式和导入样式。

10.2.1   案例 2——行内样式

行内样式是所有样式中比较简单、直观的方法，就是直接把 CSS 代码添加到 HTML 的标记中，即作为 HTML 标记的属性存在。通过这种方法，可以简单地对某个元素单独定义样式。

使用行内样式的方法是直接在 HTML 标记中使用 style 属性，该属性的内容就是 CSS 的属性和值，例如：

```
<p style="color:red">段落样式</p>
```

在 Dreamweaver CC 中，使用行内样式的操作步骤如下。

step 01   新建"行内样式.html"文档，在【代码】视图中，输入图 10-13 所示的内容。

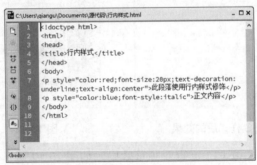

图 10-13   设置行内样式

step 02   保存文件后，按 F12 键查看预览效果，如图 10-14 所示，可以看到两个 p 标记中都使用了 style 属性，并且设置了 CSS 样式，各个样式之间互不影响，分别显示自己的样式效果。第 1 个段落设置红色字体，居中显示，带有下画线。第二个段落为蓝色字体，以斜体显示。

图 10-14　行内样式效果

　　尽管行内样式简单，但这种方法不常使用，因为这样添加无法完全发挥样式表"内容结构和样式控制代码"分离的优势。而且这种方式也不利于样式的重用。如果需要为每一个标记都设置 style 属性，则后期维护成本高，网页容易过胖，故不推荐使用。

10.2.2　案例 3——内嵌样式

　　内嵌样式就是将 CSS 样式代码添加到\<head>与\</head>之间，并且用\<style>和\</style>标记进行声明。这种写法虽然没有实现页面内容和样式控制代码完全分离，但可以设置一些比较简单的样式，并统一页面样式。

　　其格式如下：

```
<head>
  <style type="text/css" >
   p
   {
     color:red;
     font-size:12px;
   }
  </style>
</head>
```

　　有些较低版本的浏览器不能识别\<style>标记，因而不能正确地将样式应用到页面显示上，而是直接将标记中的内容以文本的形式显示。为了解决此类问题，可以使用 HMTL 注释将标记中的内容隐藏。如果浏览器能够识别\<style>标记，则标记内被注释的 CSS 样式定义代码依旧能够发挥作用。

```
<head>
  <style type="text/css" >
 <!--
   p
   {
     color:red;
     font-size:12px;
   }
 -->
  </style>
</head>
```

在 Dreamweaver CC 中，使用内嵌样式的操作步骤如下。

step 01 新建"内嵌样式.html"文档，在【代码】视图中，输入图 10-15 所示的内容。

step 02 保存文件后，按 F12 键查看预览效果，如图 10-16 所示，可以看到两个 p 标记中都被 CSS 样式修饰，其样式保持一致，段落居中、加粗并以橙色字体显示。

图 10-15　内嵌样式　　　　　　　　　　　图 10-16　内嵌样式效果

在上面的例子中，所有 CSS 编码都在 style 标记中，方便了后期维护，页面与行内样式相比大大瘦身了。但如果一个网站拥有很多页面，对于不同页面 p 标记都希望采用同样风格时，内嵌方式就显示有点麻烦。此种方法只适用于特殊页面设置单独的样式风格。

10.2.3　案例 4——链接样式

链接样式是 CSS 中使用频率最高、最实用的方法。它很好地将"页面内容"和"样式风格代码"分离成两个文件或多个文件，实现了页面框架 HTML 代码和 CSS 代码的完全分离。使前期制作和后期维护都十分方便。同一个 CSS 文件，根据需要可以链接到网站中所有的 HTML 页面上，使得网站整体风格统一、协调，并且后期维护的工作量也大大减少。

链接样式是指在外部定义 CSS 样式表并形成以.css 为扩展名的文件，然后在页面中通过 \<link\>链接标记链接到页面中，而且该链接语句必须放在页面的\<head\>标记区，代码如下：

```
<link rel="stylesheet" type="text/css" href="1.css" />
```

(1) rel 指定链接到样式表，其值为 stylesheet。

(2) type 表示样式表类型为 CSS 样式表。

(3) href 指定了 CSS 样式表所在位置，此处表示当前路径下名称为 1.css 的文件。

这里使用的是相对路径。如果 HTML 文档与 CSS 样式表没有在同一路径下，则需要指定样式表的绝对路径或引用位置。

在 Dreamweaver CC 中，使用链接样式的操作步骤如下。

step 01 新建"链接样式.html"文档，在【代码】视图中输入图 10-17 所示的内容。

step 02 选择【文件】→【新建】菜单命令，打开【新建文件】对话框，选择【空白页】选项，在【页面类型】列表框中选择 CSS 选项，单击【创建】按钮，如图 10-18 所示。

图 10-17　链接样式　　　　　　　　图 10-18　【新建文件】对话框

step 03　创建名称为 1.css 的样式表文件，输入的内容如图 10-19 所示。

step 04　保存文件后，按 F12 键查看预览效果，如图 10-20 所示，可以看到标题和段落以不同样式显示，标题居中显示，段落以斜体居中显示。

图 10-19　样式表内容　　　　　　　　　图 10-20　链接样式效果

链接样式的最大优势就是将 CSS 代码和 HTML 代码完全分离，并且同一个 CSS 文件能被不同的 HTML 所链接使用。

　　　在设计整个网站时，可以将所有页面链接到同一个 CSS 文件，使用相同的样式风格。如果整个网站需要修改样式，只需修改 CSS 文件即可。

10.2.4　案例 5——导入样式

导入样式和链接样式基本相同，都是创建一个单独 CSS 文件，然后再引入到 HTML 文件中。只不过语法和运作方式有所差别。采用导入样式的样式表，在 HTML 文件初始化时，会被导入到 HTML 文件内，作为文件的一部分，类似于内嵌效果。而链接样式是在 HTML 标记需要样式风格时才以链接方式引入。

导入外部样式表是指在内部样式表的<style>标记中，使用@import 导入一个外部样式表，例如：

```
<head>
  <style type="text/css" >
  <!--
  @import "1.css"
  --> </style>
</head>
```

导入外部样式表相当于将样式表导入到内部样式表中，这一方式更有优势。导入外部样式表必须在样式表的开始部分、其他内部样式表上面。

创建名称为2.css的样式表文件，输入的内容如下：

```
h1{text-align:center;color:#0000ff}
p{font-weight:bolder;text-decoration:underline;font-size:20px;}
```

在Dreamweaver CC中，使用导入样式的操作步骤如下。

step 01 新建"导入样式.html"文档，在【代码】视图中，输入图10-21所示的内容。

step 02 保存文件后，按F12键查看预览效果，如图10-22所示，可以看到标题和段落以不同样式显示，标题居中显示，颜色为蓝色，段落以大小20像素并加粗显示。

图 10-21　导入样式　　　　　　　　　图 10-22　导入样式显示效果

导入样式与链接样式比较，其最大的优点就是可以一次导入多个CSS文件，其格式如下：

```
<style>
@import "2.css"
@import "test.css"
</style>
```

10.3　CSS 中的常用样式

在了解了CSS的使用方式与编写CSS样式规则的方法后，下面介绍如何定义CSS样式中常用的样式属性，包括字体、文本、背景、边框、列表等。

10.3.1　案例6——使用字体样式

在HTML中，CSS字体属性用于定义文字的字体、大小、粗细的表现等。常用的字体属性包括字体类型、字号大小、字体风格、字体颜色等。

1. 控制字体类型

font-family属性用于指定文字字体类型，如宋体、黑体、隶书、Times New Roman等，即在网页中展示字体不同的形状。具体的语法格式如下：

```
{font-family : name}
```

其中，name 是字体名称，按优先顺序排列，以逗号隔开，如果字体名称包含空格，则应使用引号括起。

新建空白网页文档，在【代码】视图中，输入以下内容，如图 10-23 所示。

```
<!DOCTYPE html>
<html>
<style type=text/css>
p{font-family:黑体}
</style>
<body>
<p align=center>天行健，君子应自强不息。</p>
</body>
</html>
```

保存网页文档为 font-family.html，在 IE 11.0 浏览器中的浏览效果如图 10-24 所示，可以看到文字居中并以黑体显示。

图 10-23　代码窗口　　　　　　　　图 10-24　字体显示

2. 定义字体大小

在 CSS 规定中，通常使用 font-size 设置文字大小。其语法格式如下：

```
{font-size : 数值| inherit | xx-small | x-small | small | medium | large |
x-large | xx-large | larger | smaller | length}
```

其中，通过数值来定义字体大小，如用 font-size:10px 的方式定义字体大小为 12 像素。此外，还可以通过 medium 之类的参数定义字体的大小，其参数含义如表 10-1 所示。

表 10-1　font-size 参数列表

参　　数	说　　明
xx-small	绝对字体尺寸。根据对象字体进行调整。最小
x-small	绝对字体尺寸。根据对象字体进行调整。较小
small	绝对字体尺寸。根据对象字体进行调整。小
medium	默认值。绝对字体尺寸。根据对象字体进行调整。正常
large	绝对字体尺寸。根据对象字体进行调整。大
x-large	绝对字体尺寸。根据对象字体进行调整。较大
xx-large	绝对字体尺寸。根据对象字体进行调整。最大

续表

参　数	说　明
larger	相对字体尺寸。相对于父对象中字体尺寸进行相对增大。使用成比例的 em 单位计算
smaller	相对字体尺寸。相对于父对象中字体尺寸进行相对减小。使用成比例的 em 单位计算
length	百分数或由浮点数字和单位标识符组成的长度值，不可为负值。其百分比取值是基于父对象中字体的尺寸

新建空白网页文档，在【代码】视图中，输入以下内容，如图 10-25 所示。

```html
<!DOCTYPE html>
<html>
<body>
<div style="font-size:10pt">霜叶红于二月花
  <p style="font-size:small">霜叶红于二月花</p>
  <p style="font-size:larger">霜叶红于二月花</p>
    <p style="font-size:x-small">霜叶红于二月花</p>
  <p style="font-size:x-larger">霜叶红于二月花</p>
   <p style="font-size:50%">霜叶红于二月花</p>
    <p style="font-size:25pt">霜叶红于二月花</p>
</div>
</body>
</html>
```

保存网页文档为 font-size.html，在 IE 11.0 浏览器中的浏览效果如图 10-26 所示，可以看到网页中文字被设置成不同的大小，其设置方式采用了绝对数值、关键字和百分比等形式。

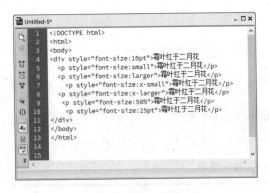

图 10-25　代码窗口

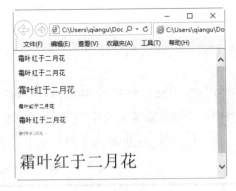

图 10-26　字体大小显示

3. 定义字体风格

font-style 通常用来定义字体风格，即字体的显示样式，语法格式如下：

```
font-style : normal | italic | oblique |inherit
```

其属性值有 4 个，具体含义如表 10-2 所示。

表 10-2　font-style 参数表

属 性 值	含　义
normal	默认值。浏览器显示一个标准的字体样式
italic	浏览器会显示一个斜体的字体样式
oblique	将没有斜体变量的特殊字体，浏览器会显示一个倾斜的字体样式
inherit	规定应该从父元素继承字体样式

新建空白网页文档，在【代码】视图中，输入以下内容，如图 10-27 所示。

```
<!DOCTYPE html>
<html>
<body>
 <p style="font-style:italic">梅花香自苦寒来</p>
 <p style="font-style:normal">梅花香自苦寒来</p>
 <p style="font-style:oblique">梅花香自苦寒来</p>
</body>
</html>
```

保存网页文档为 font-style.html，在 IE 11.0 浏览器中的浏览效果如图 10-28 所示，可以看到文字分别显示不同的样式，如斜体。

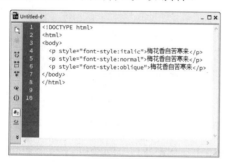

图 10-27　代码窗口

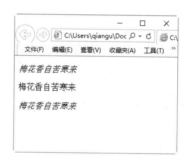

图 10-28　字体风格显示

4. 定义文字的颜色

在 CSS 样式中，通常使用 color 属性来设置颜色，其属性值通常使用表 10-3 所示的方式设定。

表 10-3　color 属性值

属 性 值	说　明
color_name	规定颜色值为颜色名称的颜色(如 red)
hex_number	规定颜色值为十六进制值的颜色(如#ff0000)
rgb_number	规定颜色值为 rgb 代码的颜色(如 rgb(255,0,0))
inherit	规定应该从父元素继承颜色

续表

属 性 值	说　明
hsl_number	规定颜色值为 HSL 代码的颜色(如 hsl(0,75%,50%))，此为 CSS3 新增加的颜色表现方式
hsla_number	规定颜色值为 HSLA 代码的颜色(如 hsla(120,50%,50%,1))，此为 CSS3 新增加的颜色表现方式
rgba_number	规定颜色值为 RGBA 代码的颜色(如 rgba(125,10,45,0.5))，此为 CSS3 新增加的颜色表现方式

新建空白网页文档，在【代码】视图中，输入以下内容，如图 10-29 所示。

```html
<!DOCTYPE html>
<html>
<head>
<style type="text/css">
body {color:red}
h1 {color:#00ff00}
p.ex {color:rgb(0,0,255)}
p.hs{color:hsl(0,75%,50%)}
p.ha{color:hsla(120,50%,50%,1)}
p.ra{color:rgba(125,10,45,0.5)}
</style>
</head>
<body>
<h1>《青玉案 元夕》</h1>
<p>众里寻他千百度，蓦然回首，那人却在灯火阑珊处。
</p>
<p class="ex">众里寻他千百度，蓦然回首，那人却在灯火阑珊处。(该段落定义了
class="ex"。该段落中的文本是蓝色的。)</p>
<p class="hs">众里寻他千百度，蓦然回首，那人却在灯火阑珊处。(此处使用了CSS3中的新增加
的HSL函数，构建颜色。)</p>
<p class="ha">众里寻他千百度，蓦然回首，那人却在灯火阑珊处。(此处使用了CSS3中的新增加
的HSLA函数，构建颜色。)</p>
<p class="ra">众里寻他千百度，蓦然回首，那人却在灯火阑珊处。(此处使用了CSS3中的新增加
的RGBA函数，构建颜色。)</p>
</body>
</html>
```

保存网页文档为 color.html，在 IE 11.0 浏览器中的浏览效果如图 10-30 所示，可以看到文字以不同颜色显示，并采用了不同的颜色取值方式。

图 10-29　代码窗口

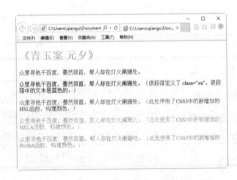

图 10-30　字体颜色属性显示

10.3.2 案例 7——使用文本样式

在网页中，段落的放置与效果的显示会直接影响到页面的布局及风格，CSS 样式表提供了文本属性来实现对页面中段落文本的控制。

1. 设置文本的缩进效果

CSS 中的 text-indent 属性用于设置文本的首行缩进，其默认值为 0，当属性值为负值时，表示首行会被缩进到左边，其语法格式如下：

```
text-indent : length
```

其中，length 属性值表示有百分比数字或有由浮点数字和单位标识符组成的长度值，允许为负值。

新建空白网页文档，在【代码】视图中，输入以下内容，如图 10-31 所示。

```
<!DOCTYPE html>
<html>
<body>
<p style="text-indent:10mm">
    此处直接定义长度，直接缩进。
</p>
<p style="text-indent:10%">
  此处使用百分比，进行缩进。
</p>
</body>
</html>
```

保存网页文档为 text-indent.html，在 IE 11.0 浏览器中的浏览效果如图 10-32 所示，可以看到文字以首行缩进方式显示。

图 10-31　代码窗口

图 10-32　缩进显示窗口

2. 设置垂直对齐方式

vertical-align 属性用于设置内容的垂直对齐方式，其默认值为 baseline，表示与基线对齐，其语法格式如下：

```
{vertical-align:属性值}
```

vertical-align 属性值有 9 个预设值可供使用，也可以使用百分比。这 9 个预设值和百分比的含义如表 10-4 所示。

表 10-4　vertical-align 属性值

属 性 值	说 明
baseline	默认。元素放置在父元素的基线上
sub	垂直对齐文本的下标
super	垂直对齐文本的上标
top	把元素的顶端与行中最高元素的顶端对齐
text-top	把元素的顶端与父元素字体的顶端对齐
middle	把此元素放置在父元素的中部
bottom	把元素的顶端与行中最低的元素的顶端对齐
text-bottom	把元素的底端与父元素字体的底端对齐
length	设置元素的堆叠顺序
%	使用 "line-height" 属性的百分比值来排列此元素。允许使用负值

新建空白网页文档，在【代码】视图中，输入以下内容，如图 10-33 所示。

```
<!DOCTYPE html>
<html>
<body>
<p>
    世界杯<b style=" font-size:8pt;vertical-align:super">2014</b>!
    中国队<b style="font-size: 8pt;vertical-align: sub">[注]</b>!
    加油! <img src="1.gif" style="vertical-align: baseline">
</p><img src="2.gif" style="vertical-align:middle"/>
    世界杯! 中国队! 加油! <img src="1.gif" style="vertical-align:top">
</p>
<hr/>
<p ><img src="2.gif" style="vertical-align:middle"/>
    世界杯! 中国队! 加油! <img src="1.gif" style="vertical-align:text-top">
</p>
<p><img src="2.gif" style="vertical-align:middle"/>
    世界杯! 中国队! 加油! <img src="1.gif" style="vertical-align:bottom">
</p>
<hr/>
<p ><img src="2.gif" style="vertical-align:middle"/>
    世界杯! 中国队! 加油! <img src="1.gif" style="vertical-align:text-bottom">
</p>
<p>
    世界杯<b style=" font-size:8pt;vertical-align:100%">2008</b>!
    中国队<b style="font-size: 8pt;vertical-align: -100%">[注]</b>!
    加油! <img src="1.gif" style="vertical-align: baseline">
</p>
</body>
</html>
```

保存网页文档为 vertical-align.html，按 F12 键在 IE 11.0 浏览器中的浏览效果如图 10-34 所示，可以看到文字在垂直方向上以不同的对齐方式显示。

图 10-33　代码窗口　　　　　　　图 10-34　垂直对齐显示

3. 设置水平对齐方式

text-align 属性用于设置内容的水平对齐方式，其默认值为 left(左对齐)，其语法格式如下：

```
{ text-align: sTextAlign }
```

其属性值含义，如表 10-5 所示。

表 10-5　text-align 属性表

属 性 值	说 明
left	文本向行的左边缘对齐。在垂直方向的文本中，文本在 left-to-right 模式下向开始边缘对齐
right	文本向行的右边缘对齐。在垂直方向的文本中，文本在 left-to-right 模式下向结束边缘对齐
center	文本在行内居中对齐
justify	文本根据 text-justify 的属性设置方法分散对齐，即两端对齐、均匀分布

新建空白网页文档，在【代码】视图中，输入以下内容，如图 10-35 所示。

```
<!DOCTYPE html>
<html>
<body>
<h1 style="text-align:center">登幽州台歌</h1>
<h3 style="text-align:left">选自: </h3>
<h3 style="text-align:right">
 <img src="1.gif" />
 唐诗三百首</h3>
<p style="text-align:justify">
 前不见古人
 后不见来者
 (这是一个测试，这是一个测试，这是一个测试，)
</p>
</body>
</html>
```

保存网页文档为 text-align.html，在 F12 键在 IE 11.0 浏览器中的浏览效果如图 10-36 所示，可以看到文字在水平方向上以不同的对齐方式显示。

图 10-35　代码窗口

图 10-36　对齐效果图

4. 设置文本的行高

在 CSS 中，line-height 属性用来设置行间距，即行高。其语法格式如下：

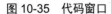

```
line-height : normal | length
```

其属性值的具体含义，如表 10-6 所示。

表 10-6　行高属性值

属 性 值	说 明
normal	默认行高，即网页文本的标准行高
length	百分比数字或由浮点数字和单位标识符组成的长度值，允许为负值。其百分比取值是基于字体的高度尺寸

新建空白网页文档，在【代码】视图中，输入以下内容，如图 10-37 所示。

```
<!DOCTYPE html>
<html>
<body>
  <div style="text-indent:10mm;">
    <p style="line-height:50px">
        世界杯(World Cup,FIFA World Cup)，国际足联世界杯，世界足球锦标赛)是世界上最
高水平的足球比赛，与奥运会、F1 并称为全球三大顶级赛事。
    </p>      <p style="line-height:50%">
        世界杯(World Cup,FIFA World Cup)，国际足联世界杯，世界足球锦标赛)是世界上最高
水平的足球比赛，与奥运会、F1 并称为全球三大顶级赛事。
    </p>
  </div>
</body>
</html>
```

保存网页文档为 line-height.html，按 F12 键在 IE 11.0 浏览器中的浏览效果如图 10-38 所
示，可以看到有段文字重叠在一起，即行高设置较小。

图 10-37　代码窗口　　　　　　　　　　图 10-38　设定文本行高显示图

10.3.3　案例8——使用背景样式

背景是网页设计时的重要因素之一，一个背景优美的网页，总能吸引不少访问者。使用 CSS 的背景样式可以设置网页背景。

1. 设置背景颜色

background-color 属性用于设定网页背景色，其语法格式如下：

```
{background-color : transparent | color}
```

关键字 transparent 是个默认值，表示透明。背景颜色 color 设定方法可以采用英文单词、十六进制、RGB、HSL、HSLA 和 GRBA。

新建空白网页文档，在【代码】视图中，输入以下内容，如图 10-39 所示。

```
<!DOCTYPE html>
<html>
<head>
<title>背景色设置</title>
<head>
<body style="background-color:PaleGreen; color:Blue">
  <p>
    background-color 属性设置背景色，color 属性设置字体颜色。
  </p>
</body>
</html>
```

保存网页文档为 background-color.html，按 F12 键在 IE 11.0 浏览器中的浏览效果，如图 10-40 所示，可以看到网页背景色显示浅绿色，而字体颜色为蓝色。

图 10-39　代码窗口

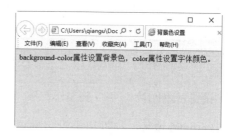

图 10-40　设置背景色

background-color 除可以设置整个网页的背景颜色，还可以指定某个网页元素的背景色，如设置 h1 标题的背景色、设置段落 p 的背景色。

新建空白网页文档，在【代码】视图中，输入以下内容，如图 10-41 所示。

```html
<!DOCTYPE html>
<html>
<head>
<title>背景色设置</title>
<style>
h1 {
        background-color: red;
        color: black;
      text-align:center;
}
p{
        background-color:gray;
        color:blue;
        text-indent:2em;
}
</style>
<head>
<body>
    <h1>颜色设置</h1>
  <p>
    background-color 属性设置背景色，color 属性设置字体颜色。
  </p>
</body>
</html>
```

保存网页文档为 background-color-1.html，按 F12 键在 IE 11.0 浏览器中的浏览效果，如图 10-42 所示，可以看到网页中标题区域背景色为红色，段落区域背景色为灰色，并且分别为字体设置了不同的前景色。

图 10-41　代码窗口

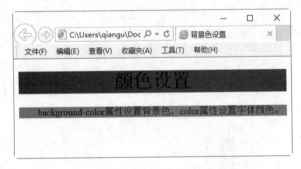

图 10-42　设置 HTML 元素背景色

2. 设置背景图片

background-image 属性用于设定标记的背景图片，通常情况下，在标记<body>中应用，将图片用于整个主体中。background-image 语法格式如下：

```
{background-image : none | url (url)}
```

其默认属性是无背景图，当需要使用背景图时可以用 URL 进行导入，URL 可以使用绝对路径，也可以使用相对路径。

新建空白网页文档，在【代码】视图中，输入以下内容，如图 10-43 所示。

```
<!DOCTYPE html>
<html>
<head>
<title>背景色设置</title>
<style>
body{
        background-image:url(01.jpg)
    }
</style>
<head>
<body>
<p>夕阳无限好，只是近黄昏！</p>
</body>
</html>
```

保存网页文档为 background-image.html，按 F12 键在 IE 11.0 浏览器中的浏览效果，如图 10-44 所示，可以看到网页中显示背景图，但如果图片大小小于整个网页大小时，此时图片为了填充网页背景色，会重复出现并铺满整个网页。

图 10-43　代码窗口

图 10-44　设置背景图片

在设定背景图片时，最好同时也设定背景色，这样当背景图片因某种原因无法正常显示时，可以使用背景色来代替。当然，如果正常显示，背景图片会覆盖背景色的显示。

3. 背景图片重复

在 CSS 中可以通过 background-repeat 属性设置图片的重复方式，包括水平重复、垂直重复和不重复等。各属性值说明如表 10-7 所示。

表 10-7　background-repeat 属性

属 性 值	描　　　述
repeat	背景图片水平和垂直方向都重复平铺
repeat-x	背景图片水平方向重复平铺
repeat-y	背景图片垂直方向重复平铺
no-repeat	背景图片不重复平铺

background-repeat 属性重复背景图片是从元素的左上角开始平铺，直到水平、垂直或全部页面都被背景图片覆盖。

新建空白网页文档，在【代码】视图中，输入以下内容，如图 10-45 所示。

```html
<!DOCTYPE html>
<html>
<head>
<title>背景图片重复</title>
<style>
body{
    background-image:url(01.jpg);
    background-repeat:no-repeat;
    }
</style>
<head>
<body>
<p>夕阳无限好，只是近黄昏！</p>
</body>
</html>
```

在 IE 11.0 中浏览效果如图 10-46 所示，可以看到网页中显示背景图片，但图片以默认大小显示，而没有对整个网页背景进行填充。这是因为代码中设置了背景图不重复平铺。

图 10-45　代码窗口

图 10-46　背景图不重复平铺

同样可以在上面代码中，设置 background-repeat 的属性值为其他值。例如，可以设置值为 repeat-x，表示图片在水平方向平铺。此时，在 IE 11.0 浏览器中的浏览效果如图 10-47 所示。

图 10-47　水平方向平铺

4. 背景图片显示

使用 background-attachment 属性可以设定背景图片是否随文档一起滚动，这样可以使背景图片始终处于视野范围内，以避免出现因页面的滚动而消失的情况。该属性包含两个属性值，即 scroll 和 fixed，并适用于所有元素，如表 10-8 所示。

表 10-8　background-attachment 属性值

属 性 值	描　　述
scroll	默认值，当页面滚动时，背景图片随页面一起滚动
fixed	背景图片固定在页面的可见区域里

新建空白网页文档，在【代码】视图中，输入以下内容，如图 10-48 所示。

```html
<!DOCTYPE html>
<html>
<head>
<title>背景显示方式</title>
<style>
body{
    background-image:url(01.jpg);
    background-repeat:no-repeat;
    background-attachment:fixed;
  }
p{
    text-indent:2em;
    line-height:30px;
  }
h1{
    text-align:center;
  }
</style>
<head>
<body>
<h1>兰亭序</h1>
<p>
永和九年，岁在癸(guǐ)丑，暮春之初，会于会稽(kuài jī)山阴之兰亭，修禊(xì)事也。群贤毕至，少长咸集。此地有崇山峻岭，茂林修竹，又有清流激湍(tuān)，映带左右。引以为流觞(shāng)
```

曲（qū）水，列坐其次，虽无丝竹管弦之盛，一觞（shāng）一咏，亦足以畅叙幽情。
</p>
<p>是日也，天朗气清，惠风和畅。仰观宇宙之大，俯察品类之盛，所以游目骋（chěng）怀，足以极视听之娱，信可乐也。</p>
<p> 夫人之相与，俯仰一世。或取诸怀抱，晤言一室之内；或因寄所托，放浪形骸（hái）之外。虽趣（qù）舍万殊，静躁不同，当其欣于所遇，暂得于己，快然自足，不知老之将至。及其所之既倦，情随事迁，感慨系（xì）之矣。向之所欣，俯仰之间，已为陈迹，犹不能不以之兴怀。况修短随化，终期于尽。古人云："死生亦大矣。"岂不痛哉！ </p>
<p>每览昔人兴感之由，若合一契，未尝不临文嗟（jiē）悼，不能喻之于怀。固知一死生为虚诞，齐彭殇（shāng）为妄作。后之视今，亦犹今之视昔，悲夫！故列叙时人，录其所述。虽世殊事异，所以兴怀，其致一也。后之览者，亦将有感于斯文。</p>
</body>
</html>

在 IE 11.0 浏览器中的浏览效果如图 10-49 所示，可以看到网页 background-attachment 属性的值为 fixed 时，背景图片的位置固定并不是相对于页面的，而是相对于页面的可视范围。

图 10-48　代码窗口

图 10-49　图片显示方式

5. 背景图片位置

使用 background-position 属性可以指定背景图片在页面中所处位置。background-position 的属性值如表 10-9 所示。

表 10-9　background-position 属性值

属 性 值	描 述
length	设置图片与边距水平与垂直方向的距离长度，后跟长度单位(cm、mm、px 等)
percentage	以页面元素框的宽度或高度的百分比放置图片
top	背景图片顶部居中显示
center	背景图片居中显示
bottom	背景图片底部居中显示
left	背景图片左部居中显示
right	背景图片右部居中显示

提示 垂直对齐值还可以与水平对齐值一起使用，从而决定图片的垂直位置和水平位置。

新建空白网页文档，在【代码】视图中，输入以下内容，如图 10-50 所示。

```
<!DOCTYPE html>
<html>
<head>
<title>背景位置设定</title>
<style>
body{
        background-image:url(01.jpg);
        background-repeat:no-repeat;
        background-position:top right;
    }
</style>
<head>
<body>
</body>
</html>
```

在 IE 11.0 浏览器中的浏览效果如图 10-51 所示，可以看到网页中显示背景，其背景是从顶部和右边开始的。

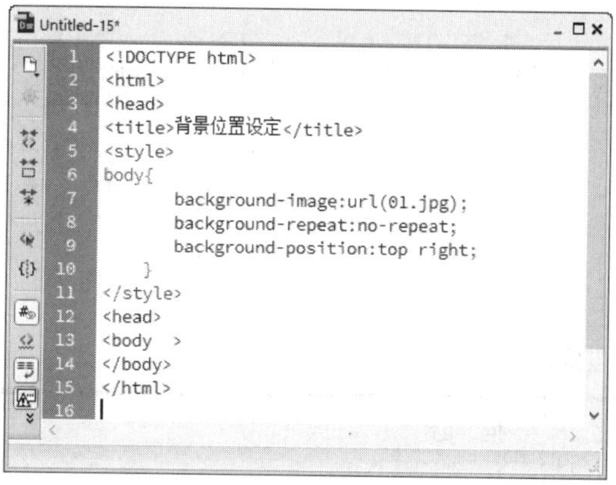

图 10-50　代码窗口

图 10-51　设置背景位置

使用垂直对齐值和水平对齐值只能格式化地放置图片，如果在页面中要自由地定义图片的位置，则需要使用确定数值或百分比。此时在上面代码中，可将语句

```
background-position:top right;
```

修改为

```
background-position:20px 30px
```

在 IE 11.0 浏览器中的浏览效果如图 10-52 所示，可以看到网页中显示背景，其背景是从左上角开始，但并不是从(0，0)坐标位置开始，而是从(20，30)坐标位置开始。

图 10-52   指定背景位置

10.3.4   案例 9——设计边框样式

使用 CSS 中的 border-style、border-width 和 border-color 属性可以设定边框的样式、宽度和颜色。

1. 设置边框样式

border-style 属性用于设定边框的样式，也就是风格，主要用于为页面元素添加边框。其语法格式如下：

```
border-style : none | hidden | dotted | dashed | solid | double | groove |
ridge | inset | outset
```

CSS 设定了 9 种边框样式，如表 10-10 所示。

表 10-10   边框样式

属 性 值	描　　述
none	无边框，无论边框宽度设为多大
dotted	点线式边框
dashed	破折线式边框
solid	直线式边框
double	双线式边框
groove	槽线式边框
ridge	脊线式边框
inset	内嵌效果的边框
outset	突起效果的边框

新建空白网页文档，在【代码】视图中，输入以下内容，如图 10-53 所示。

```
<!DOCTYPE html>
```

```
<html>
<head>
<title>边框样式</title>
<style>
h1 {
     border-style:dotted;
     color: black;
    text-align:center;
}
p{
     border-style:double;
     text-indent:2em;
}
</style>
<head>
<body>
    <h1>带有边框的标题</h1>
    <p>带有边框的段落</p>
</body>
</html>
```

在 IE 11.0 浏览器中的浏览效果如图 10-54 所示，可以看到网页中，标题 h1 显示的时候带有边框，其边框样式为点线式边框；同样，段落也带有边框，其边框样式为双线式边框。

图 10-53　代码窗口

图 10-54　设置边框

2. 设置边框颜色

border-color 属性用于设定边框颜色，如果不想与页面元素的颜色相同，则可以使用该属性为边框定义其他颜色。border-color 属性语法格式如下：

```
border-color : color
```

color 表示指定颜色，其颜色值通过十六进制和 RGB 等方式获取。

新建空白网页文档，在【代码】视图中，输入以下内容，如图 10-55 所示。

```
<!DOCTYPE html>
<html>
<head>
<title>设置边框颜色</title>
<style>
```

```
p{
    border-style:double;
    border-color:red;
    text-indent:2em;
}
</style>
<head>
<body>
    <p>边框颜色设置</p>
    <p style="border-style:solid; border-color:red blue yellow green">
  分别定义边框颜色
 </p>
</body>
</html>
```

在 IE 11.0 浏览器中的浏览效果如图 10-56 所示，可以看到网页中，第一个段落边框颜色设置为红色，第二个段落边框颜色分别设置为红、蓝、黄和绿。

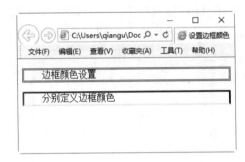

图 10-55　代码窗口　　　　　　　　　　图 10-56　设置边框颜色

3. 设置边框线宽

在 CSS 中，可以通过设定边框宽度来增强边框效果。border-width 属性就是用来设定边框宽度，其语法格式如下：

```
border-width : medium | thin | thick | length
```

其中预设有 3 种属性值，即 medium、thin 和 thick，另外，还可以自行设置宽度(width)，如表 10-11 所示。

表 10-11　border-width 属性

属 性 值	描 述
medium	默认值，中等宽度
thin	比 medium 细
thick	比 medium 粗
length	自定义宽度

新建空白网页文档，在【代码】视图中，输入以下内容，如图 10-57 所示。

```
<!DOCTYPE html>
<html>
<head>
<title>设置边框宽度</title>
<head>
<body>
    <p style="border-style:dotted; border-width:medium;">边框宽度设置</p>
    <p style="border-style:dashed;border-width:thin;">边框宽度设置</p>
    <p style="border-style:solid; border-width:12px;">
  分别定义边框宽度
 </p>
</body>
</html>
```

在 IE 11.0 浏览器中的浏览效果如图 10-58 所示，可以看到网页中 3 个段落边框以不同的粗细显示。

图 10-57　代码窗口

图 10-58　设置边框线宽

4. 设置边框复合属性

border 属性集合了上述所介绍的 3 种属性，为页面元素设定边框的宽度、样式和颜色。语法格式如下：

```
border : border-width || border-style || border-color
```

新建空白网页文档，在【代码】视图中，输入以下内容，如图 10-59 所示。

```
<!DOCTYPE html>
<html>
<head>
<title>边框复合属性设置</title>
<head>
<body>
    <p style="border:dashed  red 12px">边框复合属性设置</p>
</body>
</html>
```

在 IE 11.0 浏览器中的浏览效果如图 10-60 所示，可以看到网页中，段落边框样式以破折线显示、颜色为红色、宽度为 12 像素。

网站开发案例课堂

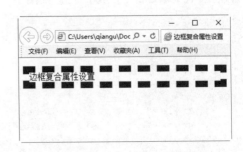

图 10-59　代码窗口　　　　　　　　　　　图 10-60　设置边框复合属性

10.3.5　案例 10——设置列表样式

在网页设计中，项目列表用来罗列显示一系列相关的文本信息，包括有序、无序和自定义列表等，当引入 CSS 后，就可以使用 CSS 来设置项目列表的样式了。

1．设置无序列表

无序列表<ul>是网页中常见元素之一，使用<li>标记罗列各个项目，并且每个项目前面都带有特殊符号，如黑色实心圆等。在 CSS 中，可以通过 list-style-type 属性来定义无序列表前面的项目符号。对于无序列表，其语法格式如下：

```
list-style-type : disc | circle | square | none
```

其中，list-style-type 参数值含义，如表 10-12 所示。

表 10-12　无序列表常用符号

参　　数	说　　明
disc	实心圆
circle	空心圆
square	实心方块
none	不使用任何标号

提示　可以通过设置不同的参数值，为 list-style-type 设置不同的特殊符号，从而改变无序列表的样式。

新建空白网页文档，在【代码】视图中，输入以下内容，如图 10-61 所示。

```
<!DOCTYPE html>
<html>
<head>
<title>设置无序列表</title>
<style>
* {
    margin:0px;
    padding:0px;
```

```
font-size:12px;
}
p {
    margin:5px 0 0 5px;
    color:#3333FF;
    font-size:14px;
    font-family:"幼圆";
}
div{
    width:300px;
    margin:10px 0 0 10px;
    border:1px #FF0000 dashed;
}
div ul {
    margin-left:40px;
    list-style-type: disc;
}
div li {
    margin:5px 0 5px 0;
            color:blue;
            text-decoration:underline;
}
</style>
</head>
<body>
<div class="big01">
  <p>娱乐焦点</p>
  <ul>
    <li>换季肌闹"公主病"美肤急救快登场 </li>
    <li>来自 12 星座的你 认准罩门轻松瘦</li>
    <li>男人 30"豆腐渣" 如何延缓肌肤衰老</li>
    <li>打造天生美肌 名媛爱物强 K 性价比！</li>
    <li>夏裙又有新花样 拼接图案最时髦</li>
  </ul>
</div>
</body>
</html>
```

在 IE 11.0 浏览器中的浏览效果如图 10-62 所示，可以看到显示了一个导航栏，导航栏中存在着不同的导航信息，每条导航信息前面都是使用实心圆作为每行信息开始。

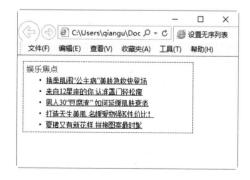

图 10-61　代码窗口　　　　　　　　图 10-62　用无序列表制作导航菜单

2. 设置有序列表

使用有序列表标记<ol>可以创建具有顺序的列表，如每条信息前面加上 1、2、3、4 等。
如果要改变有序列表前面的符号，同样需要利用 list-style-type 属性，只不过属性值不同。

对于有序列表，list-style-type 语法格式如下：

```
list-style-type : decimal | lower-roman | upper-roman | lower-alpha |
upper-alpha | none
```

其中，list-style-type 参数值含义，如表 10-13 所示。

表 10-13　有序列表常用符号

参　　数	说　　明
decimal	阿拉伯数字带圆点
lower-roman	小写罗马数字
upper-roman	大写罗马数字
lower-alpha	小写英文字母
upper-alpha	大写英文字母
none	不使用项目符号

新建空白网页文档，在【代码】视图中，输入以下内容，如图 10-63 所示。

```
<!DOCTYPE html>
<html>
<head>
<title>设置有序列表</title>
<style>
* {
    margin:0px;
    padding:0px;
                font-size:12px;
}
p {
    margin:5px 0 0 5px;
    color:#3333FF;
    font-size:14px;
            font-family:"幼圆";
            border-bottom-width:1px;
            border-bottom-style:solid;

}
div{
    width:300px;
    margin:10px 0 0 10px;
    border:1px #F9B1C9 solid;
}
div ol {
    margin-left:40px;
    list-style-type: decimal;
}
div li {
    margin:5px 0 5px 0;
```

```
                color:blue;
}
</style>
</head>
<body>
<div class="big">
  <p>娱乐焦点</p>
  <ol>
    <li>换季肌闹"公主病"美肤急救快登场 </li>
    <li>来自 12 星座的你 认准罩门轻松瘦</li>
    <li>男人 30"豆腐渣" 如何延缓肌肤衰老</li>
    <li>打造天生美肌 名媛爱物强 K 性价比! </li>
    <li>夏裙又有新花样 拼接图案最时髦</li>
  </ol>
</div>
</body>
</html>
```

在 IE 11.0 浏览器中的浏览效果如图 10-64 所示，可以看到显示了一个导航栏，导航信息前面都带有相应的数字，表示其顺序。导航栏具有红色边框，并用一条蓝线将题目和内容分开。

图 10-63　代码窗口

图 10-64　用有序列表制作菜单

上面代码中，使用 list-style-type: decimal 语句定义了有序列表前面的符号。严格来说，无论是<ul>标记还是<ol>标记，都可以使用相同的属性值，而且效果完全相同，即二者通过 list-style-type 可以通用。

10.4　综合案例——制作简单公司主页

打开各种类型商业网站，最先映入眼帘的就是首页，也称为主页。作为一个网站的门户，主页一般要求版面整洁、美观大方。结合前面学习的背景和边框知识，创建一个简单的商业网站。具体操作步骤如下。

step 01　分析需求。

在本案例中，主页包括了 3 个部分，一部分是网站 Logo，一部分是导航栏，最后一部分是主页显示内容。网站 Logo 处使用了一个背景图来代替，导航栏使用表格实现，内容列表使用无序列表实现。案例完成后，效果如图 10-65 所示。

step 02 构建基本 HTML。

为了划分不同的区域，HTML 页面需要包含不同的 div 层，每一层代表一个内容。一个 div 包含背景图，一个 div 包含导航栏，一个 div 包含整体内容，内容又可以划分为两个不同的层。其代码如下：

```html
<!DOCTYPE html>
<html>
<head>
<title>公司主页</title>
</head>
<body>
<center>
<div>
<div class="div1" align=center></div>
<div class=div2>
<table width=99%><tr align=center><td>首页</td><td>最新消息</td><td>产品展示
</td><td>销售网络</td><td>人才招聘</td><td>客户服务</td></tr></table>
</div>
<div class=div3>
<div class=div4>
<ul>最新消息
<li>公司举办 2017 科技辩论大赛</li>
<li>企业安全知识大比武</li>
<li>优秀员工评比活动规则</li>
<li>人才招聘信息</li>
</ul>
</div>
<div class=div5>
<ul>成功案例
<li>上海装修建材公司</li>
<li>美衣服饰有限公司</li>
<li>天力科技有限公司</li>
<li>美方豆制品有限公司</li>
</ul>
</div>
</div>
</div>
</center>
</body>
</html>
```

在 IE 11.0 浏览器中的浏览效果如图 10-66 所示，可以看到在网页中显示了导航栏和两个列表信息。

图 10-65　商业网站主页

图 10-66　基本 HTML 结构

step 03　添加 CSS 代码，设置背景 Logo：

```
<style>
.div1{
    height:100px;
    width:820px;
    background-image:url(03.jpg);
    background-repeat:no-repeat;
    background-position:center;
    background-size:cover;

}
</style>
```

在 IE 11.0 浏览器中的浏览效果如图 10-67 所示，可以看到在网页顶部显示了一个背景图，此背景图覆盖整个 div 层，且不重复。并且背景图片居中显示。

step 04　添加 CSS 代码，设置导航栏：

```
.div2{
    width:820px;
    background-color:#d2e7ff;

}
table{
    font-size:12px;
    font-family:"幼圆";
}
```

在 IE 11.0 浏览器中的浏览效果如图 10-68 所示，可以看到在网页中导航栏背景色为浅蓝色，表格中字体大小为 12 像素，字体类型是幼圆。

图 10-67　设置背景图

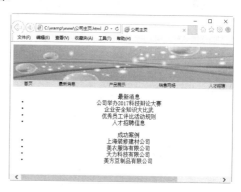

图 10-68　设置导航栏

step 05　添加 CSS 代码，设置内容样式：

```
.div3{
    width:820px;
    height:320px;
    border-style:solid;
    border-color:#ffeedd;
    border-width:10px;
    border-radius:60px;
```

```
}
.div4{
     width:810px;
     height:150px;
   text-align:left;
    border-bottom-width: 2px;
    border-bottom-style:dotted;
     border-bottom-color:#ffeedd;
}
.div5{
     width:810px;
     height:150px;
    text-align:left;
}
```

在 IE 11.0 浏览器中的浏览效果如图 10-69 所示，可以看到在网页中内容显示在一个圆角边框中，两个不同的内容块中间使用虚线隔开。

step 06 添加 CSS 代码，设置列表样式。

```
ul{
     font-size:15px;
     font-family:"楷体";
}
```

在 IE 11.0 浏览器中的浏览效果如图 10-70 所示，可以看到在网页中列表字体大小为 15 像素，字体类型为楷体。

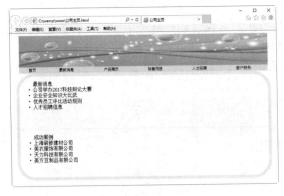

图 10-69 CSS 修饰边框

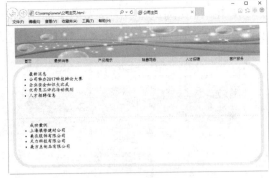

图 10-70 美化列表信息

10.5 疑 难 解 惑

疑问 1：滤镜效果是 IE 浏览器特有的效果，那么在 Firefox 中能不能实现呢？

答： 滤镜效果虽然是 IE 浏览器特有的效果，但使用 Firefox 浏览器时，一些属性也可以实现。例如，IE 浏览器的阴影效果，在 Firefox 网页设计中，可以先在文字下面再叠一层浅色的同样的字，然后做 2 像素的错位，就可以制造出有阴影的假象。

疑问 2：文字和图片导航速度谁快呀？

答：使用文字作导航栏速度最快。文字导航不仅速度快，而且更稳定。比如，有些用户上网时会关闭图片。在处理文本时，除非特别需要，否则不要为普通文字添加下画线。就像用户需要识别哪些能单击一样，读者不应当将本不能单击的文字误认为能够单击。

第 11 章
架构师的大比拼
——利用 Div+
CSS 布局网页

　　使用 CSS 布局网页是一种很新的概念，它完全不同于传统的网页布局习惯。它首先对页面从整体上用<div>标记进行了分块，然后对各个块进行 CSS 定位，最后再在各个块中添加相应的内容。本章就来介绍网页布局中的一些典型范例。

11.1　认识并创建层

在网页设计中，由于层具有很强的灵活性，因此被广泛应用，利用层不仅可以精确设置对象所处的位置，还能实现一些简单的效果。

11.1.1　层的概念

在 Dreamweaver CC 中，层就是 Div，Div 元素是用来为网页内容提供结构和背景的块元素。Div 的起始标签和结束标签之间的所有内容都是用来构成这个块的，其中所包含元素的特性由 Div 标签的属性控制。

通过 Div 元素，可以把页面分割为独立的、不同的部分，使页面内容结构化、模块化。图 11-1 所示为一个页面的整体架构。

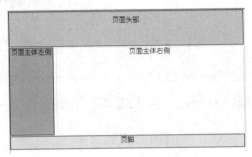

图 11-1　页面整体架构

11.1.2　案例 1——使用 Dreamweaver 创建层

在 Dreamweaver CC 中，用户可以通过两种方法来创建层：一种是通过【插入】菜单下【结构】子菜单中的 Div 命令来完成；另一种是通过【插入】面板中的 Div 按钮来完成。这两种方法的具体操作相似，下面介绍创建层的具体操作步骤。

step 01　启动 Dreamweaver CC，将光标定位在需要插入层的位置，如图 11-2 所示。

step 02　选择【插入】→【结构】→ Div 菜单命令，如图 11-3 所示。

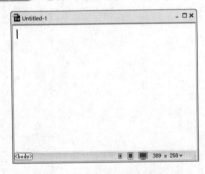

图 11-2　定位插入层的位置

图 11-3　选择 Div 菜单命令

step 03 弹出【插入 Div】对话框，单击【插入】下拉按钮，在弹出的下拉列表中选择【在插入点】选项，如图 11-4 所示。

step 04 单击【确定】按钮，即可完成 Div 的插入，并保存网页，按 F12 键进入页面预览效果，在其中可以看到创建的 Div 区域，如图 11-5 所示。

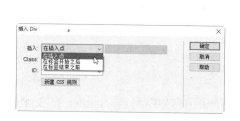

图 11-4 【插入 Div】对话框

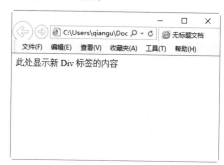

图 11-5 预览效果

11.2 Div 层的定位方法

将网页上每个 HTML 元素，认为都是长方形的盒子，是网页设计上的一大创新。在控制页面方面，盒子模型有着至关重要的作用，熟练掌握盒子模型以及盒子模型各个属性，是控制页面中每个 HTML 元素的前提。

11.2.1 盒子模型的概念

在 CSS 中，所有的页面元素都包含在一个矩形框内，称为盒子。盒子模型是由 margin(边界)、border(边框)、padding(空白)和 content(内容)几个属性组成。此外，在盒子模型中还具备高度和宽度两个辅助属性。盒子模型如图 11-6 所示。

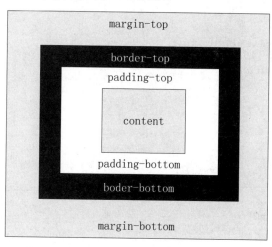

图 11-6 盒子模型效果示意

从图 11-6 中可以看出，盒子模型包含以下 4 个部分。

(1) content(内容)：内容是盒子模型中必需的一部分，内容可以是文字、图片等元素。

(2) padding(空白)：也称内边距或补白，用来设置内容和边框之间的距离。

(3) border(边框)：可以设置内容边框线的粗细、颜色和样式等，前面已经介绍过。

(4) margin(边界)：外边距，用来设置内容与内容之间的距离。

一个盒子的实际高度(宽度)是由 content+padding+border+margin 组成的。在 CSS 中，可以通过设定 width 和 height 来控制 content 的大小，并且对于任何一个盒子，都可以分别设定 4 条边的 border、padding 和 margin。

11.2.2 案例 2——定义网页 border 区域

border 是内边距和外边距的分界线，可以分离不同的 HTML 元素。border 有 3 个属性，分别是样式(style)、颜色(color)和宽度(width)。

【例 11-1】 定义网页的 border 区域(案例文件为 ch11\11.1.html)。

```html
<!DOCTYPE html>
<html>
<head>
<title>border 边框</title>
  <style type="text/css">
    .div1{
      border-width:10px;
      border-color:#ddccee;
      border-style:solid;
      width:410px;
      }
    .div2{
      border-width:1px;
      border-color:#adccdd;
      border-style:dotted;
      width:410px;
      }
    .div3{
      border-width:1px;
      border-color:#457873;
      border-style:dashed;
      width:410px;
      }
  </style>
</head>
<body>
  <div class="div1">
      这是一个宽度为 10px 的实线边框。
  </div>
    <br /><br />
    <div class="div2">
      这是一个宽度为 1px 的虚线边框。
    </div>
    <br /><br />
    <div class="div3">
```

```
         这是一个宽度为1px的点状边框。
      </div>
   </body>
</html>
```

在 IE 11.0 浏览器中的浏览效果如图 11-7 所示，可以看到显示了 3 个不同风格的盒子，第一个盒子边框线宽度为 10 像素，边框样式为实线，颜色为紫色；第二个盒子边框线宽度为 1 像素，边框样式是虚线边框，颜色为浅绿色；第三个盒子边框宽度为 1 像素，边框样式是点状边框，颜色为绿色。

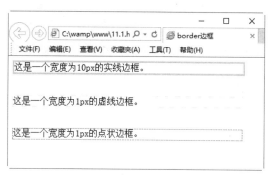

图 11-7　设置盒子边框

11.2.3　案例 3——定义网页 padding 区域

在 CSS 中，可以设置 padding 属性定义内容与边框之间的距离，即内边距的距离。语法格式如下：

```
padding : length
```

padding 属性值可以是一个具体的长度，也可以是一个相对于上级元素的百分比，但不可以使用负值。padding 属性能为盒子定义上、下、左、右间隙的宽度，也可以单独定义各方位的宽度。常用形式如下：

```
padding :padding-top | padding-right | padding-bottom | padding-left
```

如果提供 4 个参数值，将按顺时针方向作用于四边。如果只提供一个参数值，将用于全部的四条边；如果提供两个参数值，第一个作用于上下两边，第二个作用于左右两边。如果提供 3 个参数值，第 1 个用于上边，第 2 个用于左、右两边，第 3 个用于下边。

其具体含义如表 11-1 所示。

表 11-1　padding 属性子属性

属　性	描　述
padding-top	设定上间隙
padding-bottom	设定下间隙
padding-left	设定左间隙
padding-right	设定右间隙

【例11-2】 定义网页的 padding 区域(案例文件为 ch11\11.2.html)。

```html
<!DOCTYPE html>
<html>
<head>
<title>padding</title>
  <style type="text/css">
    .wai{
      width:400px;
      height:250px;
      border:1px #993399 solid;
    }
    img{
        max-height:120px;
      padding-left:50px;
      padding-top:20px;
      }
  </style>
</head>
<body>
  <div class="wai">
    <img src="07.jpg" />
        <p>这张图片的左内边距是 50px，顶内边距是 20px</p>
    </div>
</body>
</html>
```

在 IE 11.0 浏览器中的浏览效果如图 11-8 所示，可以看到一个 div 层中显示了一张图片。此图片可以看作一个盒子模型，并定义了图片的左内边距和上内边距的效果。可以看出，内边距其实是对象 img 和外层 Div 之间的距离。

图 11-8　设置内边距

11.2.4　案例 4——定义网页 margin 区域

margin 用来设置页面中元素和元素之间的距离，即定义元素周围的空间范围，是页面排版中一个比较重要的概念。语法格式如下：

```
margin : auto | length
```

其中，auto 表示根据内容自动调整；length 表示由浮点数字和单位标识符组成的长度值或百分数。margin 属性包含的 4 个子属性控制一个页面元素四周的边距样式，如表 11-2 所示。

表 11-2　margin 属性的子属性

属　性	描　述
margin-top	设定上边距
margin-bottom	设定下边距
margin-left	设定左边距
margin-right	设定右边距

如果希望很精确地控制块的位置，需要对 margin 有更深入的了解。margin 设置可以分为行内元素块之间设置、非行内元素块之间设置和父子块之间设置。

1．行内元素 margin 的设置

【例 11-3】　行内元素 margin 属性的设置(案例文件为 ch11\11.3.html)。

```
<!DOCTYPE html>
<html>
<head>
<title>行内元素设置margin</title>
<style type="text/css">
<!--
span{
  background-color:#a2d2ff;
  text-align:center;
  font-family:"幼圆";
  font-size:12px;
  padding:10px;
          border:1px #ddeecc solid;
}
span.left{
  margin-right:20px;
  background-color:#a9d6ff;
}
span.right{
  margin-left:20px;
  background-color:#eeb0b0;
}
-->
</style>
   </head>
<body>
  <span class="left">行内元素1</span><span class="right">行内元素2</span>
</body>
</html>
```

在 IE 11.0 浏览器中的浏览效果如图 11-9 所示，可以看到一个蓝色盒子和红色盒子，二者之间的距离使用 margin 设置，其距离是左边盒子的右边距 margin-right 加上右边盒子的左边距 margin-left。

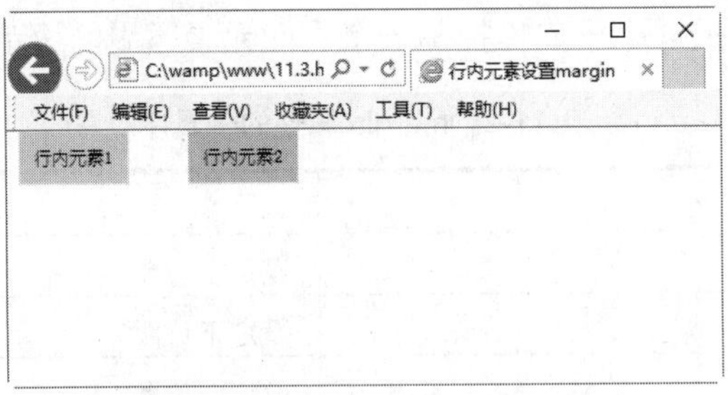

图 11-9　行内元素 margin 设置

2．非行内元素块之间 margin 设置

如果不是行内元素，而是产生换行效果的块级元素，情况就可能发生变化。两个换行块级元素之间的距离不再是 margin-bottom 和 margin-top 的和，而是两者中的较大者。

【**例 11-4**】　非行内元素块之间 margin 设置(案例文件为 ch11\11.4.html)。

```
<!DOCTYPE html>
<html>
<head>
<title>块级元素的margin</title>
<style type="text/css">
<!--
h1{
  background-color:#ddeecc;
  text-align:center;
  font-family:"幼圆";
  font-size:12px;
  padding:10px;
            border:1px #445566 solid;
            display:block;
}
-->
</style>
  </head>
<body>
  <h1 style="margin-bottom:50px;">距离下面块的距离</h1>
  <h1 style="margin-top:30px;">距离上面块的距离</h1>
</body>
</html>
```

在 IE 11.0 浏览器中的浏览效果如图 11-10 所示，可以看到两个 h1 盒子，二者上下之间存在距离，其距离为 margin-bottom 和 margin-top 中较大的值，即 50 像素。如果修改下面 h1盒子元素的 margin-top 为 40 像素，会发现执行结果没有任何变化。如果修改其值为 60 像素，会发现下面的盒子会向下移动 10 像素。

3．父子块之间 margin 设置

当一个 div 块包含在另一个 div 块中间时，二者便会形成一个典型的父子关系。其中子块的 margin 设置将会以父块的 content 为参考。

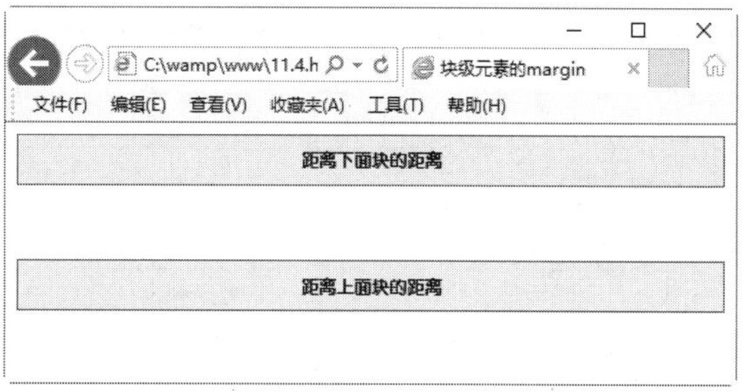

图 11-10　设置上下 margin 距离

【例 11-5】　父子块之间 margin 的设置(案例文件为 ch11\11.5.html)。

```
<!DOCTYPE html>
<html>
<head>
<title>包含块的margin</title>
<style type="text/css">
<!--
div{
  background-color:#fffebb;
  padding:10px;
  border:1px solid #000000;
}
h1{
  background-color:#a2d2ff;
  margin-top:0px;
  margin-bottom:30px;
  padding:15px;
  border:1px dashed #004993;
            text-align:center;
  font-family:"幼圆";
  font-size:12px;
}
-->
</style>
  </head>
<body>
  <div >
    <h1>子块 div</h1>
  </div>
</body>
</html>
```

在 IE 11.0 浏览器中的浏览效果如图 11-11 所示，可以看到子块 h1 盒子距离父 div 下边界为 40 像素(子块 30 像素的外边距加上父块 10 像素的内边距)，其他 3 边距离都是父块的 padding 距离，即 10 像素。

在例 11-5 中，如果设定了父元素的高度 height 值，并且父块高度值小于子块的高度加上 margin 的值，此时 IE 浏览器会自动扩大，保持子元素的 margin-bottom 的空间以及父元素的 padding-bottom。而 Firefox 就不会这样，会保证父元素的 height 高度的完全吻合，而这时子元素将超过父元素的范围。

当将 margin 设置为负数时，会使得被设为负数的块向相反的方向移动，甚至覆盖在另外的块上。

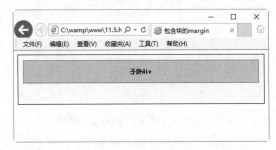

图 11-11　设置包括盒子的 margin 距离

11.3　使用 CSS 排版

Div 在 CSS+Div 页面排版中是一个块的概念，Div 的起始标记和结束标记之间的所有内容都是用来构成这个块的，其中所包含元素特性由 Div 标记属性来控制，或者是通过使用样式表格式化这个块来进行控制。CSS+Div 页面排版思想是首先在整体上进行<div>标记的分块，然后对各个块进行 CSS 定位，最后再在各个块中添加相应的内容。

11.3.1　案例 5——将页面用 div 分块

使用 CSS+Div 进行页面排版布局，需要对网页有一个整体构思，即网页可以划分为几个部分。例如，上、中、下结构，还是左、右两列结构，还是三列结构。这时就可以根据网页构思，将页面划分为几个 Div 块，用来存放不同的内容。当然，大块中还可以存放不同的小块。最后，通过 CSS 属性，对这些 Div 进行定位。

在现在的网页设计中，一般情况下的网站都是上、中、下结构，即上面是页面头部，中间是页面内容，最下面是页脚，整个上、中、下结构最后放到一个 Div 容器中，方便控制。页面头部一般用来存放 Logo 和导航菜单，页面内容包含页面要展示的信息、链接和广告等，页脚存放的是版权信息和联系方式等。

将上、中、下结构放置到一个 Div 容器中，方便后面排版并且便于对页面进行整体调整，如图 11-12 所示。

图 11-12　网页结构

11.3.2 案例6——设置各块位置

复杂的网页布局，不是单纯的一种结构，而是包含多种网页结构。例如，总体上是上中下，中间分为两列布局等，如图 11-13 所示。

图 11-13 网页结构

页面总体结构确认后，一般情况下，页头和页脚变化就不大了。会发生变化的就是页面主体，此时需要根据页面展示的内容，决定中间布局采用什么样式，是 3 列水平分布，还是两列分布等。

11.3.3 案例7——用 CSS 定位

页面版式确定后，就可以利用 CSS 对 Div 进行定位，使其在指定位置出现，从而实现对页面的整体规划。然后再向各个页面添加内容。

下面创建一个总体为上中下布局、页面主体为左右布局的 CSS 定位案例。

1. 创建 HTML 页面，使用 Div 构建层

首先构建 HTML 网页，使用 Div 划分最基本的布局块，其代码如下：

```html
<html>
<head>
<title>CSS 排版</title><body>
<div id="container">
  <div id="banner">页面头部</div>
  <div id=content >
  <div id="right">
页面主体右侧
  </div>
  <div id="left">
页面主体左侧
  </div>
</div>
  <div id="footer">页脚</div>
</div>
</body>
</html>
```

上面的代码创建了 5 个层，其中 ID 名称为 container 的 Div 层是一个布局容器，即所有

的页面结构和内容都是在这个容器内实现；名称为 banner 的 Div 层是页头部分；名称为 footer 的 Div 层是页脚部分；名称为 content 的 Div 层是中间主体，该层包含了两个层，一个是 right 层，一个 left 层，分别放置不同的内容。

在 IE 11.0 浏览器中的浏览效果如图 11-14 所示，可以看到网页中显示了这几个层，从上到下依次排列。

图 11-14　使用 Div 构建层

2. 使用 CSS 设置网页整体样式

然后需要对 body 标记和 container 层(布局容器)进行 CSS 修饰，从而对整体样式进行定义。代码如下：

```css
<style type="text/css">
<!--
body {
  margin:0px;
  font-size:16px;
  font-family:"幼圆";
}
#container{
  position:relative;
  width:100%;
}
-->
</style>
```

上面的代码只是设置了文字大小、字形、布局容器的宽度、层定位方式，布局容器充满整个浏览器。

在 IE 11.0 浏览器中的浏览效果如图 11-15 所示，可以看到此时与上一个显示页面相比较，发生的变化不大，只是字形和字体大小发生了变化，因为 container 没有带有边框，背景色无法显示在该层。

图 11-15　设置网页整体样式

3. 使用 CSS 定义页头部分

接下来就可以使用 CSS 对页头进行定位，即 banner 层，使其在网页上显示。其代码如下：

```
#banner{
  height:80px;
  border:1px solid #000000;
  text-align:center;
  background-color:#a2d9ff;
  padding:10px;
  margin-bottom:2px;
}
```

上面首先设置了 banner 层的高度为 80 像素，宽度充满整个 container 布局容器，下面分别设置边框样式、字体对齐方式、背景色、内边距和外边距的底部等。

在 IE 11.0 浏览器中的浏览效果如图 11-16 所示，可以看到在页面顶部显示了一个浅绿色的边框，边框充满整个浏览器，边框中间显示了一个"页面头部"的文本信息。

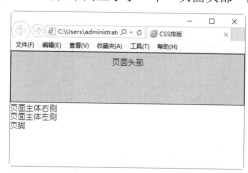

图 11-16　定义网页头部

4. 使用 CSS 定义页面主体

在页面主体如果两个层并列显示，需要使用 float 属性，将一个层设置到左边，一个层设置到右边。其代码如下：

```
#right{
  float:right;
  text-align:center;
  width:80%;
 border:1px solid #ddeecc;
margin-left:1px;
height:200px;
}
#left{
  float:left;
  width:19%;
  border:1px solid #000000;
  text-align:center;
height:200px;
background-color:#bcbcbc;
}
```

上面的代码设置了这两个层的宽度，right 层占有空间的 80%，left 层占有空间的 19%，并分别设置了两个层的边框样式、对齐方式和背景色等。

在 IE 11.0 浏览器中的浏览效果如图 11-17 所示，可以看到页面主体部分分为两个层并列显示，左边背景色为灰色，占有空间较小，右侧背景色为白色，占有空间较大。

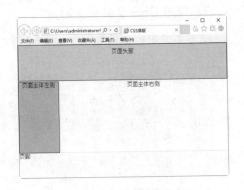

图 11-17 定义网页主体

5. 使用 CSS 定义页脚

最后需要设置页脚部分，页脚通常在主体下面。因为页面主体中使用了 float 属性设置层浮动，所以需要在页脚层设置 clear 属性，使其不受浮动的影响。其代码如下：

```
#footer{
  clear:both;              /* 不受float影响 */
  text-align:center;
  height:30px;
  border:1px solid #000000;
              background-color:#ddeecc;
}
```

上面的代码设置了页脚对齐方式、高度、边框和背景色等。在 IE 11.0 浏览器中的浏览效果如图 11-18 所示，可以看到页面底部显示了一个边框，背景色为浅绿色，边框充满整个 Div 布局容器。

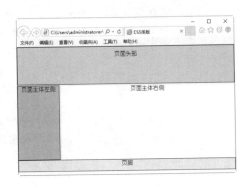

图 11-18 定义网页页脚

11.4 常见网页布局模式

CSS 的排版是一种全新的排版理念，与传统的表格排版布局完全不同，首先在页面上分块，然后应用 CSS 属性重新定位。本节就固定宽度布局进行深入的讲解，使读者能够熟练掌握这些方法。

11.4.1 案例8——网页单列布局模式

网页单列布局模式是最简单的一种布局形式，也称为"网页 1-1-1 型布局模式"，图 11-19 所示为网页单列布局模式示意图。

制作单列布局网页的操作步骤如下。

step 01 打开记事本文件，在其中输入以下代码，该段代码的作用是在页面中放置第一个圆角矩

图 11-19 网页单列布局模式示意图

形框。

```
<!DOCTYPE html>
<head>
<title>单列网页布局</title>
</head>
<body>
<div class="rounded">
<h2>页头</h2>
<div class="main">
<p>
锄禾日当午，汗滴禾下土<br/>
锄禾日当午，汗滴禾下土</p>
</div>
<div class="footer">
<p></p>
</div>
</div>
</body>
</html>
```

代码中这组<div>…</div>之间的内容是固定结构的，其作用就是实现一个可以变化宽度的圆角框。在 IE 9.0 浏览器中的浏览效果如图 11-20 所示。

step 02 设置圆角框的 CSS 样式。为了实现圆角框效果，加入以下样式代码：

```
<style>
body {
background: #FFF;
font: 14px 宋体;
margin:0;
padding:0;
}

.rounded {
background: url(images/left-top.gif) top left no-repeat;
width:100%;
}
.rounded h2 {
background:
url(images/right-top.gif)
top right no-repeat;
padding:20px 20px 10px;
margin:0;

}
.rounded .main {
background:
url(images/right.gif)
top right repeat-y;
padding:10px 20px;
margin:-20px 0 0 0;
}
.rounded .footer {
background:
```

```
url(images/left-bottom.gif)
bottom left no-repeat;
}
.rounded .footer p {
color:red;
text-align:right;
background:url(images/right-bottom.gif) bottom right no-repeat;
display:block;
padding:10px 20px 20px;
margin:-20px 0 0 0;
font:0/0;
}
</style>
```

在代码中定义了整个盒子的样式，如文字大小等，其后的 5 段以.rounded 开头的 CSS 样式都是为实现圆角框的设置。这段 CSS 代码在后面的制作中不需要调整，直接放置在 <style></style> 之间即可，在 IE 11.0 浏览器中的浏览效果如图 11-21 所示。

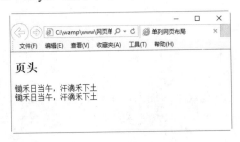

图 11-20　添加网页圆角框

图 11-21　设置圆角框的 CSS 样式

step 03　设置网页固定宽度。为该圆角框单独设置一个 ID，把针对它的 CSS 样式放到这个 ID 的样式定义部分。设置 margin 实现在页面中居中，并用 width 属性确定固定宽度，代码如下：

```
#header {
margin:0 auto;
width:760px;}
```

　　注意　　这个宽度不要设置在与.rounded 相关的 CSS 样式中，因为该样式会被页面中的各个部分公用，如果设置了固定宽度，其他部分就不能正确显示了。

另外，在 HTML 部分的<div class="rounded">…</div>的外面套一个 div，代码如下：

```
<div id="header">
<div class="rounded">
<h2>页头</h2>
<div class="main">
<p>
锄禾日当午，汗滴禾下土<br/>
锄禾日当午，汗滴禾下土</p>
</div>
<div class="footer">
<p></p>
</div>
```

```
</div>
</div>
```

在 IE 11.0 浏览器中的浏览效果如图 11-22 所示。

step 04 设置其他圆角矩形框。将放置的圆角矩形框再复制出两个，并分别设置 ID 为 content 和 footer，分别代表"内容"和"页脚"。完整的页面框架代码如下：

```
<div id="header">
<div class="rounded">
<h2>页头</h2>
<div class="main">
<p>
锄禾日当午，汗滴禾下土<br/>
锄禾日当午，汗滴禾下土</p>
</div>
<div class="footer">
<p></p>
</div>
</div>
</div>
<div id="content">
<div class="rounded">
<h2>正文</h2>
<div class="main">
<p>
锄禾日当午，汗滴禾下土<br />
锄禾日当午，汗滴禾下土</p>
</div>
<div class="footer">
<p>
查看详细信息&gt;&gt;
</p>
</div>
</div>
</div>
<div id="pagefooter">
<div class="rounded">
<h2>页脚</h2>
<div class="main">
<p>
锄禾日当午，汗滴禾下土</p>
</div>
<div class="footer">
<p>
</p>
</div>
</div>
</div>
```

修改 CSS 样式代码如下：

```
#header,#pagefooter,#content{
margin:0 auto;
width:760px;}
```

从 CSS 代码中可以看到，3 个 div 的宽度都设置为固定值 760 像素，并且通过设置

margin 的值来实现居中放置，即左右 margin 都设置为 auto。在 IE 11.0 浏览器中的浏览效果
如图 11-23 所示。

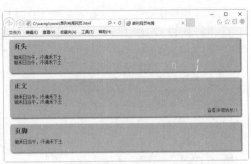

图 11-22　设置网页固定宽度　　　　　　　　图 11-23　添加其他网页圆角矩形框

11.4.2　案例 9——网页 1-2-1 型布局模式

网页 1-2-1 型布局模式是网页制作中最常用的一个模式，其结构如图 11-24 所示。在布局
结构中，增加了一个 side 栏。但是在通常状况下，两个 div 只能竖直排列。为了让 content 和
side 能够水平排列，必须把它们放到另一个 div 中，然后使用浮动或者绝对定位的方法，使
content 和 side 并列起来。

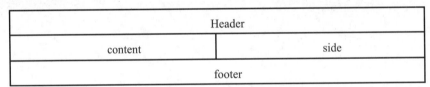

图 11-24　网页 1-2-1 型布局模式示意图

制作网页 1-2-1 型布局的操作步骤如下。

step 01 修改网页单列布局的结果代码。这一步用上小节完成的结果作为素材，在
HTML 中把 content 部分复制出一个新的，这个新的 ID 设置为 side，然后在它们的
外面套一个 div，命名为 container，修改部分的框架代码如下：

```
<div id="container">
<div id="content">
<div class="rounded">
<h2>正文1</h2>
<div class="main">
<p>
锄禾日当午，汗滴禾下土<br />
锄禾日当午，汗滴禾下土</p>
</div>
<div class="footer">
<p>
查看详细信息&gt;&gt;
</p>
</div>
```

```
</div>
</div>
<div id="side">
<div class="rounded">
<h2>正文 2</h2>
<div class="main">
<p>
锄禾日当午，汗滴禾下土<br />
锄禾日当午，汗滴禾下土</p>
</div>
<div class="footer">
<p>
查看详细信息&gt;&gt;
</p>
</div>
</div>
</div>
</div>
```

修改 CSS 样式代码如下：

```
#header,#pagefooter,#container{
margin:0 auto;
width:760px;}
#content{}
#side{}
```

从上述代码中可以看出，#container、#header、#pagefooter 并列使用相同的样式，#content、#side 的样式暂时先空着，这时的效果如图 11-25 所示。

step 02 实现正文 1 与正文 2 的并列排列，这里用两种方法来实现。首先使用绝对定位
法来实现，具体的代码如下：

```
#header,#pagefooter,#container{
margin:0 auto;
width:760px;}
#container{
position:relative; }
#content{
position:absolute;
top:0;
left:0;
width:500px;
}
#side{
margin:0 0 0 500px;
}
```

在上述代码中，为了使#content 能够使用绝对定位，必须考虑用哪个元素作为它的定位基准。显然应该是 container 这个 div。因此将#container 的 position 属性设置为 relative，使它成为下级元素的绝对定位基准，然后将#content 这个 div 的 position 设置为 absolute，即绝对定位，这样它就脱离了标准流，#side 就会向上移动占据原来#content 所在的位置。将#content 的宽度和#side 的左 margin 设置为相同的数值，就正好可以保证它们并列紧挨着放置，且不会相

互重叠。运行结果如图 11-26 所示。

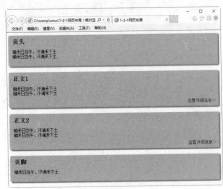
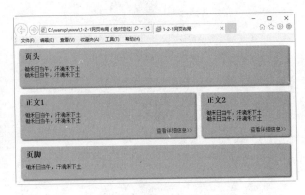

图 11-25　修改网页单列布局样式　　　　图 11-26　使用绝对定位的效果

step 03 使用浮动法实现正文 1 与正文 2 的并列排列。在 CSS 样式部分，稍作修改，加入以下样式代码：

```
#content{
float:left;
width:500px;
}
#side{
float:left;
width:260px;
}
```

运行结果如图 11-27 所示。

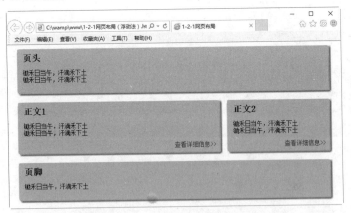

图 11-27　使用浮动定位的效果

提示　　使用浮动法修改正文布局模式非常灵活。例如，要将 side 从页面右边移动到左边，即交换与 content 的位置，只需要稍微修改一下 CSS 代码即可实现，代码如下：

```
#content{
float:right;
```

```
width:500px;
}
#side{ float:left;
width:260px;
}
```

11.4.3　案例 10——网页 1-3-1 型布局模式

网页 1-3-1 型布局模式也是网页制作中最常用的模式，模式结构如图 11-28 所示。

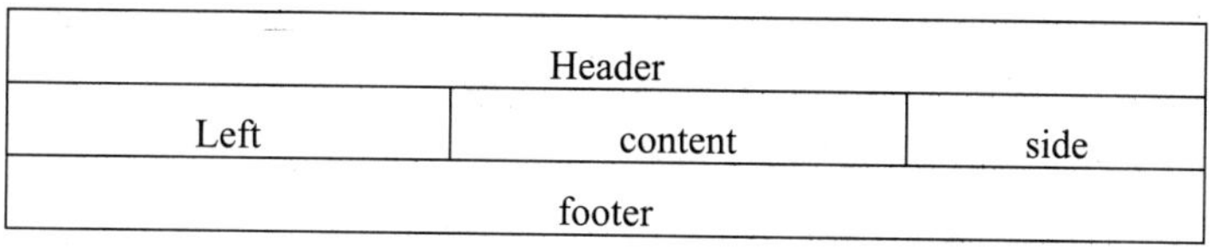

Header		
Left	content	side
footer		

图 11-28　网页 1-3-1 型布局模式示意图

这里使用浮动方式来排列横向并排的 3 栏，制作过程与"1-1-1"到"1-2-1"布局转换一样，只需控制好#left、#content、#side 这 3 栏都使用浮动方式，3 列的宽度之和正好等于总宽度。具体过程不再详述，制作完之后的代码如下：

```html
<!DOCTYPE html>
<head>
<title>1-3-1 固定宽度布局</title>
<style type="text/css">
body {
background: #FFF;
font: 14px 宋体;
margin:0;
padding:0;
}

.rounded {
  background: url(images/left-top.gif)   top left no-repeat;
  width:100%;
  }
.rounded h2 {
  background:
    url(images/right-top.gif)
  top right no-repeat;
  padding:20px 20px 10px;
  margin:0;

  }
.rounded .main {
  background:
    url(images/right.gif)
  top right repeat-y;
  padding:10px 20px;
   margin:-20px 0 0 0;
    }
.rounded .footer {
  background:
    url(images/left-bottom.gif)
  bottom left no-repeat;
  }
```

```
.rounded .footer p {
 color:red;
 text-align:right;
 background:url(images/right-bottom.gif) bottom right no-repeat;
 display:block;
 padding:10px 20px 20px;
 margin:-20px 0 0 0;
 font:0/0;
 }
#header,#pagefooter,#container{
 margin:0 auto;
 width:760px;}
 #left{
    float:left;
    width:200px;
    }

#content{
    float:left;
    width:300px;
    }
#side{
    float:left;
    width:260px;
    }

#pagefooter{
    clear:both;
}
</style>
</head>
<body>
 <div id="header">
    <div class="rounded">
        <h2>页头</h2>
        <div class="main">
        <p>
        锄禾日当午，汗滴禾下土<br/>
        锄禾日当午，汗滴禾下土</p>
        </div>
        <div class="footer">
        <p></p>
        </div>
    </div>
</div>

<div id="container">
<div id="left">
    <div class="rounded">
        <h2>正文</h2>
        <div class="main">
        <p>
        锄禾日当午，汗滴禾下土<br />
        锄禾日当午，汗滴禾下土
        </p>

        </div>
        <div class="footer">
        <p>
        查看详细信息&gt;&gt;
```

```html
            </p>
        </div>
    </div>
</div>
<div id="content">
    <div class="rounded">
        <h2>正文 1</h2>
        <div class="main">
        <p>
        锄禾日当午，汗滴禾下土<br />
        锄禾日当午，汗滴禾下土
        </p>

        </div>
        <div class="footer">
        <p>
        查看详细信息&gt;&gt;
        </p>
        </div>
    </div>
</div>
<div id="side">
    <div class="rounded">
        <h2>正文 2</h2>
        <div class="main">
        <p>
        锄禾日当午，汗滴禾下土<br />
        锄禾日当午，汗滴禾下土
        </p>
        </div>
        <div class="footer">
        <p>
        查看详细信息&gt;&gt;
        </p>
        </div>
    </div>
</div>
</div>
<div id="pagefooter">
    <div class="rounded">
        <h2>页脚</h2>
        <div class="main">
        <p>
        锄禾日当午，汗滴禾下土
        </p>
        </div>
        <div class="footer">
        <p>

        </p>
        </div>
    </div>
</div>
</body>
</html>
```

在 IE 11.0 浏览器中的浏览效果如图 11-29 所示。

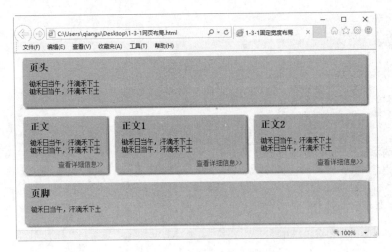

图 11-29　网页 1-3-1 型布局模式

11.5　综合案例——创建左右布局页面

一个美观大方的页面，必然是一个布局合理的页面。左右布局是网页中比较常见的一种方式，即根据信息种类不同，将信息分别在当前页面左右侧显示。本案例将利用前面学过的知识，创建一个左右布局的页面。

具体操作步骤如下。

step 01　分析需求。

首先需要将整个页面分为左右两个模块，左模块放置一类信息，右模块放置一类信息。可以设定其宽度和高度。

step 02　创建 HTML 页面，实现基本列表。

创建 HTML 页面，同时用 Div 在页面中划分左边 Div 层和右边 Div 层两个区域，并且将信息放入相应的 Div 层中，注意 Div 层内引用 CSS 样式名称。

```
<!DOCTYPE html>
<html>
<head>
<title>布局</title>
</head>
<body>
<center>
<div class="big">
  <p class=pp>女性</p>
  <div class="left">
    <h1>女性</h1>
    <p> • 女性养生：让女性皮肤快衰老的 5 个原因 19:18 </p>
    <p> • 六类食物能有效对抗紫外线 11:15 </p>
    <p> • 打造夏美人 受 OL 追捧的清爽发型 10:05 </p>
    <p> • 美丽帮帮忙：别让大油脸吓跑男人 09:47 </p>
    <p> • 简约雪纺清凉衫 百元搭出欧美范儿 14:51 </p>
    <p> • 花边连衣裙超勾人 7 月穿搭出新意 11:04 </p>
  </div>
```

```
<div class="right">
    <h1>健康</h1>
    <p>·女性养生：让女人老得快的 10 个原因 19:18 </p>
    <p>·养生盘点：喝豆浆的九大好处和七大禁忌 09:14</p>
    <p>·养生警惕：14 个护肤心理"错"觉 19:57</p>
    <p>·柿子番茄骨汤 8 种营养师最爱的食物 15:16</p>
    <p>·夏季养生指南："夫妻菜"宜常吃 10:48 </p>
    <p>·10 条食疗养生方法，居家宅人的养生经 13:54 </p>
</div>
</div>
</center>
</body>
</html>
```

在 IE 11.0 浏览器中的浏览效果如图 11-30 所示，可以看到页面显示了两个模块，分别是"女性"和"健康"，二者上下排列。

step 03 添加 CSS 代码，修饰整体样式和 Div 层。

```
<style>
* {
    padding:0px;
    margin:0px;
}body {
    font:"宋体";
    font-size:18px;
}
.big{
    width:570px;
            height:210px;
            border:#C1C4CD 1px solid;
    }

</style>
```

在 IE 11.0 浏览器中的浏览效果如图 11-31 所示，可以看到页面比原来字体变小，并且大的 Div 显示了边框。

图 11-30　上下排列

图 11-31　修饰整体样式

step 04 添加 CSS 代码，设置两个层左右并列显示。代码如下：

```
.left{
```

```
    width:280px;
    float:right; //设置右边悬浮
    border:#C1C4CD 1px solid;
    }.right{
    width:280px;
    float:left;//设置左边悬浮
    margin-left:6px;
    border:#C1C4CD 1px solid;
    }
```

在 IE 11.0 浏览器中的浏览效果如图 11-32 所示，可以看到页面中文本信息左右并列显示，但字体没有发生变化。

step 05 添加 CSS 代码，定义文本样式。代码如下：

```
h1{
    font-size:14px;
    padding-left:10px;
    background-color:#CCCCCC;
    height:20px;
    line-height:20px;
    }p{
    margin:5px;
    line-height:18px;
        color:#2F17CD;
    }.pp{
        width:570px;
        text-align:left;
        height:20px;
        background-color:D5E7FD;
        position:relative;
        left:-3px;
        top:-3px;
        font-size:16px;
        text-decoration:underline;
}
```

在 IE 11.0 浏览器中的浏览效果如图 11-33 所示，可以看到页面中文本信息左右并列显示，其字体颜色为蓝色，行高为 18 像素。

图 11-32　设置左、右悬浮

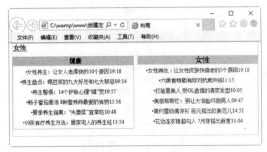

图 11-33　文本修饰样式

11.6 疑难解惑

疑问 1：自动缩放网页布局中网页框架百分比的关系是什么？

答： 框架中百分比的关系，对这个问题，初学者往往比较困惑，以 11.1.1 中样式做个说明，container 等外层 div 的宽度设置为 85%是相对浏览器窗口而言的比例；而后面 content 和 side 这两个内层 div 的比例是相对于外层 div 而言的。这里分别设置为 66%和 33%，二者相加为 99%，而不是 100%，这是为了避免由于舍入误差造成总宽度大于它们容器的宽度，而使某个 div 被挤到下一行中，如果希望精确，写成 99%也可以。

疑问 2：Div 层高度设置好还是不设置好？

答： 在 IE 浏览器中，如果设置了高度值，但是内容很多，会超出所设置的高度，这时浏览器就会自己撑开高度，以达到显示全部内容的效果，不受所设置的高度值限制。而在 Firefox 浏览器中，如果设置了高度值，那么容器的高度就会被固定住，就算内容再多，也不会被撑开，但还会显示全部内容，只是如果容器下面还有内容的话，那么这一块就会与下一块内容重合。

这个问题的解决办法就是，不要设置高度值，这样浏览器就会根据内容自动判断高度，也不会出现内容重合的现象。

第 3 篇

动态网站开发

第 12 章

动态网站开发语言基础——认识 PHP 语言

要想自己动手建立网站，掌握一门网页编程语言是必需的。众所周知，无论多么绚丽的网页，都要由语言编程去实现。本章主要介绍 PHP 语言网页编程常用知识点。

12.1 PHP 基本知识

PHP(Personal Home Page)是一种创建动态交互性站点的强有力的服务器端脚本语言，且是免费的，因此使用广泛。

12.1.1 PHP 的概念

PHP 是一种在服务器端执行的嵌入 HTML 文档的脚本语言，语言风格类似于 C 语言，被广泛运用于动态网站的制作中。PHP 语言借鉴了 C 和 Java 等语言的部分语法，并有自己的特性，使 Web 开发者能够快速地编写动态生成页面的脚本。对于初学者而言，PHP 的优势是可以快速入门。

与其他的编程语言相比，PHP 是将程序嵌入到 HTML 文档中去执行，执行效率比完全生成 HTML 标记的方式要高许多。PHP 还可以执行编译后的代码，编译可以达到加密和优化代码运行的作用，使代码运行得更快。另外，PHP 具有非常强大的功能，所有的 CGI 的功能 PHP 都能实现，而且支持几乎所有流行的数据库以及操作系统。最重要的是，PHP 还可以用 C、C++进行程序的扩展。

12.1.2 PHP 语言的优势

PHP 能够迅速发展，并得到广大使用者的喜爱，主要原因是 PHP 不仅有一般脚本所具有的功能，而且还有其自身的优势。具体特点如下。

(1) 源代码完全开放。所有的 PHP 源代码事实上都可以得到。读者可以通过 Internet 获得需要的源代码，快速修改利用。

(2) 完全免费。和其他技术相比，PHP 本身是免费的。读者使用 PHP 进行 Web 开发无须支付任何费用。

(3) 语法结构简单。因为 PHP 结合了 C 语言和 Perl 语言的特色，编写简单，方便易懂。可以被嵌入于 HTML 语言，它相对于其他语言，编辑简单，实用性强，更适合初学者。

(4) 跨平台性强。由于 PHP 是运行在服务器端的脚本，可以运行在 UNIX、Linux、Windows 下。

(5) 效率高。PHP 消耗相当少的系统资源，并且程序开发快、运行快。

(6) 强大的数据库支持。支持目前所有的主流和非主流数据库，使 PHP 的应用对象非常广泛。

(7) 面向对象。从 PHP5.5 开始，面向对象方面都有了很大的改进，现在 PHP 完全可以用来开发大型商业程序。

12.2 PHP 中的数据类型

从 PHP4 开始，PHP 中的数据类型不再需要事先声明，不同的数据类型其实就是所储存数据的不同种类，PHP 的数据类型主要包括字符串、整数、浮点数、逻辑、数组、对象、NULL。

12.2.1 整型

整型(integers)是数据类型中最基本的类型。在现有的 32 位运算器的情况下，整型的取值是从-2147483648 到+2147483647 之间。整型可以表示为十进制、十六进制和八进制。使用 PHP var_dump()会返回变量的数据类型和值。

例如：

```
3560     //十进制整数
01223    //八进制整数
0x1223   //十六进制整数
```

12.2.2 浮点型

浮点型(floating-point)表示实数。在大多数运行平台下，这个数据类型的大小为 8 字节。它的近似取值范围是 2.2E-308～1.8E+308(科学记数法)。

例如：

```
-1.432
1E+07
0.0
```

12.2.3 布尔值

布尔值(boolean)只有两个值，即 true 和 false。布尔值是十分有用的数据类型，通过它，程序实现了逻辑判断的功能。

而对于其他的数据类型，基本都有布尔属性。

(1) 整型，为 0 时，其布尔属性为 false；为非零值时，其布尔属性为 true。

(2) 浮点型，为 0.0 时，其布尔属性为 false；为非零值时，其布尔属性为 true。

(3) 字符串型，空字符串""，或者零字符串"0"时，为 false；包含除此以外的字符串时为 true。

(4) 数组型，若不含任何元素，为 false；只要包含元素，则为 true。

(5) 对象型，资源型，永远为 true。

(6) 空型，则永远为 false。

12.2.4 字符串型

字符串型的数据是表示在引号之间的。引号分为""(双引号)和' '(单引号)。这两种引号都可以表示字符串，但是这两种表示也有一定区别。双引号几乎可以包含所有的字符，但是在其中的变量显示的是变量的值，而不是变量的变量名。单引号内的字符是被直接表示出来的。

下面通过一个案例，来讲述上面几种数据类型的使用方法和技巧。

【例12-1】 常用数据类型的使用方法(实例文件为ch12\12.1.php)。

```
<HTML>
<HEAD>
    <TITLE>变量的类型</TITLE>
</HEAD>
<BODY>
<?php
  $int1= 2012;
  $int2= 01223;                    //八进制整数
  $int3=0x1223;                    //十六进制整数
  echo "输出整数类型的值：";
  echo $int1;
  echo "\t";                       //输出一个制表符
  echo $int2;                      //输出659
  echo "\t";
  echo $int3;                      //输出4643
  echo "<br>";
  $float1=54.66;
  echo $float1;                    //输出54.66
  echo "<br>";
  echo "输出布尔型变量：";
  echo (Boolean)( $int1);
    //将int1整型转化为布尔变量
  echo "<br>";
  $string1="字符串类型的变量";
  echo $string1;
?>
</BODY>
</HTML>
```

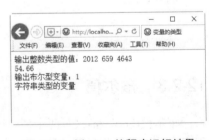

图12-1 例12-1的程序运行结果

本程序运行结果如图12-1所示。

12.2.5 数组型

数组是 PHP 变量的集合，它是按照"键值"与"值"对应的关系组织数据的，数组的键值可以是整数也可以是字符串。默认情况下，数组元素的键值为从零开始的整数。

在 PHP 中，使用 list()函数或 array()函数来创建数组，也可以直接进行赋值。

【例12-2】使用 array()函数创建数组(实例文件为ch12\12.2.php)。

```
<HTML>
<HEAD>
    <TITLE>数组变量</TITLE>
```

```
</HEAD>
<BODY>
 <?php
  $arr=array(15,1E+05,"秋风吹不尽，总是玉关情。");
  for ($i=0;$i<3;$i++)
    {
      echo "$arr[$i]<br>";
    }
?>
</BODY>
</HTML>
```

本程序运行结果如图 12-2 所示。从上述代码中可
以看出本程序采用 for 循环语句输出整个数组，echo()函
数返回当前数组指针的索引值。

图 12-2 例 12-2 的程序运行结果

12.2.6 对象型

对象是存储数据和有关如何处理数据信息的数据类型。在 PHP 中，必须明确地声明对
象，首先必须声明对象的类，声明应使用 class 关键词，类是包含属性和方法的结构；然后在
对象类中定义数据类型，这样就可以在该类的实例中使用此数据类型了。

12.2.7 NULL 型

Null 类型是仅拥有 NULL 这一个值的类型。这个类型是用来标记一个变量为空的。一个
空字符串与一个 NULL 是不同的。在数据库存储时会把空字符串和 NULL 区分开处理。
NULL 型在布尔判断时永远为 false。很多情况下，在声明一个变量的时候可以直接先赋值为
Null(空)型，如$value = NULL。

12.2.8 数据类型转换

数据从一个类型转换到另一个类型，就是数据类型转换。在 PHP 语言中，有两种常见的
转换方式，即自动数据类型转换和强制数据类型转换。

1. 自动数据类型转换

这种转换方法最为常用，直接输入数据的转换类型即可。例如，Float 型转换为整数 Int
型，小数点后面的数将被舍弃。如果 Float 数超过了整数的取值范围，则结果可能是 0 或者整
数的最小负数。

【例 12-3】自动数据类型转换(实例文件为 ch12\12.3.php)。

```
<HTML>
<HEAD>
    <TITLE>自动数据类型转换</TITLE>
</HEAD>
<BODY>
 <?php
```

```
    $flo1=1.86;
    echo (int)$flo1."<br>";
    $flo2=4E32; //超过整数取值范围
    echo(int)$flo2;
 ?>
</BODY>
</HTML>
```

本程序运行结果如图 12-3 所示。

图 12-3　例 12-3 的程序运行结果

2. 强制数据类型转换

在 PHP 中，可以使用 setType()函数强制转换数据类型。基本语法格式如下：

```
Bool setType(var,string type)
```

【例 12-4】强制数据类型转换(实例文件为 ch12\12.4.php)。

```
<HTML>
<HEAD>
    <TITLE>强制数据类型转换</TITLE>
</HEAD>
<BODY>
  <?php
    $flo1=1.86;
    echo setType($flo1,"int");
    ?>
</BODY>
</HTML>
```

图 12-4　例 12-4 的程序运行结果

本程序运行结果如图 12-4 所示。

12.3　PHP 中的常量与变量

在 PHP 中，常量是一旦声明就无法改变的值。变量像是一个贴有名字标签的空盒子。不同的变量类型对应不同种类的数据，就像不同种类的东西要放入不同种类的盒子。

12.3.1　案例 1——声明和使用常量

PHP 通过 define()函数来声明常量。格式如下：

```
define("常量名", 常量值);
```

常量名是一个字符串，通常在 PHP 编码规范的指导下使用大写的英文字符表示，如 CLASS_NAME、MYAGE 等。

常量值可以是很多种 PHP 的数据类型，可以是数组，也可以是对象，当然还可以是字符和数字。

【例 12-5】声明与使用常量(实例文件为 ch12\12.5.php)。

```
<HTML>
<HEAD>
```

```
    <TITLE>自定义变量</TITLE>
</HEAD>
<BODY>
<?php
    define("HUANY","花间一壶酒，独酌无相亲。 举杯邀明月，对影成三人。 月既不解饮，影徒随
我身。 暂伴月将影，行乐须及春。 我歌月徘徊，我舞影零乱。 醒时同交欢，醉后各分散。  永结无情
游，相期邀云汉。");
    echo HUANY;
?>
</BODY>
</HTML>
```

本程序运行结果如图 12-5 所示。

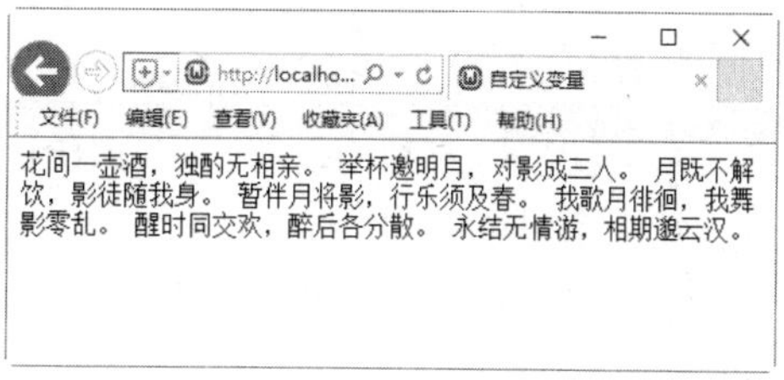

注
意   常量只能储存布尔型、整型、浮点
型和字符串数据。

图 12-5　例 12-5 的程序运行结果

12.3.2　案例 2——声明与使用变量

PHP 中的变量一般以 "$" 作为前缀，然后以字母 a～z 的大小写或者 "_" 下画线开头。
这是变量的一般表示。

合法的变量名可以是：

```
$hello
$Aform1
$_formhandler (类似见过的$_POST 等)
```

非法的变量名如：

```
$168
$!like
```

一般的变量表示很容易理解，但是有两个变量表示概念则容易混淆，这就是可变变量和
变量的引用。下面通过例子对它们进行学习。

【例 12-6】声明与使用变量(实例文件为 ch12\12.6.php)。

```
<HTML>
<HEAD>
    <TITLE>系统变量</TITLE>
</HEAD>
<BODY>
<?php
 $value0 = "guest";
 $$value0 = "customer";
 echo $guest."<br />";
 $guest = "feifei";
 echo $guest."\t".$$value0."<br />";
 $value1 = "xiaoming";
 $value2 = &$value1;
 echo $value1."\t".$value2."<br />";
 $value2 = "lili";
 echo $value1."\t".$value2;
```

```
?>
</BODY>
</HTML>
```

本程序运行结果如图12-6所示。

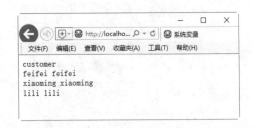

```
customer
feifei feifei
xiaoming xiaoming
lili lili
```

图 12-6　例 12-6 的程序运行结果

12.3.3　案例3——变量的作用域

变量作用域(variable scope)，是指特定变量在代码中可以被访问到的位置。在 PHP 中有 6 种基本的变量作用域法则。

(1) 内置超全局变量(Built-in superglobal variables)，在代码中的任意位置都可以访问得到。

(2) 常数(constants)，一旦声明，它就是全局性的，可以在函数内外使用。

(3) 全局变量(global variables)，在代码间声明，可在代码间访问，但是不能在函数内访问。

(4) 在函数中声明为全局变量的变量，就是同名的全局变量。

(5) 在函数中创建和声明为静态变量的变量，在函数外是无法访问的。但是这个静态变量的值是可以保留的。

(6) 在函数中创建和声明的局部变量，在函数外是无法访问的，并且在本函数终止时退出。

1. 全局变量

全局变量其实就是在函数外声明的变量，在代码间都可以访问，但是在函数内是不能访问的，这是因为函数默认就不能访问在其外部的全局变量，以下案例介绍全局变量的使用方法和技巧。

【例 12-7】全局变量的使用(实例文件为 ch12\12.7.php)。

```
<HTML>
<HEAD>
    <TITLE>全局变量</TITLE>
</HEAD>
<BODY>
<?php
  $room = 20;
  function showrooms(){
      echo $room;
  }
  showrooms();
  echo $room.'间房间。';
?>
</BODY>
</HTML>
```

本程序运行结果如图 12-7 所示。

2. 静态变量

静态变量只是在函数内存在，函数外无法访问。但是执行后，其值保留。也就是说，这一次执行完毕后，这个静态变量的值保留，下一次再执行此函数，这个值还可以调用。

通过下面的实例介绍静态变量的使用方法和技巧。

【例 12-8】静态变量的使用(实例文件为 ch12\12.8.php)。

```
<HTML>
<HEAD>
    <TITLE>静态变量</TITLE>
</HEAD>
<BODY>
<?php
  $person = 20;
  function showpeople(){
    static $person = 5;
   $person++;
    echo '此时静态变量的值为： '.$person.' <br />';
  }
  showpeople();
  echo $person.' 为变量的值<br />';
  showpeople();
?>
</BODY>
</HTML>
```

本程序运行结果如图 12-8 所示。

图 12-7 例 12-7 的程序运行结果   图 12-8 例 12-8 的程序运行结果

12.4 PHP 中的运算符

PHP 包含 3 种类型的运算符，即一元运算符、二元运算符和三元运算符。一元运算符用在一个操作数之前，二元运算符用在两个操作数之间，三元运算符是作用在 3 个操作数之间。

12.4.1 案例 4——算术运算符

算术运算符是最简单，也是最常用的运算符。常见的算术运算符如表 12-1 所示。

表 12-1　算术运算符

运 算 符	名 称
+	加法运算
−	减法运算
*	乘法运算
/	除法运算
%	取余法运算
++	累加运算
−−	累减运算

【例 12-9】算术运算符的使用(实例文件为 ch12\12.9.php)。

```
<HTML>
<HEAD>
    <TITLE>算术运算符</TITLE>
</HEAD>
<BODY>
  <?php
   $a=13;
   $b=2;
   echo $a."+".$b."=";
   echo $a+$b."<br>";
   echo $a."-".$b."=";
   echo $a-$b."<br>";
   echo $a."*".$b."=";
   echo $a*$b."<br>";
   echo $a."/".$b."=";
   echo $a/$b."<br>";
   echo $a."%".$b."=";
   echo $a%$b."<br>";
   echo $a."++"."=";
   echo $a++."<br>";
   echo $a."--"."=";
   echo $a--."<br>";
   ?>
</BODY>
</HTML>
```

图 12-9　例 12-9 的程序运行结果

本程序运行结果如图 12-9 所示。

12.4.2　案例 5——字符串运算符

字符串运算符是把两个字符串连接起来变成一个字符串的运算符。使用 "." 来完成。如果变量是整型或浮点型，PHP 也会自动把它们转换为字符串输出。

【例 12-10】字符串运算符的使用(实例文件为 ch12\12.10.php)。

```
<HTML>
<HEAD>
    <TITLE>字符串运算符</TITLE>
</HEAD>
<BODY>
  <?php
   $a = "把两个字符串";
```

```
    $b = 10.25;
    echo $a."连接起来，".$b."天。";
  ?>
</BODY>
</HTML>
```

本程序运行结果如图 12-10 所示。

把两个字符串连接起来，10.25天。

图 12-10　例 12-10 的程序运行结果

12.4.3　案例 6——赋值运算符

赋值运算符的作用是把一定的数据值加载给特定变量。赋值运算符的具体含义如表 12-2 所示。

表 12-2　赋值运算符

运 算 符	名 称
=	将右边的值赋值给左边的变量
+=	将左边的值加上右边的值赋给左边的变量
-=	将左边的值减去右边的值赋给左边的变量
*=	将左边的值乘以右边的值赋给左边的变量
/=	将左边的值除以右边的值赋给左边的变量
.=	将左边的字符串连接到右边
%=	将左边的值对右边的值取余数赋给左边的变量

例如，$a-=$b 等价于$a=$a-$b，其他赋值运算符与之类似。从表 12-2 可以看出，赋值运算符可以使程序更加简练，从而提高执行效率。

12.4.4　案例 7——比较运算符

比较运算符用来比较其两端数据值的大小。比较运算符的具体含义如表 12-3 所示。

表 12-3　比较运算符

运 算 符	名 称
==	相等
!=	不相等
>	大于
<	小于
>=	大于等于
<=	小于等于
===	精确等于(类型)
!==	不精确等于

其中，===和!==需要特别注意。$b===$c 表示$b 和$c 不只是数值上相等，而且两者的类

型也一样；$b!==$c 表示$b 和$c 有可能是数值不等，也可能是类型不同。

【例 12-11】比较运算符的使用(实例文件为 ch12\12.11.php)。

```
<HTML>
<HEAD>
    <TITLE>使用比较运算符</TITLE>
</HEAD>
<BODY>
<?PHP
$value="15";
echo "\$value = \"$value\"";
echo "$value==15: ";
var dump($value==15);
    //结果为:bool(true)
echo "\$value==true: ";
var dump($value==true);
    //结果为:bool(true)
echo "\$value!=null: ";
var dump($value!=null);
    //结果为:bool(true)
echo "\$value==false: ";
var dump($value==false);
    //结果为:bool(false)
echo "\$value === 15: ";
var dump($value===15);
    //结果为:bool(false)
echo "\$value===true: ";
var dump($value===true);
    //结果为:bool(true)
echo "(10/2.0 !== 5): ";
var dump(10/2.0 !==5);
    //结果为:bool(true)
?>
</BODY>
<HTML>
```

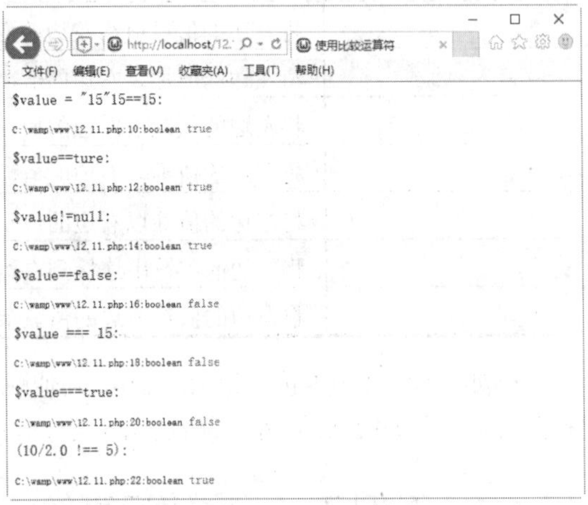

图 12-11 例 12-11 的程序运行结果

本程序运行结果如图 12-11 所示。

12.4.5 案例 8——递增递减运算符

PHP 支持 C 风格的前/后递增与递减运算符，递增/递减运算符不影响布尔值。递减 NULL 值没有效果，但是递增 NULL 值的结果是 1。递增递减运算符的具体含义如表 12-4 所示。

表 12-4 递增递减运算符

运 算 符	名　称	描　　述
++$x	前递增	$x 加 1 递增，然后返回$x
$x++	后递增	返回$x，然后$x 加 1 递增
--$x	前递减	$x 减 1 递减，然后返回$x
$x--	后递减	返回$x，然后$x 减 1 递减

12.4.6 案例 9——数组运算符

PHP 数组运算符用于比较数组，数组运算符的具体含义如表 12-5 所示。

表 12-5 数组运算符

运 算 符	名称	例 子	结 果
+	联合	$x+$y	$x 和$y 的联合(但不覆盖重复的键)
==	相等	$x==$y	如果$x 和$y 拥有相同的键/值对，则返回 true
===	全等	$x===$y	如果$x 和$y 拥有相同的键/值对，且顺序相同类型相同，则返回 true
!=	不相等	$x!=$y	如果$x 不等于$y，则返回 true
<>	不相等	$x<>$y	如果$x 不等于$y，则返回 true
!==	不全等	$x!==$y	如果$x 与$y 完全不同，则返回 true

12.4.7 案例 10——逻辑运算符

一个编程语言最重要的功能之一就是要进行逻辑判断和运算，如逻辑和、逻辑或、逻辑否都由这些逻辑运算符控制。逻辑运算符的含义如表 12-6 所示。

表 12-6 逻辑运算符

运 算 符	名 称
&&	逻辑和
AND	逻辑和
‖	逻辑或
OR	逻辑或
!	逻辑否
NOT	逻辑否

12.5 PHP 中常用的控制语句

PHP 中的控制语句主要包括条件语句、循环语句等，其中条件控制语句又可以分为多种条件语句，如 If 语句、switch 语句等；循环语句包括 while 循环、do…while 循环和 for 循环等。

12.5.1 案例 11——if 语句

if 语句是最为常见的条件控制语句。它的格式如下：

```
if(条件判断语句){
        命令执行语句;
}
```

这种形式只是对一个条件进行判断。如果条件成立，则执行命令语句；否则不执行。

【例 12-12】if 语句的使用(实例文件为 ch12\12.12.php)。

```
<HTML>
<HEAD>
<meta http-equiv="Content-Type" content="text/html; charset=gb2312" />
<TITLE>if 语句的使用</TITLE>
</HEAD>
<BODY>
<?php
    $num = rand(1,100);              //使用 rand()函数生成一个随机数
    if ($num % 2 != 0){              //判断变量$num 是否为奇数
        echo "\$num = $num";         //如果为奇数，输出表达式和说明文字
        echo "<br>$num 是奇数。";
    }
?>
</BODY>
</HTML>
```

程序运行后刷新页面，结果如图 12-12 所示。

图 12-12　例 12-12 的程序运行结果

12.5.2　案例 12——if…else 语句

如果是非此即彼的条件判断，可以使用 if…else 语句。它的格式如下：

```
if(条件判断语句){
      命令执行语句 A;
}else{
      命令执行语句 B;
}
```

这种结构形式首先判断条件是否为真，如果为真，则执行命令语句 A；否则执行命令语句 B。

【例 12-13】if…else 语句的使用(实例文件为 ch12\12.13.php)。

```
<HTML>
<HEAD>
<meta http-equiv="Content-Type" content="text/html; charset=gb2312" />
<TITLE>if…else 语句的使用</TITLE>
</HEAD>
<BODY>
<?php
$d=date("D");
if ($d=="Fri")
  echo "今天是周五哦!";
else
  echo "可惜今天不是周五!";
?>
</BODY>
```

```
</HTML>
```

程序运行后结果如图 12-13 所示。

12.5.3　案例 13——else if 语句

在条件控制结构中，有时会出现多于两种的选择，此时可以使用 else if 语句。它的语法格式如下：

图 12-13　例 12-13 的程序运行结果

```
    if(条件判断语句){
        命令执行语句；
    }else if(条件判断语句){
        命令执行语句；
    }…
    else{
        命令执行语句；
    }…
```

【例 12-14】else if 语句的使用(实例文件为 ch12\12.14.php)。

```
<HTML>
<HEAD>
<meta http-equiv="Content-Type" content="text/html; charset=gb2312" />
<TITLE>else if 语句的使用</TITLE>
</HEAD>
<BODY>
<?php
    $score = 85;                              //设置成绩变量$score
    if ($score >= 0 and $score <= 60){       //判断成绩变量是否在0～60
        echo "您的成绩为差";                   //如果是，说明成绩为差
    }else if($score > 60 and $score <= 80){  //否则判断成绩变量是否在61～80
        echo "您的成绩为中等";                 //如果是，说明成绩为中等
    }else{                                    //如果两个判断都是false，则输出默认值
        echo "您的成绩为优等";                 //说明成绩为优等
    }
?>
</BODY>
</HTML>
```

运行后结果如图 12-14 所示。

图 12-14　例 12-14 的程序运行结果

12.5.4　案例14——switch 语句

switch 语句的结构是给出不同情况下可能执行的程序块，条件满足哪个程序块，就执行哪个。它的语法格式如下：

```
switch(条件判断语句){
        case 可能判断结果a:
               命令执行语句;
        break;
         case 可能判断结果b:
               命令执行语句;
        break;
        …
        default:
             命令执行语句;
}
```

其中，若"条件判断语句"的结果符合哪个"可能判断结果"，就执行其对应的"命令执行语句"。如果都不符合，则执行 default 对应的默认项"命令执行语句"。

【例 12-15】switch 语句的使用(实例文件为 ch12\12.15.php)。

```php
<HTML>
<HEAD>
<meta http-equiv="Content-Type" content="text/html; charset=gb2312" />
<TITLE>switch 语句的使用</TITLE>
</HEAD>
<BODY>
<?php
    $x=5;
    switch ($x)
    {
    case 1:
      echo "数值为 1";
      break;
    case 2:
      echo "数值为 2";
      break;
    case 3:
      echo "数值为 3";
      break;
    case 4:
      echo "数值为 4";
      break;
    case 5:
      echo "数值为 5";
      break;
    default:
      echo "数值不在 1 到 5 之间";
    }
?>
```

```
</BODY>
</HTML>
```

程序运行后结果如图 12-15 所示。

图 12-15　例 12-15 的程序运行结果

12.5.5　案例 15——while 循环语句

while 循环的结构如下：

```
while (条件判断语句){
    命令执行语句;
}
```

其中，当"条件判断语句"为 true 时，执行后面的"命令执行语句"，然后返回到条件表达式继续进行判断，直到表达式的值为假，才能跳出循环，执行后面的语句。

【例 12-16】while 语句的使用(实例文件为 ch12\12.16.php)。

```
<HTML>
<HEAD>
<meta http-equiv="Content-Type" content="text/html; charset=gb2312" />
<TITLE>while 语句的使用</TITLE>
</HEAD>
<BODY>
<?php
    $num = 1;
    $str = "20 以内的奇数为: ";
    while($num <=20){
        if($num % 2!= 0){
            $str .= $num." ";
        }
        $num++;
    }
    echo $str;
?>
</BODY>
</HTML>
```

运行后结果如图 12-16 所示。

本实例主要实现 20 以内的奇数输出。从 1～20
依次判断是否为奇数，如果是，则输出；如果不
是，则继续下一次的循环。

图 12-16　例 12-16 的程序运行结果

12.5.6 案例16——do…while 循环语句

do…while 循环的结构如下：

```
do{
    命令执行语句；
}while(条件判断语句)
```

其中，先执行 do 后面的"命令执行语句"，其中的变量会随着命令的执行发生变化。当此变量通过 while 后的"条件判断语句"判断为 false 时，停止执行"命令执行语句"。

【例 12-17】do…while 语句的使用(实例文件为 ch12\12.17.php)。

```
<HTML>
<HEAD>
<meta http-equiv="Content-Type" content="text/html; charset=gb2312" />
<TITLE>do…while 语句的使用</TITLE>
</HEAD>
<BODY>
<?php
    $aa = 0;                              //声明一个整数变量$aa
    while($aa != 0){                      //使用 while 循环输出
        echo "不会被执行的内容";          //这句话不会被输出
    }
    do{                                   //使用 do…while 循环输出
        echo "被执行的内容";              //这句话会被输出
    }while($aa != 0);
?>
</BODY>
</HTML>
```

运行后结果如图 12-17 所示。从结果可以看出，while 语句和 do…while 语句有很大的区别。

图 12-17　例 12-17 的程序运行结果

12.5.7 案例17——for 循环语句

for 循环的结构如下：

```
for(expr1;expr2;expr3)
{
执行命令语句；
}
```

其中，expr1 为条件的初始值，expr2 为判断的最终值，通常都是用比较表达式或逻辑表达式充当判断的条件，执行完命令语句后，再执行 expr3。

【例 12-18】for 循环语句的使用(实例文件为 ch12\12.18.php)。

```
<HTML>
<HEAD>
<meta http-equiv="Content-Type" content="text/html; charset=gb2312" />
<TITLE> for 循环语句的使用</TITLE>
</HEAD>
<BODY>
    <?php
    for($i=0;$i<4;$i++){
        echo "for 语句的功能非常强大<br>";
    }
    ?>
</BODY>
</HTML>
```

运行结果如图 12-18 所示。从效果图可以看出，语句被执行了 4 次。

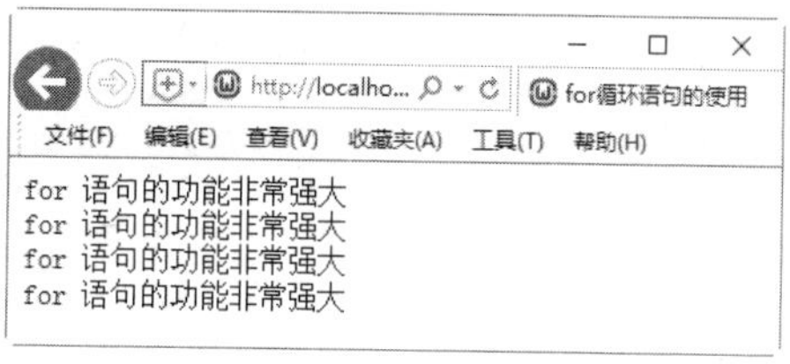

图 12-18　例 12-18 的程序运行结果

12.6　PHP 函数概述

函数的英文为 function，这个词也是功能的意思。顾名思义，使用函数就是要在编程过程中实现一定的功能，也即通过一定的代码块来实现一定的功能。比如，通过一定的功能记录下酒店客人的个人信息，每到他生日的时候自动给他发送祝贺 E-mail。并且这个发信功能可以重用，可以改在某个客户的结婚纪念日时给他发送祝福 E-mail。所以函数就是实现一定功能的一段特定的代码。

12.6.1　案例 18——自定义和调用函数

其实在前面的实例中早已用过函数。define()函数就是定义一个常量。如果现在再写一个程序，则同样可以调用 define()函数。

其实，更多的情况下，程序员面对的是自定义函数。其结构如下：

```
function name_of function( param1,param2,… ){
    statement
}
```

其中，name_of_function 是函数名，param1、param2 是参数，statement 是函数的具体内容。

下面以自定义和调用函数为例进行讲解。

【例 12-19】自定义和调用函数(实例文件为 ch12\12.19.php)。

```
<HTML>
<HEAD><meta http-equiv="Content-Type" content="text/html; charset=gb2312"
/>
<TITLE>自定义和调用函数</TITLE>
</HEAD>
```

```
<BODY>
<?php
 function sayhello($customer){
        return $customer."。乡村四月闲人少，才了蚕桑又插田。";
 }
 echo sayhello('绿遍山原白满川，子规声里雨如烟。');
?>
</BODY>
</HTML>
```

本程序运行结果如图 12-19 所示。

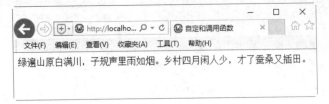

图 12-19　例 12-19 的程序运行结果

12.6.2　实例 19——向函数传递参数数值

由于函数是一段封闭的程序，很多时候，程序员都需要向函数内传递一些数据来进行操作。

```
function 函数名称(参数1,参数2){
        算法描述,其中使用参数1和参数2;
}
```

下面以酒店房间住宿费总价为例进行讲解。

【例 12-20】向函数传递参数数值(实例文件为 ch12\12.20.php)。

```
<HTML>
<HEAD><meta http-equiv="Content-Type" content="text/html; charset=gb2312"
/>
<TITLE>向函数传递参数数值</TITLE>
</HEAD>
<BODY>
<?php
 function totalneedtopay($days,$roomprice){
        $totalcost = $days*$roomprice;
        "需要支付的总价:$totalcost"."元。";
 }
 $rentdays = 3;
 $roomprice = 168;
 totalneedtopay($rentdays,$roomprice);
 totalneedtopay(5,198);
?>
</BODY>
</HTML>
```

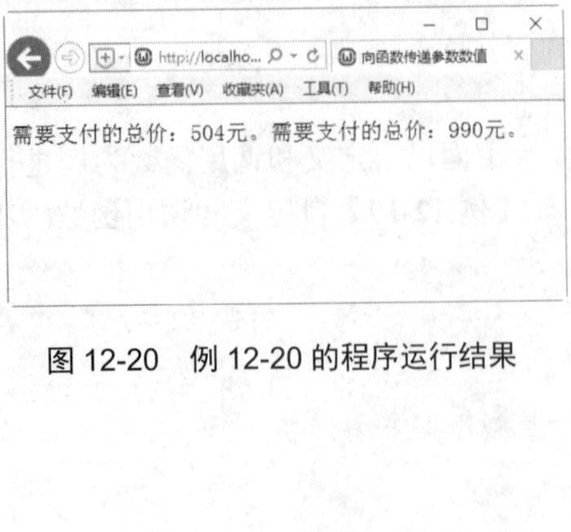

图 12-20　例 12-20 的程序运行结果

运行结果如图 12-20 所示。

12.6.3　实例 20——向函数传递参数引用

向函数传递参数引用，其实就是向函数传递变量引用。参数引用一定是变量引用，静态数值是没有引用一说的。由于在变量引用中已经知道，变量引用其实就是对变量名的使用，是对特定的一个变量位置的使用。

下面仍然以酒店服务费总价为例进行讲解。

【例 12-21】向函数传递参数引用(实例文件为 ch12\12.21.php)。

```
<HTML>
<HEAD><meta http-equiv="Content-Type" content="text/html; charset=gb2312"
/>
</HEAD>
<BODY>
<?php
  $fee = 300;
  $serviceprice = 50;
  function totalfee(&$fee,$serviceprice){
       $fee = $fee+$serviceprice;
        echo "需要支付的总价:$fee"."元。";
  }
  totalfee($fee,$serviceprice);
  totalfee($fee,$serviceprice);
?>
</BODY>
</HTML>
```

运行结果如图 12-21 所示。

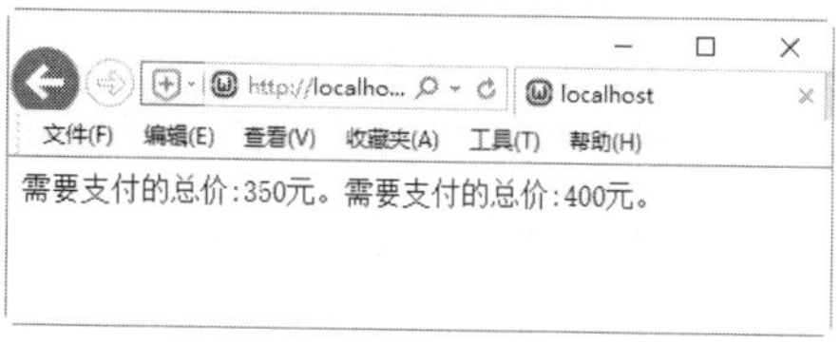

图 12-21　例 12-21 的程序运行结果

12.6.4　实例 21——从函数中返回值

以上的一些例子中，都是把函数运算完成的值直接打印出来。但是，很多情况下，程序并不需要直接把结果打印出来，而是仅仅给出结果，并且把结果传递给调用这个函数的程序，为其所用。

这里需要使用到 return 关键字。下面以综合酒店客房价格和服务价格为例进行讲解。

【例 12-22】从函数中返回值(实例文件为 ch12\12.22.php)。

```
<HTML>
<HEAD><meta http-equiv="Content-Type" content="text/html; charset=gb2312"
/>
</HEAD>
<BODY>
<?php
 function totalneedtopay($days,$roomprice){
       return $days*$roomprice;
 }
  $rentdays = 3;
  $roomprice = 168;
  echo  totalneedtopay($rentdays,$roomprice);
?>
</BODY>
</HTML>
```

运行结果如图 12-22 所示。

图 12-22　例 12-22 的程序运行结果

12.6.5 实例22——对函数的引用

不管是 PHP 中的内置函数，还是程序员在程序中的自定义函数，都可以直接简单地通过函数名调用。但是在操作过程中也有些不同，大致可分为以下 3 种情况。

(1) 如果是 PHP 的内置函数，如 date()，可以直接调用。

(2) 如果这个函数是 PHP 的某个库文件中的函数，则需要用 include()或 require()函数把此库文件加载，然后才能使用。

(3) 如果是自定义函数，若与引用程序同在一个文件中，则可直接引用。如果此函数不在当前文件内，则需要用 include()或 require()函数加载。

对函数的引用，实质上是对函数返回值的引用。

【例12-23】对函数的引用(实例文件为 ch12\12.23.php)。

```
<HTML>
<HEAD>
<meta http-equiv="Content-Type" content="text/html; charset=gb2312" />
<TITLE>对函数的引用</TITLE>
</HEAD>
<BODY>
<?php
function &example($aa=1){            //定义一个函数，别忘了加"&"符号
    return $aa;                     //返回参数$str
}
$bb= &example("请君试问东流水, 别意与之谁短长? ");   //声明一个函数的引用$str1;
echo $bb."<p>";
?>
</BODY>
</HTML>
```

运行结果如图 12-23 所示。

12.6.6 实例23——对函数取消引用

对于不需要引用的函数，可以做取消操作。取消引用函数使用 unset()函数来完成，目的是断开变量名和变量内容之间的绑定，此时并没有销毁变量内容。

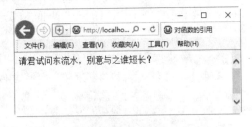

图 12-23　例 12-23 的程序运行结果

【例12-24】对函数取消引用(实例文件为 ch12\12.24.php)。

```
<HTML>
<HEAD>
<meta http-equiv="Content-Type" content="text/html; charset=gb2312" />
<TITLE>对函数取消引用</TITLE>
</HEAD>
<BODY>
<?php
    $num = 166;                      //声明一个整型变量
    $math = &$num;                   //声明一个对变量$num 的引用$math
```

```
    echo "\$math is:  ".$math."<br>";      //输出引用$math
    unset($math);                          //取消引用$math
    echo "\$math is:  ".$math."<br>";      //再次输出引用
    echo "\$num is:  ".$num;               //输出原变量
?>
</BODY>
</HTML>
```

运行结果如图 12-24 所示。

图 12-24　例 12-24 的程序运行结果

12.7　综合案例——创建酒店系统在线订房表

本实例主要创建酒店系统的在线订房表，其中需要创建两个 PHP 文件。具体创建步骤如下。

step 01 在网站主目录下建立文件 formstringhandler.php。输入以下代码并保存：

```
<!DOCTYPE html>
<HTML>
<HEAD><meta http-equiv="Content-Type" content="text/html; charset=gb2312"/>
您的订房信息: </HEAD>
<BODY>
<?php
$DOCUMENT_ROOT = $_SERVER['DOCUMENT_ROOT'];
$customername = trim($_POST['customername']);
$gender = $_POST['gender'];
$arrivaltime = $_POST['arrivaltime'];
$phone = trim($_POST['phone']);
$email = trim($_POST['email']);
$info = trim($_POST['info']);
if(!eregi('^[a-zA-Z0-9_\-\.]+@[a-zA-Z0-9\-]+\.[a-zA-Z0-9_\-\.]+
$',$email)){
    echo "这不是一个有效的email地址，请返回上页且重试";
  exit;
}
if(!eregi('^[0-9]$',$phone) and strlen($phone)<= 4 or strlen($phone)>=
15){
    echo "这不是一个有效的电话号码，请返回上页且重试";
  exit;
}
if( $gender == "m"){
  $customer = "先生";
```

275

```
}else{
   $customer = "女士";
}
echo '<p>您的订房信息已经上传，我们正在为您准备房间。 确认您的订房信息如下:</p>';
echo $customername."\t".$customer.' 将会在 '.$arrivaltime.' 天后到达。 您的电话
为'.$phone."。我们将会发送一封电子邮件到您的 email 邮箱:".$email."。<br /><br />另
外，我们已经确认了您其他的要求如下: <br /><br />";
echo nl2br($info);
echo "<p>您的订房时间为:".date('Y m d H: i: s')."</p>";
?>
</BODY>
</HTML>
```

step 02 在网站主目录下建立文件 form4string.html，输入以下代码并保存:

```
<!DOCTYPE html PUBLIC "-//W3C//DTD XHTML 1.0 Transitional//EN"
"http://www.w3.org/TR/xhtml1/DTD/xhtml1-transitional.dtd">
<HTML xmlns="http://www.w3.org/1999/xhtml">
<HEAD>
<meta http-equiv="Content-Type" content="text/html; charset=gb2312"/>
<h2>GoodHome 在线订房表。</h2>
</HEAD>
<BODY>
<form action="formstringhandler.php" method="post">
<table>
<tr bgcolor="#3399FF" >
   <td>客户姓名:</td>
   <td><input type="text" name="customername" size="20" /></td>
</tr>
<tr bgcolor="#CCCCCC" >
   <td>客户性别: </td>
   <td>
    <select name="gender">
      <option value="m">男</option>
      <option value="f">女</option>
      </select>
  </td>
</tr>
<tr bgcolor="#3399FF" >
   <td>到达时间:</td>
   <td>
    <select name="arrivaltime">
    <option value="1">一天后</option>
    <option value="2">两天后</option>
    <option value="3">三天后</option>
    <option value="4">四天后</option>
    <option value="5">五天后</option>
      </select>
  </td>
</tr>
<tr bgcolor="#CCCCCC" >
   <td>电话:</td>
   <td><input type="text" name="phone" size="20" /></td>
</tr>
<tr bgcolor="#3399FF" >
```

```
    <td>email:</td>
    <td><input type="text" name="email" size="30" /></td>
</tr>
<tr bgcolor="#CCCCCC" >
    <td>其他需求:</td>
    <td> <textarea name="info" rows="10" cols="30">    如果您有什么其他要求,请
        填在这里。</textarea>
    </td>
</tr>
<tr bgcolor="#666666" >
    <td align="center"><input type="submit" value="确认订房信息" /></td>
</tr>
</table>
</form>
</BODY>
</HTML>
```

step 03 运行 form4string.html,结果如图 12-25 所示。

step 04 填写表单。【客户姓名】为"王小明",【客户性别】为"男",【到达时间】为"三天后",【电话】为"13592××××77", email 为 wangxiaoming@hotmail.com,【其他需求】为"两壶开水,【Enter】一条白毛巾,【Enter】一个冰激凌"。单击【确认订房信息】按钮,浏览器会自动跳转至 formstringhandler.php 页面,显示结果如图 12-26 所示。

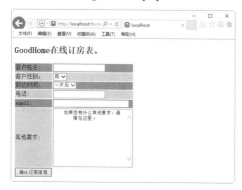

图 12-25　综合案例的程序运行结果(1)

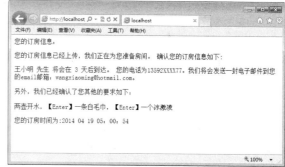

图 12-26　综合案例的程序运行结果(2)

【代码详解】

(1) $customername = trim($_POST['customername']);、$phone = trim($_POST['phone']);、$email = trim($_POST['email']);、$info = trim($_POST['info'])都是通过文本输入框直接输入的。所以,为了保证输入字符串的整洁,以方便处理,则需要使用 trim()来对字符串的前后空格进行清除。另外,也可使用 ltrim()清除左边的空格或用 rtrim()清除右边的空格。

(2) !eregi('^[a-zA-Z0-9_\-\.]+@[a-zA-Z0-9\-]+\.[a-zA-Z0-9_\-\.]+$',$email)中使用了正则表达式对输入的 email 文本进行判断。

(3) nl2br()对$info 变量中的"Enter"操作,也就是
操作符进行了处理。在有新行"\nl"操作的地方生成
。

(4) 由于要显示中文,需要对文字编码进行设置,charset=gb2312,就是简体中文的文字编码。

12.8　疑　难　解　惑

疑问 1：如何合理运用 include_once()和 require_once()？

答：include()和 require()函数在其他 PHP 语句执行之前运行，引入需要的语句并加以执行。但是每次运行包含此语句的 PHP 文件时，include()和 require()函数都要运行一次。include()和 require()函数如果在先前已经运行过，并且引入相同的文件，则系统就会重复引入这个文件，从而产生错误。而 include_once()和 require_once()函数只是在此次运行的过程中引入特定的文件或代码，但是在引入之前，会先检查所需文件或者代码是否已经引入，如果已经引入，将不再重复引入，从而避免造成冲突。

疑问 2：程序检查后正确，却显示 Notice: Undefined variable，这是为什么？

答：PHP 默认配置会报告这个错误，这就是将警告在页面上打印出来，虽然这有利于暴露问题，但现实使用中会存在很多问题。通用解决办法是修改 php.ini 的配置，需要修改的参数如下。

(1)　找到 error_reporting = E_ALL，修改为"error_reporting = E_ALL & ~E_NOTICE"。

(2)　找到 register_globals = Off，修改为"register_globals = On"。

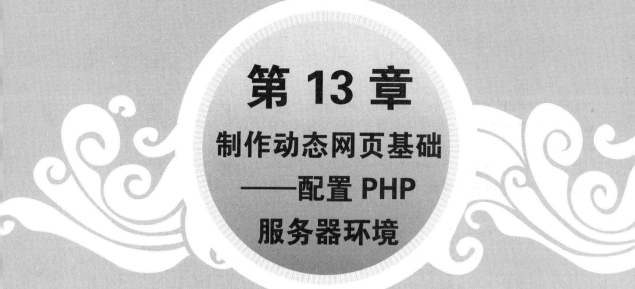

第 13 章
制作动态网页基础
——配置 PHP
服务器环境

　　在编写 PHP 文件之前，读者需要配置 PHP 服务器，包括软硬件环境的检查、如何获得 PHP 安装资源包等，本章详细讲解目前常见的主流 PHP 服务器搭配方案，即 PHP+IIS 和 PHP+Apache。另外，讲述了在 Windows 下如何使用 WampServer 组合包，最后通过一个测试案例，读者可以检查 Web 服务器建构是否成功。

13.1　PHP 服务器概述

在学习 PHP 服务器之前，读者需要了解 HTML 网页的运行原理。网页浏览者在客户端通过浏览器向服务器发出页面请求，服务器接收到请求后将页面返回到客户端的浏览器，这样网页浏览者即可看到页面显示效果。

PHP 语言在 Web 开发中作为嵌入式语言，需要嵌入 HTML 代码中执行。要想运行 PHP 网站，需要搭建 PHP 服务器。PHP 网站的运行原理如图 13-1 所示。

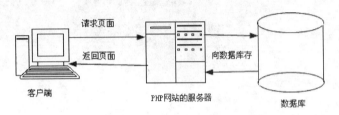

图 13-1　PHP 网站运行原理

从图 13-1 可以看出，PHP 程序运行的基本流程如下。

(1) 网页浏览者首先在浏览器的地址栏中输入要访问的主页地址，按 Enter 键触发该申请。

(2) 浏览器将申请发送到 PHP 网站服务器，网站服务器根据申请读取数据库中的页面。

(3) 通过 Web 服务器向客户端发送处理结果，客户端的浏览器显示最终页面。

由于在客户端显示的只是服务器端处理过的 HTML 代码页面，所以网页浏览者看不到 PHP 代码，这样可以提高代码的安全性。同时在客户端不需要配置 PHP 环境，只要安装浏览器即可。

13.2　安装 PHP 前的准备工作

在安装 PHP 之前，读者需要了解安装所需要的软硬件环境和获取 PHP 安装资源包的途径。

13.2.1　软硬件环境

大部分软件在安装的过程中都需要软硬件环境的支持，当然 PHP 也不例外。在硬件方面，如果只是为了学习上的需求，运行 PHP 只需要一台普通的计算机即可。在软件方面需要根据实际工作的需求选择不同的 Web 服务器软件。

PHP 具有跨平台特性，所以 PHP 开发用什么样的系统不太重要，开发出来的程序能够很轻松地移植到其他操作系统中。另外，PHP 开发平台支持目前主流的操作系统，包括 Windows 系列、Linux、UNIX 和 Mac OS X 等。本书以 Windows 平台为例进行讲解。

另外，用户还需要安装 Web 服务器软件。目前，PHP 支持大多数 Web 服务器软件，常见的有 IIS、Apache、PWS 和 Netscape 等。比较流行的是 IIS 和 Apache。

13.2.2 案例 1——获取 PHP 7.1 安装资源包

PHP 安装资源包中包括了安装和配置 PHP 服务器的所需文件和 PHP 扩展函数库。获取 PHP 安装资源包的方法比较多，很多网站都提供 PHP 安装包，但是建议读者从官方网站下载，具体操作步骤如下。

step 01 打开 IE 浏览器，在地址栏中输入下载地址 "http://windows.php.net/download"，按 Enter 键确认，登录到 PHP 下载网站，如图 13-2 所示。

step 02 进入下载页面，单击 Binaries and sources Releases 下拉列表框右侧的下三角按钮，在打开的下拉列表中选择合适的版本，这里选择 PHP 7.1 版本，如图 13-3 所示。

图 13-2 PHP 网站下载页面

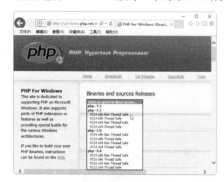
图 13-3 选择需要的版本

提示

在图 13-3 中，下拉列表中 VC11 代表的是 the Visual Studio 2012 compiler 编译器编译，通常用于 PHP+IIS 服务器下。要求用户安装 Visual C++ Redistributable for Visual Studio 2012。

step 03 显示所选版本号中 PHP 安装包的各种格式。这里选择 Zip 压缩格式，单击 Zip 文字链接，如图 13-4 所示。

step 04 打开【另存为】对话框，选择保存路径，然后保存文件即可，如图 13-5 所示。

图 13-4 选择需要版本的格式

图 13-5 【另存为】对话框

13.3 PHP +IIS 服务器的安装配置

下面介绍 PHP +IIS 服务器架构的配置方法和技巧。

13.3.1 案例 2——IIS 简介及其安装

IIS 是 Internet Information Services(互联网信息服务)的简称，是微软公司提供的基于 Microsoft Windows 的互联网基本服务。由于它功能强大、操作简单和使用方便，所以是目前较为流行的 Web 服务器之一。

目前 IIS 只能运行在 Windows 系列的操作系统上。针对不同的操作系统，IIS 也有不同的版本。下面以 Windows 10 为例进行讲解，默认情况下此操作系统没有安装 IIS。

安装 IIS 组件的具体操作步骤如下。

step 01 单击【开始】按钮，在弹出的【开始】菜单中选择【控制面板】命令，如图 13-6 所示。

step 02 打开【控制面板】窗口，双击【程序】选项，如图 13-7 所示。

图 13-6 选择【控制面板】命令　　　　　　图 13-7 【控制面板】窗口

step 03 打开【程序】窗口，从中单击【应用或关闭 Windows 功能】文字链接，如图 13-8 所示。

step 04 在打开的【Windows 功能】对话框中，选中 Internet Information Services 复选框，然后单击【确定】按钮，开始安装，如图 13-9 所示。

图 13-8 【程序】窗口　　　　　　图 13-9 【Windows 功能】对话框

step 05 安装完成后，即可测试是否成功。在 IE 浏览器的地址栏中输入 "http://localhost/"，打开 IIS 的欢迎页面，如图 13-10 所示。

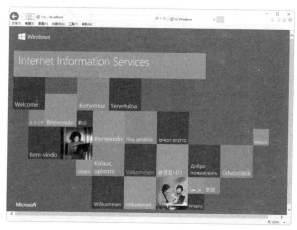

图 13-10 IIS 的欢迎页面

13.3.2 案例 3——PHP 的安装

IIS 安装完成后，即可开始安装 PHP。PHP 的安装过程大致分成 3 个步骤。

1. 解压和设置安装路径

将获取到的安装资源包解压缩，解压缩后得到的文件夹中存放着 PHP 所需要的文件。将文件夹复制到 PHP 的安装目录中。PHP 的安装路径可以根据需要进行设置，如本书设置为 "D:\PHP7\"，文件夹复制后的效果如图 13-11 所示。

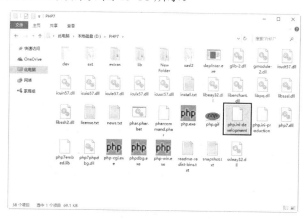

图 13-11 PHP 的安装目录

2. 配置 PHP

在安装目录中，找到 php.ini-development 文件，此文件正是 PHP 7.1 的配置文件。将这个文件的扩展名.ini-development 修改为.ini，然后用【记事本】程序打开。文件中参数很多，所以建议读者使用记事本的查找功能，快速查找需要的参数。

网站开发案例课堂

查找并修改相应的参数值 extension_dir="D:\PHP7\ext"，此参数为 PHP 扩展函数的查找路径，其中 "D:\PHP7\" 为 PHP 的安装路径，读者可以根据自己的安装路径进行修改。采用同样的方法，修改参数 cgi.force_redirect =0。

另外，去除下面的参数值扩展前的引号，最终结果如图 13-12 所示。

图 13-12　去除引号

```
;extension=php_bz2.dll
;extension=php_curl.dll
;extension=php_fileinfo.dll
;extension=php_gd2.dll
;extension=php_gettext.dll
;extension=php_gmp.dll
;extension=php_intl.dll
;extension=php_imap.dll
;extension=php_interbase.dll
;extension=php_ldap.dll
;extension=php_mbstring.dll
;extension=php_exif.dll
;extension=php_mysqli.dll
;extension=php_oci8_12c.dll
;extension=php_openssl.dll
;extension=php_pdo_firebird.dll
;extension=php_pdo_mysql.dll
;extension=php_pdo_oci.dll
;extension=php_pdo_odbc.dll
;extension=php_pdo_pgsql.dll
;extension=php_pdo_sqlite.dll
;extension=php_pgsql.dll
;extension=php_shmop.dll
```

3. 添加系统变量

要想让系统运行 PHP 时找到上面的安装路径，就需要将 PHP 的安装目录添加到系统变量中。具体操作步骤如下。

step 01　右击桌面上的【此电脑】图标，在弹出的快捷菜单中选择【属性】命令，打开【系统】窗口，如图 13-13 所示。

step 02　单击【高级系统设置】文字链接，打开【系统属性】对话框，如图 13-14 所示。

step 03　默认显示【高级】选项卡，在该选项卡中单击【环境变量】按钮，打开【环境变量】对话框。在【系统变量】列表框中选择变量 Path，然后单击【编辑】按钮，如图 13-15 所示。

图 13-13　【系统】窗口

图 13-14 【系统属性】对话框 图 13-15 【环境变量】对话框

step 04 弹出【编辑系统变量】对话框，在【变量值】文本框的末尾输入 ";d:\PHP7"，
如图 13-16 所示。

图 13-16 【编辑系统变量】对话框

step 05 单击【确定】按钮，返回到【环境变量】对话框，依次单击【确定】按钮即可
关闭对话框，然后重新启动计算机。这样设置的环境变量即可生效。

13.3.3 案例 4——设置虚拟目录

如果用户是按照前述的方式来启动 IIS 网站服务器，那么整个网站服务器的根目录就位
于"(系统盘符):\Inetpub\wwwroot"中，也就是说如果要添加网页到网站中显示，都必须放置
在这个目录下。但是会发现这个路径不仅太长，也不好记，使用起来相当不方便。

这些问题都可以通过修改虚拟目录来解决，具体操作步骤如下。

step 01 在桌面上右击【此电脑】图标，在弹出的快捷菜单中选择【管理】命令，打开
【计算机管理】窗口，在左侧的列表框中展开【服务和应用程序】选项，选择
【Internet 信息服务(IIS)管理器】选项，在右侧选择 Default Web Site 选项并右击，
在弹出的快捷菜单中选择【添加虚拟目录】命令，如图 13-17 所示。

step 02 打开【添加虚拟目录】对话框，在【别名】文本框中输入虚拟网站的名称，这
里输入 php7，然后设置【物理路径】为 D:\php(该文件夹须已存在)，单击【确定】
按钮，如图 13-18 所示。

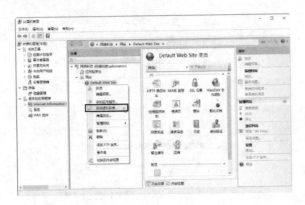

图 13-17　【计算机管理】窗口　　　　图 13-18　【添加虚拟目录】对话框

至此，便完成了 IIS 网站服务器设置的更改，IIS 网站服务器的网站虚拟目录已经更改为 D:\php 了。

13.4　PHP+Apache 服务器的环境搭建

Apache 支持大部分操作系统，搭配 PHP 程序的应用，即可开发出功能强大的互动网站。本节主要讲述 PHP+Apache 服务器的搭建方法。

13.4.1　Apache 简介

Apache 可以运行在几乎所有的计算机平台上，由于其跨平台和安全性被广泛使用，是目前最流行的 Web 服务器端软件之一。

和一般的 Web 服务器相比，Apache 主要特点如下。

(1) 跨平台应用。几乎可以在所有的计算机平台上运行。

(2) 开放源代码。Apache 服务程序由全世界的众多开发者共同维护，并且任何人都可以自由使用，充分体现了开源软件的精神。

(3) 支持 HTTP 1.1 协议。Apache 是最先使用 HTTP 1.1 协议的 Web 服务器之一，它完全兼容 HTTP 1.1 协议并与 HTTP 1.0 协议向后兼容。Apache 已为新协议所提供的全部内容做好了必要的准备。

(4) 支持通用网关接口(CGI)。Apache 遵守 CGI 1.1 标准并且提供了扩充的特征，如定制环境变量和很难在其他 Web 服务器中找到的调试支持功能。

(5) 支持常见的网页编程语言。可支持的网页编程语言包括 Perl、PHP、Python 和 Java 等，支持各种常用的 Web 编程语言使 Apache 具有更广泛的应用领域。

(6) 模块化设计。通过标准的模块实现专有的功能，提高了项目完成的效率。

(7) 运行非常稳定，同时具备效率高、成本低的特点，而且具有良好的安全性。

13.4.2　案例5——关闭原有的网站服务器

在安装 Apache 网站服务器之前，如果所使用的操作系统已经安装了网站服务器，如 IIS

网站服务器等，用户必须要先停止这些服务器，才能正确安装 Apache 网站服务器。

　　以 Windows 10 操作系统为例，可在桌面上右击【此电脑】图标，在弹出的快捷菜单中选择【管理】命令，打开【计算机管理】窗口，在左侧的列表框中展开【服务和应用程序】选项，然后选择【Internet 信息服务(IIS)管理器】选项，在右侧的列表框中单击【停止】文字链接即可停止 IIS 服务器，如图 13-19 所示。

图 13-19　停止 IIS 服务器

　　如此一来，原来的服务器软件即失效不再工作，也不会与即将安装的 Apache 网站服务器产生冲突。当然如果用户的系统原来就没有安装 IIS 等服务器软件，则可略过这一小节的步骤直接进行服务器的安装。

13.4.3　案例 6——安装 Apache

　　Apache 是免费软件，用户可以从官方网站直接下载。Apache 的官方网站为 http://www.apache.org。

　　下面以 Apache 2.2 为例，讲解如何安装 Apache。具体操作步骤如下。

step 01　双击 Apache 安装程序，打开安装向导欢迎界面，单击 Next 按钮，如图 13-20 所示。

step 02　弹出 Apache 许可协议界面，阅读完后，选中 I accept the terms in the license agreement 单选按钮，单击 Next 按钮，如图 13-21 所示。

step 03　弹出 Apache 服务器注意事项界面，阅读完成后，单击 Next 按钮，如图 13-22 所示。

step 04　弹出服务器信息设置界面，输入服务器的一些基本信息，分别为 Network Domain(网络域名)、Server Name(服务器名)、Administrator's Email Address(管理员信箱)和 Apache 的工作方式。如果只是在本地计算机上使用 Apache，前两项可以输入 localhost。工作方式建议选择第一项：针对所有用户，工作端口为 80，当机器启动时自动启动 Apache。单击 Next 按钮，如图 13-23 所示。

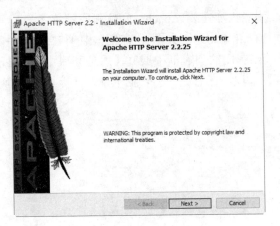

图 13-20　欢迎界面

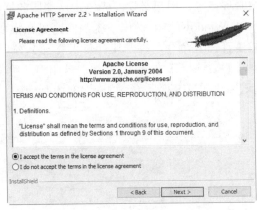

图 13-21　Apache 许可协议界面

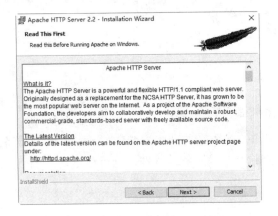

图 13-22　Apache 服务器注意事项界面

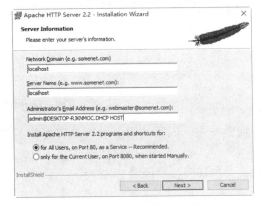

图 13-23　服务器信息设置界面

step 05　弹出安装类型界面，其中 Typical 为典型安装，Custom 为自定义安装。默认情况下，选择典型安装即可，单击 Next 按钮，如图 13-24 所示。

step 06　弹出安装路径选择界面，单击 Change 按钮，可以重新设置安装路径，本实例采用默认安装路径，单击 Next 按钮，如图 13-25 所示。

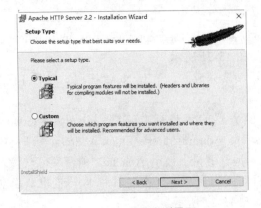

图 13-24　安装类型界面

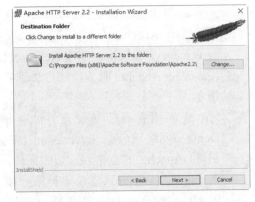

图 13-25　安装路径选择界面

step 07 弹出安装准备就绪界面，单击 Install 按钮，如图 13-26 所示。

step 08 系统开始自动安装 Apache 主程序，安装完成后，弹出提示信息对话框，单击 Finish 按钮关闭对话框，如图 13-27 所示。

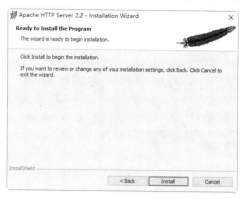

图 13-26　安装准备就绪界面

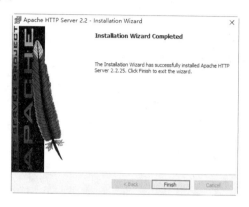

图 13-27　Apache 安装完成

13.4.4　案例 7——将 PHP 与 Apache 建立关联

Apache 安装完成后，还不能运行 PHP 网页，需要将 PHP 与 Apache 建立关联。

Apache 的配置文件名称为 httpd.conf，此为纯文本文件，用记事本即可打开编辑。此文件存放在 Apache 安装路径的 Apache2\config\目录下。另外，也可以通过单击【开始】按钮，在打开的菜单中选择 Apache HTTP Server 2.2→Edit the Apache httpd.conf Configuration File 命令，如图 13-28 所示。

打开 Apache 的配置文件后，首先设置网站的主目录。例如，如果将案例的源文件放在 D 盘的 php7book 文件夹下，则主目录就需要设置为 d:/php7book/。在 httpd.conf 配置文件中找到 DocumentRoot 参数，将其值修改为"d:/php7book/"，如图 13-29 所示。

图 13-28　选择 Apache 配置文件

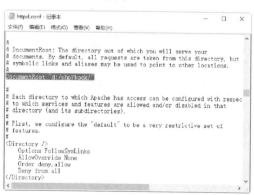

图 13-29　设置网站的主目录

下面指定 php.ini 文件的存放位置。由于 PHP 安装在 d:\php7，所以 php.ini 位于 d:\php7\php.ini。在 httpd.conf 配置文件中的任意位置输入语句 PHPIniDir"d:\php7\php.ini"，如图 13-30 所示。

最后向 Apache 中加入 PHP 模块。在 httpd.conf 配置文件中的任意位置加入 3 行语句：

```
LoadModule php7_module"d:/php7/php7apache2_2.dll"
AddType application/x-httpd-php .php
AddType application/x-httpd-php .html
```

输入效果如图 13-31 所示。完成上述操作后，保存 httpd.conf 文件即可。然后重启 Apache，即可使设置生效。

图 13-30　指定 php.ini 文件的存放位置

图 13-31　向 Apache 中加入 PHP 模板

13.5　新手的福音——安装 WampServer 集成开发环境

对于刚开始学习 PHP 的程序员，往往对配置环境不知所措，为此本节讲述使用 WampServer 组合包的使用方法。WampServer 组合包是将 Apache、PHP、MySQL 等服务器软件安装配置完成后打包处理。因为其安装简单、速度较快、运行稳定，所以受到广大初学者的青睐。

　在安装 WampServer 组合包之前，需要确保系统中没有安装 Apache、PHP 和 MySQL；否则，需要先将这些软件卸载，然后才能安装 WampServer 组合包。

安装 WampServer 组合包的具体操作步骤如下。

step 01　到 WampServer 官方网站 http://www.wampserver.com/en/下载 WampServer 的最新安装包 WampServer3.0.6-x32.exe 文件。

step 02　直接双击安装文件，打开选择安装语言界面，如图 13-32 所示。

step 03　单击 OK 按钮，在弹出的对话框中选中 I accept the agreement 单选按钮，如图 13-33 所示。

step 04　单击 Next 按钮，在弹出的对话框中可以查看组合包的相关说明信息，如图 13-34 所示。

step 05　单击 Next 按钮，在弹出的对话框中设置安装路径，这里采用默认路径 c:\wamp，如图 13-35 所示。

step 06　单击 Next 按钮，在弹出的对话框中选择开始菜单文件夹，这里采用默认设置，如图 13-36 所示。

step 07　单击 Next 按钮，在弹出的对话框中确认安装的参数后，单击 Install 按钮，如图 13-37 所示。

图 13-32　选择安装语言界面

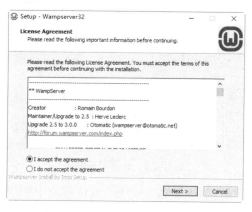

图 13-33　接受许可证协议

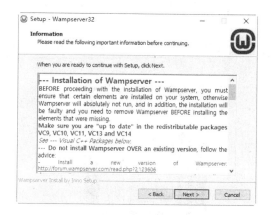

图 13-34　信息界面

图 13-35　设置安装路径

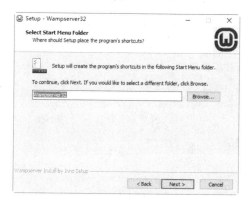

图 13-36　设置开始菜单文件夹

图 13-37　确认安装

step 08　程序开始自动安装，并显示安装进度，如图 13-38 所示。

step 09　安装完成后，进入安装完成界面，单击 Finish 按钮，完成 WampServer 的安装操作，如图 13-39 所示。

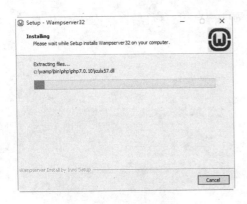

图 13-38　开始安装程序　　　　　　　　图 13-39　完成安装界面

step 10　默认情况下，集成环境中的 PHP 版本为 5.6.25，这里需要修改为最新的 PHP 7 版本。单击桌面右侧的 WampServer 服务按钮█，在弹出的下拉菜单中选择 PHP 命令，然后在弹出的子菜单中选择 Version 命令，选择 PHP 的版本为 7.0.10，如图 13-40 所示。

step 11　单击桌面右侧的 WampServer 服务按钮，在弹出的下拉菜单中选择 Localhost 命令，如图 13-41 所示。

图 13-40　WampServer 服务列表　　　　　　图 13-41　选择 Localhost 命令

step 12　系统自动打开浏览器，显示 PHP 配置环境的相关信息，如图 13-42 所示。

图 13-42　PHP 配置环境的相关信息

13.6 综合案例——测试第一个 PHP 程序

上面讲述了 3 种服务器环境的搭建方法，读者根据自己的需求进行选择安装即可。建议新手采用集成开发环境。

下面通过一个实例讲解编写 PHP 程序并运行查看效果。下面以 WampServer 集成开发环境为例进行讲解。读者可以使用任意文本编辑软件，如记事本，新建名称为 helloworld 的文件，如图 13-43 所示，输入以下代码：

```
<HTML>
<HEAD>
</HEAD>
<BODY>
<h2>PHP Hello World - 来自 PHP 的问候。</h2>
<?php
  echo "Hello, World.";
  echo "你好世界。";
?>
</BODY>
</HTML>
```

将文件保存在 C:\wamp\www 目录下，保存格式为.php。在浏览器的地址栏中输入"http://localhost/helloworld.php"，并按 Enter 键确认，运行结果如图 13-44 所示。

【代码详解】

(1) "PHP Hello World - 来自 PHP 的问候。"是 HTML 中的<HEAD><h2>PHP Hello World - 来自 PHP 的问候。</h2></HEAD>所生成的。

(2) "Hello, World.你好世界。"则是由<?php echo "Hello, World."; echo "你好世界。"; ?>生成的。

(3) 在 HTML 中嵌入 PHP 代码的方法即是在<?php ?>标识符中间输入 PHP 语句，语句要以";"结束。

(4) <?php ?>标识符的作用就是告诉 Web 服务器，PHP 代码从什么地方开始，到什么地方结束。<?php ?>标识符内的所有文本都要按照 PHP 语言进行解释，以区别于 HTML 代码。

图 13-43　记事本窗口

图 13-44　程序运行结果

13.7 疑难解惑

疑问 1：如何设置网站的主目录？

答：在 Windows 10 操作系统中，设置网站主目录的方法如下。

利用本章的方法打开【计算机管理】窗口，选择 Default Web Site 选项，如图 13-45 所示。

在右侧窗格中单击【基本设置】文字链接，打开【编辑网站】对话框，单击【物理路径】文本框右侧的 按钮，即可在打开的对话框中重新设置网站的主目录，如图 13-46 所示。

图 13-45 【计算机管理】窗口

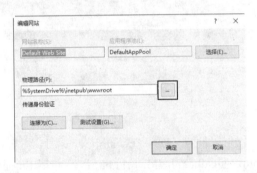

图 13-46 【编辑网站】对话框

疑问 2：如何卸载 IIS？

答：读者经常会遇到 IIS 不能正常使用的情况，所以需要首先卸载 IIS，然后再次安装即可。利用本章的方法打开【Windows 功能】对话框，取消 Internet 信息服务，单击【确定】按钮，系统将自动完成 IIS 的卸载，如图 13-47 所示。

图 13-47 【Windows 功能】对话框

第 14 章
构建动态网站
后台数据——使用
MySQL 数据库

数据库是动态网站的关键性数据，可以说没有数据库就不可能实现动态网站的制作，本章就来介绍如何定义动态网站及使用 MySQL 数据库，包括 MySQL 数据库的使用方法、在网页中使用数据库、MySQL 数据库的高级设定等。

14.1　定义一个互动网站

定义一个互动网站是制作动态网站的第一步，许多初学者会忽略这一点，以至于由Dreamweaver CC所产生的代码无法与服务器配合。

14.1.1　定义互动网站的重要性

打开 Dreamweaver CC 的第一步不是制作网页和写程序，而是先定义所制作的网站，原因有以下 3 点。

(1) 将整个网站视为一个单位来定义，可以清楚地整理出整个网站的架构、文件的配置、网页之间的关联等信息。

(2) 可以在同一个环境下一次性定义多个网站，而且各个网站之间不冲突。

(3) 在 Dreamweaver CC 中添加了一项测试服务器的设置，如果事先定义好了网站，就可以让该网站的网页连接到测试服务器里的数据库资源中，又可以在编辑画面中预览数据库中的数据，甚至打开浏览器来运行。

14.1.2　网页取得数据库的原理

PHP 是一种网络程序语言，它并不是 MySQL 数据库的一部分，所以 PHP 的研发单位就制作了一套与 MySQL 沟通的函数。SQL(Structured Query Language，结构化查询语言)就是这些函数与 MySQL 数据库连接时所运用的方法与准则。

几乎所有的关系式数据库所采用的都是 SQL 语法，而 MySQL 就是使用它来定义数据库结构、指定数据库表格与字段的类型与长度、添加数据、修改数据、删除数据、查询数据以及建立各种复杂的表格关联。

所以，当网页中需要取得 MySQL 的数据时，它可以应用 PHP 中 MySQL 的程序函数，通过 SQL 的语法来与 MySQL 数据库沟通。当 MySQL 数据库接收到 PHP 程序传递过来的SQL 语法后，再根据指定的内容完成所叙述的工作再返回到网页中。PHP 与 MySQL 之间的运行方式如图 14-1 所示。

图 14-1　PHP 与 MySQL 之间的运行方式

根据这个原理，一个 PHP 程序开发人员只要在使用到数据库时遵循下列步骤，即可顺利获得数据库中的资源。

(1) 建立连接(Connection)对象来设置数据来源。

(2) 建立记录集(Recordset)对象并进行相关的记录操作。

(3) 关闭数据库连接并清除所有对象。

14.1.3 案例 1——在 Dreamweaver CC 中定义网站

设置网站服务器是所有动态网页编写前的第一个操作，因为动态数据必须要通过网站服务器的服务才能运行，许多人都会忽略这个操作，以至于程序无法执行或是出错。

1. 整理制作范例的网站信息

在开始操作之前，要先养成一个习惯，即整理制作范例的网站信息，具体就是将所要制作的网站信息以表格的方式列出，再按表来实施，这样不仅可以让网站数据井井有条，也在维护工作时能够更快地掌握网站情况。

表 14-1 所示为整理出来的网站信息

表 14-1　网站信息表

信息名称	内　容
网站名称	测试网站
本机服务器主文件夹	C:\wamp\www
程序使用文件夹	C:\wamp\www
程序测试网址	http://localhost/

2. 定义新网站

整理好网站的信息后，下面就可以正式进入 Dreamweaver CC 进行网站编辑了，具体操作步骤如下。

step 01 在 Dreamweaver CC 的编辑界面中，选择【站点】→【管理站点】菜单命令，如图 14-2 所示。

step 02 在弹出的【管理站点】对话框中单击【新建站点】按钮进入站点定义对话框，如图 14-3 所示。

 提示　　另外，用户也可以直接选择【站点】→【新建站点】菜单命令进入站点定义对话框，如图 14-4 所示。

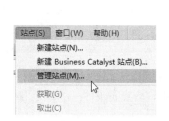 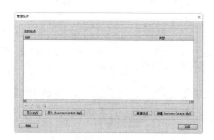 

图 14-2　选择【管理站点】菜单命令　　图 14-3　【管理站点】对话框　　图 14-4　选择【新建站点】菜单命令

step 03 打开站点设置对象对话框，输入【站点名称】为"测试网站"，选择本地站点
文件夹位置为 C:\wamp\www\，如图 14-5 所示。

step 04 在左侧列表中选择【服务器】选项，单击 ▇ 按钮，如图 14-6 所示。

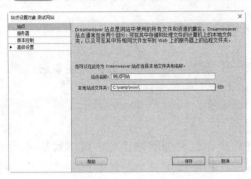
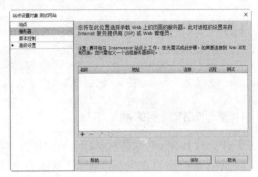

图 14-5 设置站点的名称与存放位置　　　　图 14-6 【服务器】选项界面

step 05 在【基本】选项卡中输入【服务器名称】为"测试网站"，选择【连接方法】
为【本地/网络】，选择【服务器文件夹】为 C:\wamp\www，如图 14-7 所示。

提示　　　URL(Uniform Resource Locator，统一资源定位器)是一种网络上的定位系统，
可称为网站。Host 指 Internet 连接的计算机，至少有一个固定的 IP 地址。
Localhost 指本地端的主机，也就是用户自己的计算机。

step 06 选择【高级】选项卡，设置测试服务器的【服务器模型】为 PHP MySQL，最后
单击【保存】按钮保存站点设置，如图 14-8 所示。

图 14-7 【基本】选项卡　　　　　　　图 14-8 【高级】选项卡

注意　　　其他可选的服务器模型有 ASP VBScript、ASP JavaScript、ASP. NET (C#、
VB)、ColdFusion、JSP 等。

step 07 返回到 Dreamweaver CC 的编辑界面中，在【文件】面板上会显示所设置的结
果，如图 14-9 所示。

step 08 如果想要修改已经设置好的网站，可以选择【站点】→【站点管理】菜单命
令，在打开的对话框中单击【铅笔】按钮 ，再次编辑站点的属性，如图 14-10
所示。

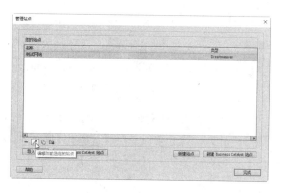

图 14-9　Dreamweaver CC 的【文件】面板　　　　图 14-10　【管理站点】对话框

3. 测试设置结果

完成以上的设置后，就可以制作一个简单的网页来测试一下。具体的操作步骤如下。

step 01 在【文件】面板中添加一个新文件，并打开该文件进行编辑。要添加新文件，可选取该网站文件夹后右击，在弹出的快捷菜单中选择【新建文件】命令，然后将新文件命名为 test.php，如图 14-11 所示。

step 02 双击<test.php>打开新文件，在页面上添加一些文字，如图 14-12 所示。

图 14-11　新建文件

图 14-12　添加网页内容

step 03 添加完成后直接按 F12 键打开浏览器预览，可以看到页面执行的结果，如图 14-13 所示。

　　不过这样似乎与预览静态网页时没有什么区别。仔细看看这个网页所执行的网址，它不再是以磁盘路径来显示，而是以刚才设置的 URL 前缀 http://localhost/再加上文件名来显示的，这表示网页是在服务器的环境中运行的。

图 14-13　网页预览结果

step 04 仅仅这样还不能完全显示出互动网站服务器的优势，再加入一行代码来测试程序执行的能力。首先回到 Dreamweaver CC，在刚才的代码后添加一行，执行下列操作，如图 14-14 所示。

提示　代码中的 date()是一个 PHP 的时间函数，其中的参数可设置显示格式，可以显示目前服务器的时间，而<?php echo...?>会将函数所取得的结果送到前端浏览器来显示，所以在执行这个页面时，应该会在网页上显示出服务器的当前时间。

step 05　按 Ctrl+S 组合键保存文件后，再按 F12 键打开浏览器进行预览，果然在刚才的网页下方出现了当前时间，这就表示设置确实可用，Dreamweaver CC 的服务器环境也就设置好，如图 14-15 所示。

图 14-14　添加动态代码

图 14-15　动态网页预览结果

14.2　MySQL 数据库的安装和管理

设置好网站服务器之后，下面还需要安装 MySQL 数据库，MySQL 不仅是一套功能强大、使用方便的数据库，更可以跨越不同的平台，提供各种不同操作系统的使用。

14.2.1　案例 2——MySQL 数据库的安装

要想在 Windows 中运行 MySQL，需要 32 位或 64 位 Windows 操作系统，如 Windows XP、Windows Vista、Windows 7、Windows 8、Windows Server 2003、Windows Server 2008 等。Windows 可以将 MySQL 服务器作为服务来运行，通常在安装时需要具有系统的管理员权限。

Windows 平台下提供两种安装方式：MySQL 二进制分发版(.msi 安装文件)和免安装版(.zip 压缩文件)。一般来讲，应当使用二进制分发版，因为该版本比其他的分发版使用起来要简单，不再需要其他工具来启动就可以运行 MySQL。这里，在 Windows 10 平台上选用图形化的二进制安装方式，其他 Windows 平台上安装过程也差不多。

1. 下载 MySQL 安装文件

下载 MySQL 安装文件的具体操作步骤如下。

step 01　打开 IE 浏览器，在地址栏中输入网址 "http://dev.mysql.com/downloads/installer/"，单击【转到】按钮，打开 MySQL Installer 5.7.19 下载页面，选择 Microsoft Windows 平台，然后根据读者的平台选择 32 位或者 64 位安装包，在这里选择 32 位，单击右侧 Download 按钮开始下载，如图 14-16 所示。

提示　　这里 32 位的安装程序有两个版本，分别为 mysql-installer-web-community 和 mysql-installer-communityl，其中 mysql-installer-web-community 为在线安装版本，mysql-installer-communityl 为离线安装版本。

step 02　在弹出的页面中提示开始下载，这里单击 Login 按钮，如图 14-17 所示。

图 14-16　MySQL 下载页面

图 14-17　开始下载页面

step 03　弹出用户登录页面，输入用户名和密码后，单击【登录】按钮，如图 14-18 所示。

 提示　　如果用户没有用户名和密码，单击【创建账户】链接进行注册即可。

step 04　弹出开始下载页面，单击 Download Now 按钮，即可开始下载，如图 14-19 所示。

图 14-18　用户登录页面

Begin Your Download

To begin your download, please click the Download Now button below.

Download Now »
mysql-installer-community-5.7.19.0.msi

MD5: 2578bfc3c30273cee42d77583b8596b5
Size: 378.8M
Signature

图 14-19　正在下载页面

2. 安装 MySQL5.7

MySQL 下载完成后，找到下载文件，双击进行安装，具体操作步骤如下。

step 01　双击下载的 mysql-installer-community-5.7.19.0.msi 文件，如图 14-20 所示。

图 14-20　MySQL 安装文件名称

step 02　打开 License Agreement (用户许可证协议)窗口，选中 I accept the license terms

(我接受许可协议)复选框，单击 Next 按钮，如图 14-21 所示。

step 03　打开 Choosing a Setup Type (安装类型选择)窗口，在其中列出了 5 种安装类型，分别是 Developer Default(默认安装类型)、Server only(仅作为服务器)、Client only(仅作为客户端)、Full(完全安装)和 Custom(自定义安装类型)。这里选中 Custom (自定义安装类型)单选按钮，单击 Next 按钮，如图 14-22 所示。

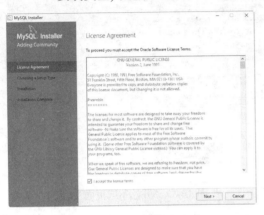

图 14-21　用户许可证协议窗口

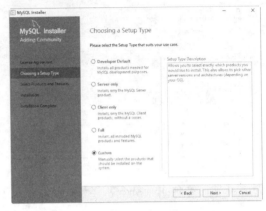

图 14-22　安装类型窗口

step 04　打开 Select Products and Features (产品定制选择)窗口，选择 MySQL Server 5.7.19-x86 后，单击【添加】按钮➡，即可选择安装 MySQL 服务器。采用同样的方法，添加 MySQL Documentation 5.7.19-x86 和 Samples and Examples 5.7.19-x86 选项，如图 14-23 所示。

step 05　单击 Next 按钮，进入安装确认对话框，单击 Execute (执行)按钮，如图 14-24 所示。

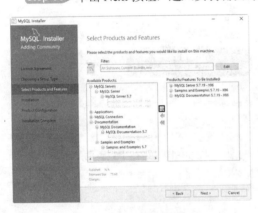

图 14-23　自定义安装组件窗口

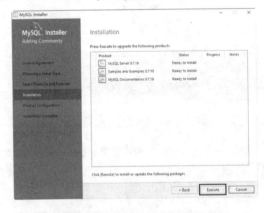

图 14-24　准备安装对话框

step 06　开始安装 MySQL 文件，安装完成后在 Status(状态)列表下将显示 Complete(安装完成)，如图 14-25 所示。

提示

如果在安装之前，系统提示需要安装 Microsoft Visual C++ 2013，用户根据提示进行安装即可。

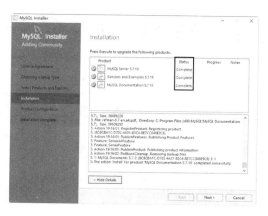

图 14-25　安装完成窗口

14.2.2　案例 3——MySQL 数据库的配置

MySQL 安装完毕之后，需要对服务器进行配置。具体的配置步骤如下。

step 01 在 14.2.1 小节的最后一步中，单击 Next 按钮，进入服务器配置窗口，如图 14-26 所示。

step 02 单击 Next 按钮，进入 MySQL 服务器配置窗口，采用默认设置，如图 14-27 所示。

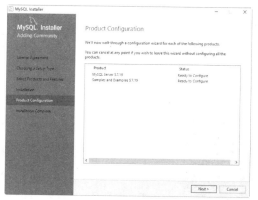

图 14-26　服务器配置窗口 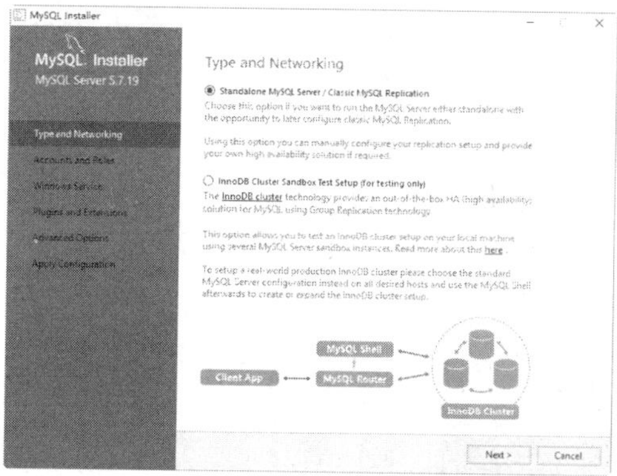　　　　　图 14-27　MySQL 服务器配置窗口

step 03 单击 Next 按钮，进入 MySQL 服务器的具体配置窗口，如图 14-28 所示。

MySQL 服务器配置窗口中各个参数的含义如下。

Server Configuration Type：该选项用于设置服务器的类型。单击该选项右侧的下三角按钮，即可看到包括 3 个选项，如图 14-29 所示。

图 14-29 中 3 个选项的具体含义如下。

(1) Development Machine(开发机器)：该选项代表典型个人用桌面工作站。假定机器上运行着多个桌面应用程序。将 MySQL 服务器配置成使用最少的系统资源。

(2) Server Machine(服务器)：该选项代表服务器，MySQL 服务器可以同其他应用程序一起运行，如 FTP、E-mail 和 Web 服务器。MySQL 服务器配置成使用适当比例的系统资源。

(3) Dedicated Machine(专用服务器)：该选项代表只运行 MySQL 服务的服务器。假定没有运行其他服务程序，MySQL 服务器配置成使用所有可用系统资源。

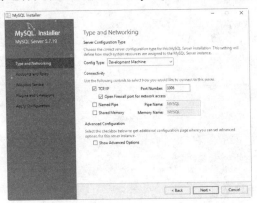
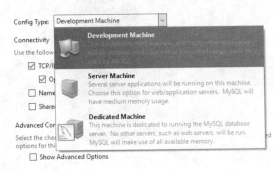

图 14-28　MySQL 服务器配置窗口　　　　　图 14-29　MySQL 服务器的类型

 作为初学者，建议选择 Development Machine (开发机器)选项，这样占用系统的资源比较少。

step 04　单击 Next 按钮，打开设置服务器的密码窗口，重复输入两次同样的登录密码，如图 14-30 所示。

 系统默认的用户名称为 root，如果想添加新用户，可以单击 Add User (添加用户)按钮进行添加。

step 05　单击 Next 按钮，打开设置服务器名称窗口，本案例设置服务器名称为 MySQL，如图 14-31 所示。

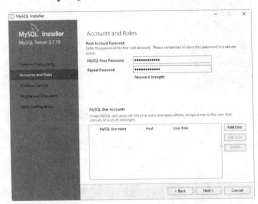

图 14-30　设置服务器的登录密码　　　　　图 14-31　设置服务器的名称

step 06　单击 Next 按钮，进入 Plugins and Extensions (插件与扩展)界面，采用默认设置，如图 14-32 所示。

step 07　单击 Next 按钮，进入确认设置服务器窗口，如图 14-33 所示。

step 08　单击 Execute 按钮，系统自动配置 MySQL 服务器。配置完成后，单击 Finish 按钮，即可完成服务器的配置，如图 14-34 所示。

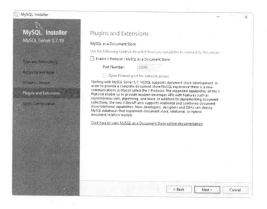

图 14-32　插件与扩展界面

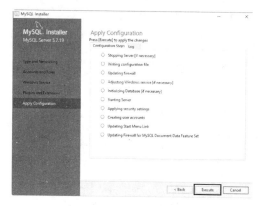

图 14-33　确认设置服务器

step 09 按键盘上的 Ctrl+Alt+Del 组合键，打开 Windows 任务管理器窗口，可以看到 MySQL 服务进程 mysqld.exe 已经启动了，如图 14-35 所示。

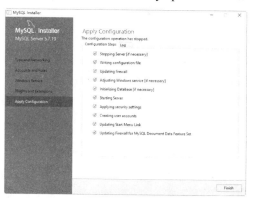

图 14-34　完成设置服务器

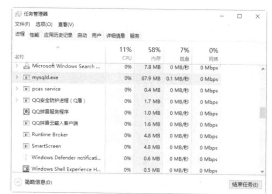

图 14-35　【任务管理器】窗口

至此，就完成了在 Windows 10 操作系统环境下安装 MySQL 的操作。

14.2.3　案例 4——phpMyAdmin 的安装

MySQL 数据库的标准操作界面是命令提示符的界面，通过 MySQL 的指令来建置管理数据库内容。如果想要执行新增、编辑及删除数据库的内容就必须要学习陌生的 SQL 语法，背诵艰深的命令指令，才能使用 MySQL 数据库。

难道没有较为简单的软件让用户可以在类似 Access 的操作环境下，直接管理 MySQL 数据库吗？答案是肯定的，而且这样的软件还不少，其中最常用的就是 phpMyAdmin。

phpMyAdmin 软件是一套 Web 界面的 MySQL 数据库管理程序，其不仅功能完整、使用方便，而且只要用户有适当的权限，就可以在线修改数据库的内容，并让用户更安全、快速地获得数据库中的数据。

用户可以通过网址 http://www.phpmyadmin.net/获得 phpMyAdmin 软件。下面以安装 phpMyAdmin-3.5.3-rc1-all-languages.zip 为例讲解安装的方法，具体操作步骤如下。

step 01 右击下载的 phpMyAdmin 压缩文件，在弹出的快捷菜单中选择【解压文件】命令，如图 14-36 所示。

step 02 将解压后的文件放置到网站根目录 C:\wamp\www 下，如图 14-37 所示。

图 14-36　解压文件

图 14-37　解压后的文件

step 03 打开浏览器，在网址栏中输入 http://localhost/phpMyAdmin/index.php，运行结果如图 14-38 所示，该运行结果表示 phpMyAdmin 能够正确执行。

图 14-38　phpMyAdmin 运行界面

14.2.4　案例 5——MySQL 数据库的建立

MySQL 数据库的指令都是在命令提示符界面中使用的，这对于初学者是比较困难的，针对这一难题，本书将采用 phpMyAdmin 管理程序来执行，以便能有更简易的操作环境与使用效果。

1. 启动 phpMyAdmin 管理程序

phpMyAdmin 是一套使用 PHP 程序语言开发的管理程序，它采用网页形式的管理界面。如果要正确执行这个管理程序，就必须在网站服务器上安装 PHP 与 MySQL 数据库。

如果要启动 phpMyAdmin 管理程序，只要单击桌面右下角的 WampServer 图标，在弹出的菜单中选择 phpMyAdmin 命令，如图 14-39 所示。phpMyAdmin 启动后的主界面如图 14-40 所示。用户只需要单击【新建】链接，即可创建新的数据库。

图 14-39 选择 phpMyAdmin 命令　　　　图 14-40　phpMyAdmin 的工作界面

2. 创建数据库

在 MySQL 数据库安装完毕之后，会有 4 个内置数据库，即 mysql、information_schema、performance_schema 和 sys。

(1) mysql 数据库是系统数据库，在 24 个数据表中保存了整个数据库的系统设置，十分重要。

(2) information_schema 包括数据库系统有什么库，有什么表，有什么字典，有什么存储过程等所有对象信息和进程访问、状态信息。

(3) performance_schema 新增一个存储引擎，主要用于收集数据库服务器性能参数，包括锁、互斥变量、文件信息；保存历史的事件汇总信息，为提供 MySQL 服务器性能做出详细的判断，对于新增和删除监控事件点都非常容易，并可以随意改变 MySQL 服务器的监控周期。

(4) sys 数据库是让用户测试用的数据库，可以在里面添加数据表来测试。

 提示　　　　performance_schema 可以帮助 DBA 了解性能降低的原因。mysql、information_schema 为关键库，不能删除；否则数据库系统不再可用。

这里以在 MySQL 中创建一个企业员工管理数据库 company 为例，并添加一个员工信息表 employee。如图 14-41 所示，在文本框中输入要创建数据库的名称 company，再单击【创建】按钮即可。

图 14-41　创建数据库 company

在一个数据库中可以保存多个数据表，以本页所举的范例来说明：一个企业员工管理的数据库中，可以包含员工信息数据表、岗位工资数据表、销售业绩数据表等。因此，这里需要创建数据库company，也需要创建数据表employee。

3. 认识数据表的字段

在添加数据表之前，首先要规划数据表中要使用的字段。其中设置数据字段的类型非常重要，使用正确的数据类型才能正确保存和应用数据。

在 MySQL 数据表中常用的字段数据类型可以分为 3 种。

1) 数值类型

可用来保存、计算的数值数据字段，如会员编号、产品价格等。在 MySQL 中的数值字段按照保存的数据所需空间大小有表 14-2 所示的区别。

表 14-2　数值类型表

数值数据类型	保存空间	数据的表示范围
TINYINT	1 B	signed −128～127 unsigned 0～255
SMALLINT	2 B	signed −32768～32767 unsigned 0～65535
MEDIUMINT	3 B	signed −8388608～8388607 unsigned 0～16777215
INT	4 B	signed −2147483648～2147483647 unsigned 0～4294967295

注：signed 表示其数值数据范围可能有负值，unsigned 表示其数值数据均为正值。

2) 日期及时间类型

可用来保存日期或时间类型的数据，如会员生日、留言时间等。MySQL 中的日期及时间类型有表 14-3 至表 14-5 所示的几种格式。

表 14-3　日期数据类型表

数据类型名称	DATE
存储空间	3 B
数据的表示范围	'1000-01-01' ～ '9999-12-31'
数据格式	"YYYY-MM-DD" "YY-MM-DD" "YYYYMMDD" "YYMMDD" YYYYMMDD YYMMDD

注：在数据格式中，若没有加上引号为数值的表示格式，前后加上引号为字符串的表示格式。

表 14-4　时间数据类型

数据类型名称	TIME
存储空间	3 B
数据的表示范围	'−838:59:59'～'838:59:59'
数据格式	ᴹhh:mm:ssᴺ "hhmmss" hhmmss

表 14-5　日期与时间数据类型表

数据类型名称	DATETIME
存储空间	8 B
数据的表示范围	'1000-01-01 00:00:00' ～ '9999-12-31 23:59:59'
数据格式	"YYYY-MM-DD hh:mm:ss" "YY-MM-DD hh:mm:ss" "YYYYMMDDhhmmss" "YYMMDDhhmmss" YYYYMMDDhhmmss YYMMDDhhmmss

3)　文本类型

可用来保存文本类型的数据，如学生姓名、地址等。在 MySQL 中文本类型数据有表 14-6 所示的几种格式。

表 14-6　文本数据类型表

文本数据类型	保存空间	数据的特性
CHAR(M)	MB，最大为 255 B	必须指定字段大小，数据不足时以空白字符填满
VARCHAR(M)	MB，最大为 255 B	必须指定字段大小，以实际填入的数据内容来存储
TEXT	最多可保存 25535 B	不需指定字段大小

在设置数据表时，除了要根据不同性质的数据选择适合的字段类型外，有些重要的字段特性定义也能在不同的类型字段中发挥其功能，常用的设置如表 14-7 所示。

表 14-7　特殊字段数据类型表

特性定义名称	适用类型	定义内容
SIGNED,UNSIGNED	数值类型	定义数值数据中是否允许有负值，SIGNED 表示允许
AUTOJNCREMENT	数值类型	自动编号，由 0 开始以 1 来累加
BINARY	文本类型	保存的字符有大小写区别
NULL,NOTNULL	全部	是否允许在字段中不填入数据
默认值	全部	若是字段中没有数据，即以默认值填充
主键	全部	主索引，每个数据表中只能允许一个主键列，而且该栏数据不能重复，加强数据表的检索功能

提示　　如果想要更深了解 MySQL 其他类型的数据字段及详细数据，可以参考 MySQL 的使用手册或 MySQL 的官方网站 http://www.mysql.com。

4. 添加数据表

要添加一个员工信息数据表，表 14-8 所示为这个数据表字段的规划。

表 14-8　员工信息数据表

名　　称	字　　段	名称类型	是否为空
员工编号	cmID	INT(8)	否
姓名	cmName	VARCHAR(20)	否
性别	cmSex	CHAR(2)	否
生日	cmBirthday	DATE	否
电子邮件	cmEmail	VARCHAR(100)	是
电话	cmPhone	VARCHAR(50)	是
住址	cmAddress	VARCHAR(100)	是

其中有以下几个要注意的地方。

- 员工编号(cmID)为这个数据表的主索引字段，基本上它是数值类型保存的数据，因为一般编号不会超过两位数，也不可能为负数，所以设置它的字段类型为 TINYINT(2)，属性为 UNSIGNED。在添加数据时，数据库能自动为学生编号，所以在字段上加入了 auto_increment 自动编号的特性。

- 姓名(cmName)属于文本字段，一般不会超过 10 个中文字，也就是不会超过 20B，所以这里设置为 VARCHAR(20)。

- 性别(cmSex)属于文本字段，因为只保存一个中文字(男或女)，所以设置为 CHAR(2)，默认值为"男"。

- 生日(cmBirthday)属于日期时间格式，设置为 DATE。

- 电子邮件(cmEmail)和住址(cmAddress)都是文本字段，设置为 VARCHAR(100)，最多可保存 100 个英文字符，50 个中文字。

- 电话(cmPhone)设置为 VARCHAR(50)，因为每个人不一定有这些数据，所以这 3 个字段允许为空。

接着就要回到 phpMyAdmin 的管理界面，为 MySQL 中的 company 数据库添加数据表。在左侧列表中选择创建的 company 数据库，输入添加的数据表名称和字段数，然后单击【执行】按钮，如图 14-42 所示。

请按照表 14-8 所示的内容设置数据表，图 14-43 所示为添加的数据表字段。

图 14-42　新建数据表 employee

图 14-43　添加数据表字段

设置的过程中要注意以下几点。

- 设置 cmID 为整数。
- 设置 cmID 为自动编号。
- 设置 cmID 为主键列。
- 允许 cmEmail、cmPhoned、cmAddress 为空位。

在设置完毕之后，单击【保存】按钮，在打开的界面中可以查看完成的 employee 数据表，如图 14-44 所示。

图 14-44　employee 数据表

5．添加数据

添加数据表后，还需要添加具体的数据，具体的操作步骤如下。

step 01 选择 employee 数据表，单击菜单上的【插入】链接。依照字段的顺序，将对应的数值依次输入，单击【执行】按钮，即可插入数据，如图 14-45 所示。

图 14-45　插入数据

step 02 按照图 14-46 所示的数据，重复执行上一步的操作，将数据输入到数据表中。

cmID	cmName	cmSex	cmBirthday	cmEmail	cmPhone	cmAddress
10001	王猛	男	1982-06-02	pingguo@163.com	0992-1234567	长鸣路12号
10002	王小敏	女	1972-06-02	wangxiaomin@163.com	0992-1234560	西华街19号
10003	张华	男	1970-06-02	zhanghua@163.com	0992-1234561	长安路20号
10004	王菲	女	1982-03-02	wangfei@163.com	0992-1234562	兴隆街11号
10005	杨康	男	1978-06-02	yangkang@163.com	0992-1234568	长安街20号
10006	冯菲菲	女	1982-03-20	fengfeifei@163.com	0992-1234512	长安街42号

图 14-46　输入的数据

14.3 在网页中使用 MySQL 数据库

一个互动网页的呈现，实际上就是将数据库整理的结果显示在网页上，所以，如何在网页中连接到数据库，并读出数据显示，甚至选择数据来更改就是一个重点。

14.3.1 案例6——建立 MySQL 数据库连接

在 Dreamweaver CC 中，连接数据库十分轻松简单，下面将使用一个实例来说明如何使用 Dreamweaver CC 建立数据库连接。

step 01 打开资源文件中的"素材\ch14\showdata.php"文件，静态页面效果如图 14-47 所示。

step 02 选择【窗口】→【数据库】菜单命令，进入【数据库】面板。单击【数据库】面板中的⊞按钮，弹出如图 14-48 所示的菜单，选择【MySQL 连接】命令。

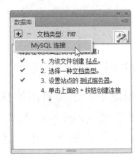

图 14-47 页面的静态效果　　　　　　　　图 14-48 连接数据库

step 03 进入【MySQL 连接】对话框后，输入自定义的【连接名称】为 company，输入【MySQL 服务器】的用户名和密码，单击【选取】按钮来选取连接的数据库，如图 14-49 所示。

step 04 打开【选取数据库】对话框，在列表框中选择 company 数据库，单击【确定】按钮，如图 14-50 所示。

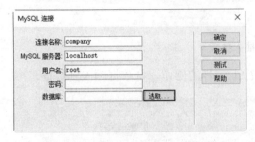

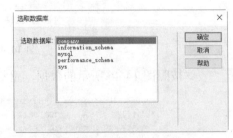

图 14-49 【MySQL 连接】对话框　　　　　图 14-50 【选取数据库】对话框

step 05 返回到原界面后，单击【测试】按钮，提示成功创建连接脚本，单击【确定】按钮，如图 14-51 所示。

step 06 回到 Dreamweaver CC 后，可以打开【数据库】面板，company 数据库的

employee 数据表在连接设置后已经读入 Dreamweaver CC 了，如图 14-52 所示。

提示　　权限概念的实现是 MySQL 数据库的特色之一。在设置连接时，Dreamweaver CC 不时会提醒为数据库管理员加上密码，目的是要让权限管理加上最后一道锁。MySQL 数据库默认是不为管理员账户加密码的，所以必须在 MySQL 数据库调整后再回到 Dreamweaver CC 时修改设置，将在下一节中加以介绍。

图 14-51　连接数据库

图 14-52　【数据库】面板

14.3.2　案例 7——绑定记录集

在建立连接后，必须建立记录集才能进行相关的记录操作。在本小节中将学习如何在建立连接之后添加记录集。

记录集就是将数据库中的数据表按照要求来筛选、排序整理出来的数据。用户可以在【绑定】面板中进行操作。具体操作步骤如下。

step 01　切换到【绑定】面板，单击该面板中的 按钮，在弹出的下拉菜单中选择【记录集(查询)】命令，如图 14-53 所示。

step 02　打开【记录集】对话框。输入记录集名称，选择使用的【连接】为 company，选择使用的数据表为 employee，选中【全部】单选按钮，显示全部字段，如图 14-54 所示。

图 14-53　选择【记录集(查询)】命令

图 14-54　【记录集】对话框

step 03　单击【测试】按钮来测试连接结果，此时出现【测试 SQL 指令】对话框，上面显示了数据库中的所有数据，单击【确定】按钮回到先前的对话框。最后单击【确定】按钮结束设置，回到【绑定】面板，如图 14-55 所示。

图 14-55   【测试 SQL 指令】对话框

step 04 单击【确定】按钮，返回【记录集】对话框，再次单击【确定】按钮，即可完成记录集的绑定。

step 05 在【绑定】面板中出现上面设置的记录集名称 Reccompany，展开后将需要引用的数据字段一一拖曳到网页中，如图 14-56 所示。

图 14-56   拖动字段到网页中

step 06 在当前设置中，若是预览，只会读出数据库的第一笔数据，需要设置重复区域，将所有数据一一读出。首先要选取设置重复的区域。在【服务器行为】面板中单击➕按钮，在弹出的下拉菜单中选择【重复区域】命令，如图 14-57 所示。

图 14-57   设置重复区域

step 07 在打开的【重复区域】对话框中设置【显示】为【所有记录】，来显示所有数据，单击【确定】按钮，如图 14-58 所示。

step 08 设置完毕后，在表格左上方可以看到"重复"灰色标签，如图 14-59 所示。

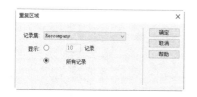

图 14-58 【重复区域】对话框

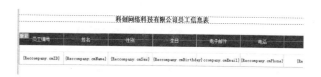

图 14-59 添加“重复”标签

step 09 选择【文件】→【保存】菜单命令保存该网页，按 F12 键即可预览效果，如图 14-60 所示。

科创网络科技有限公司员工信息表

员工编号	姓名	性别	生日	电子邮件	电话	地址
10001	??	?	1982-06-02	pingguo@163.com	0992-1234567	???12?
10002	???	?	1972-06-02	wangxiaomin@163.com	0992-1234560	???19?
10003	??	?	1970-06-02	zhanghua@163.com	0992-1234561	???20?
10004	??	?	1982-03-02	wangfei@163.com	0992-1234562	???11?
10005	??	?	1978-06-02	yangkang@163.com	0992-1234568	???20?
10006	???	?	1982-03-20	fengfeifei@163.com	0992-1234512	???42?

图 14-60 网页预览效果

step 10 细心的读者会发现，所有牵涉中文字符的显示都为“？”，这是由于编码不同造成的，下面设置数据库连接文件的编码为简体中文。在【文件】面板的 connections 文件夹下打开数据库连接文件 company.php，切换到【代码】视图，添加以下代码：

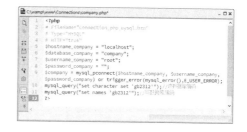

```
mysql_query("set character set 'gb2312'");//读数据库编码
mysql_query("set names 'gb2312'");//写数据库编码
```

图 14-61 添加代码

添加效果如图 14-61 所示。

step 11 选择【文件】→【保存】菜单命令保存该网页，按 F12 键即可预览修改后的效果，如图 14-62 所示。

科创网络科技有限公司员工信息表

员工编号	姓名	性别	生日	电子邮件	电话	地址
10001	王猛	男	1982-06-02	pingguo@163.com	0992-1234567	长鸣路12号
10002	王小敏	女	1972-06-02	wangxiaomin@163.com	0992-1234560	西华街19号
10003	张华	男	1970-06-02	zhanghua@163.com	0992-1234561	长安路20号
10004	王菲	女	1982-03-02	wangfei@163.com	0992-1234562	兴隆街11号
10005	杨康	男	1978-06-02	yangkang@163.com	0992-1234568	长安街20号
10006	冯菲菲	女	1982-03-20	fengfeifei@163.com	0992-1234512	长安街42号

图 14-62 修改后的效果

14.4 数据库的备份与还原

在 MySQL 数据库里，备份与还原数据库数据，是十分简单又轻松的事情。在本节中，将说明如何备份与还原 MySQL 的数据库。

14.4.1 案例 8——数据库的备份

用户可以使用 phpMyAdmin 的管理程序将数据库中的所有数据表导出成一个单独的文本文件。当数据库受到损坏或是要在新的 MySQL 数据库中加入这些数据时，只要将这个文本文件插入即可。

以本章所使用的文件为例，先进入 phpMyAdmin 的管理界面，下面就可以备份数据库了，具体的操作步骤如下。

step 01　选择需要导出的数据库，单击【导出】链接，进入下一页，如图 14-63 所示。

step 02　选择导出方式为【快速-显示最少的选项】，单击【执行】按钮，如图 14-64 所示。

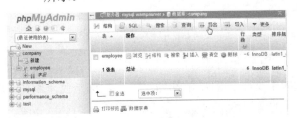

图 14-63　选择要导出的数据库　　　　　　图 14-64　选择导出方式

step 03　打开【另存为】对话框，在其中输入保存文件的名称，设置保存的类型及位置，如图 14-65 所示。

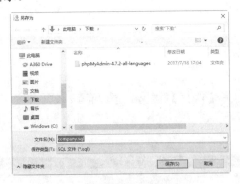

图 14-65　【另存为】对话框

　　　　　　MySQL 备份下的文件是扩展名为*.sql 的文本文件，这样的备份操作不仅简单，文件内容也较小。

14.4.2 案例 9——数据库的还原

还原数据库文件的操作步骤如下。

step 01　在执行数据库的还原前，必须将原来的数据表删除。单击 employees 数据表右侧的【删除】链接，如图 14-66 所示。

step 02 此时会显示一个询问画面，单击【确定】按钮，如图 14-67 所示。

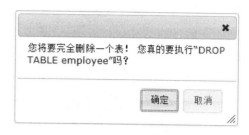

图 14-66　选中要删除的数据表　　　　　　图 14-67　信息提示框

step 03 回到原界面，会发现该数据表已经被删除了，如图 14-68 所示。

step 04 接着要插入刚才备份的 company.sql 文件，将该数据表还原。单击【导入】链接，打开【要导入的文件】界面，如图 14-69 所示。

图 14-68　删除数据表　　　　　　图 14-69　【要导入的文件】界面

step 05 单击界面中的【浏览】按钮。打开【选择要加载的文件】对话框，选择上面保存的文本文件 company.sql，单击【打开】按钮，如图 14-70 所示。

step 06 单击【执行】按钮，系统即会读取 company.sql 文件中所记录的指令与数据，将数据表恢复，如图 14-71 所示。

图 14-70　【选择要加载的文件】对话框　　　　图 14-71　开始执行导入操作

step 07 在执行完毕后，company 数据库中又出现了一个数据表 employee，如图 14-72 所示。

图 14-72　导入的数据表

14.5　综合案例——给 MySQL 数据库加密

MySQL 数据库是存在于网络上的数据库系统，只要是网络用户，都可以连接到这个资源，如果没有权限或其他措施，任何人都可以对 MySQL 数据库进行存取。MySQL 数据库在安装完毕后，默认是完全不设防的，也就是说任何人都可以不使用密码就连接到 MySQL 数据库，这是一个相当危险的安全漏洞。

1. phpMyAdmin 管理程序的安全考虑

phpMyAdmin 是一套网页界面的 MySQL 管理程序，有许多 PHP 的程序设计师都会将这套工具直接上传到他的 PHP 网站文件夹里，管理员只能从远端通过浏览器登录 phpMyAdmin 来管理数据库。

这个方便的管理工具是否也是方便的入侵工具呢？没错，只要是对 phpMyAdmin 管理较为熟悉的朋友，看到该网站是使用 PHP+MySQL 的互动架构，都会去测试该网站 phpMyAdmin 的文件夹是否安装了 phpMyAdmin 管理程序，若是网站管理员一时疏忽，很容易让人猜中，进入该网站的数据库。

2. 防堵安全漏洞的建议

无论是 MySQL 数据库本身的权限设置，还是 phpMyAdmin 管理程序的安全漏洞，为了避免他人通过网络入侵数据库，必须要先做以下几件事。

(1) 修改 phpMyAdmin 管理程序的文件夹名称。这个做法虽然简单，但至少已经挡掉一大半非法入侵者了。最好是修改成不容易猜到，与管理或是 MySQL、phpMyAdmin 等关键字无关的文件夹名称。

(2) 为 MySQL 数据库的管理账号加上密码。曾一再提到 MySQL 数据库的管理账号 root 默认是不设任何密码的，这就好像装了安全系统，却没打开电源开关一样，所以，替 root 加上密码是相当重要的。

(3) 养成备份 MySQL 数据库的习惯。当用户一旦所有安全措施都失效了，若平常就有备份的习惯，即使数据被删除了，也能很轻松地恢复。

3. 为 MySQL 管理账号加上密码

在 MySQL 数据库中的管理员账号为 root，为了保护数据库账号的安全，可以为管理员账号加密。具体的操作步骤如下。

step 01　进入 phpMyAdmin 的管理主界面，单击【权限】文字链接，来设置管理员账号的权限，如图 14-73 所示。

step 02 这里有两个 root 账号，分别为由本机(localhost)进入和所有主机进入的管理账号，默认没有密码。首先修改所有主机的密码，单击【编辑权限】链接，进入下一页，如图 14-74 所示。

图 14-73　设置管理员密码

图 14-74　查看用户界面

step 03 在打开的界面中的【密码】文本框中输入所要使用的密码，如图 14-75 所示。单击【执行】按钮，即可添加密码。

图 14-75　添加密码

提示

在修改完毕之后重新登录管理界面，就可以正常使用 MySQL 数据库的资源了。修改过数据库密码之后，需要同时修改网站的数据库连接设置，详细步骤可参考第 14.3.2 小节中的介绍，设置 root 密码为相应密码即可。

14.6　疑　难　解　惑

疑问 1：预览网页时提示如图 14-76 所示的警告信息，如何解决？

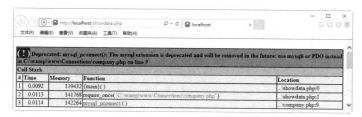

图 14-76　警告信息

答：出现上面警告信息，主要是因为从 MySQL5.5 版本开始，提示用户 mysql_connect 这个模块将在未来弃用，请使用 mysqli 或者 PDO 来替代。用户可以使用以下几种方法之一来解决。

(1) 禁止 PHP 报错。

在 PHP 的设置文件 php.ini 中将报错取消，在该文件中找到 display_errors = On，修改为 display_errors = Off。修改后需要重新启动服务器才能生效。

(2) 修改连接语句。

将类似以下连接语句：

```
$link = mysql_connect('localhost', 'user', 'password');
mysql_select_db('dbname', $link);
```

修改如下：

```
$link = mysqli_connect('localhost', 'user', 'password', 'dbname');
```

(3) 设置报警级别。

在 PHP 程序中添加以下代码，从而设置报警级别：

```
<?php
error_reporting(E_ALL ^ E_DEPRECATED);
```

疑问 2：如何导出指定的数据表？

答：如果用户想导出指定的数据表，在选择导出方式时，选择【自定义-显示所有可用的选项】，然后在【数据表】列表中选择需要导出的数据表即可，如图 14-77 所示。

图 14-77　设置导出方式

第 15 章

综合应用案例 1
——开发网站用户
管理系统

　　在动态网站中，用户管理系统是非常必要的，因为网站会员的收集与数据使用，不仅可以让网站累积会员人脉，利用这些会员的数据，也可能为网站带来无限的商机。一个典型的网站会员管理系统，一般应该具备用户注册功能、资料修改功能、取回密码功能以及用户注销身份功能等。

15.1 系统的功能分析

在开发动态网站之前,需要规划系统的功能和各个页面之间的关系,绘制出系统脉络图,这样方便后面整个系统的开发与制作。

15.1.1 规划网页结构和功能

本章将要制作的用户管理系统的网页及网页结构列表如图 15-1 所示。

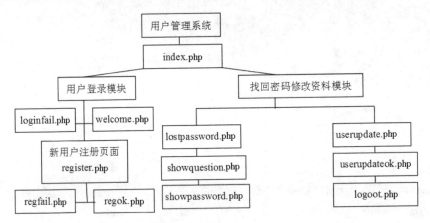

图 15-1 系统结构框图

本系统的主要结构分为用户登录和找回密码两个部分,整个系统中共有 12 个页面,各个页面的名称和对应的文件名、功能如表 15-1 所示。

表 15-1 用户管理系统网页设计表

页面名称	功 能
index.php	实现用户管理系统的登录功能的页面
welcome.php	用户登录成功后显示的页面
loginfail.php	用户登录失败后显示的页面
register.php	新用户用来注册输入个人信息的页面
regok.php	新用户注册成功后显示的页面
regfail.php	新用户注册失败后显示的页面
lostpassword.php	丢失密码后进行密码查询使用的页面
showquestion.php	查询密码时输入提示问题的页面
showpassword.php	答对查询密码问题后显示的页面
userupdate.php	修改用户资料的页面
userupdateok.php	成功更新用户资料后显示的页面
logoot.php	退出用户系统的页面

15.1.2 页面设计规划

本实例整体框架比较简单，规划站点文件和文件夹如图 15-2 所示。初学者在设计制作过程中，可以打开资源文件中的素材，找到相关站点的 images(图片)文件夹，其中放置了已经编辑好的图片。

图 15-2 规划站点文件和文件夹

15.1.3 网页美工设计

本实例整体框架采用"拐角型"布局结构，美工设计效果如图 15-3 和图 15-4 所示。初学者在设计制作过程中，可以打开资源文件中的源代码，找到相关站点的 images(图片)文件夹，其中放置了已经编辑好的图片。

图 15-3 首页的美工

图 15-4 会员注册页面的美工

15.2 数据库设计与连接

本节主要讲述如何使用 phpMyAdmin 建立用户管理系统的数据库，如何使用 Dreamweaver 在数据库与网站之间建立动态链接。

15.2.1 数据库设计

通过对用户管理系统的功能分析发现，这个数据库应该包括注册的用户名、注册密码以及个人信息，如性别、年龄、E-mail、电话等。所以在数据库中必须包含一个容纳上述信息的表，称之为"用户信息表"，本案例将数据库命名为 member，创建的用户信息表 member 结构如表 15-2 所示。

表 15-2　用户数据库设计表 member

字段描述	字段名	数据类型	主　键	非　空	唯　一	自　增
用户编号	ID	INT(8)	是	是	是	是
用户账号	username	VARCHAR(20)	否	是	否	否
用户密码	password	VARCHAR(20)	否	是	否	否
密码遗失提示问题	question	VARCHAR(50)	否	是	否	否
密码提示问题答案	answer	VARCHAR(50)	否	是	否	否
真实姓名	truename	VARCHAR(20)	否	是	否	否
用户性别	sex	VARCHAR(2)	否	是	否	否
用户地址	address	VARCHAR(100)	否	是	否	否
联系电话	tel	VARCHAR(100)	否	是	是	否
OICQ	QQ	VARCHAR(100)	否	否	是	否
邮箱地址	e-mail	VARCHAR(50)	否	否	是	否
用户权限	authority	VARCHAR(4)	否	是	否	否

创建数据库的操作步骤如下。

step 01　启动 phpMyAdmin，在主界面的左侧列表中单击 New 链接，如图 15-5 所示。

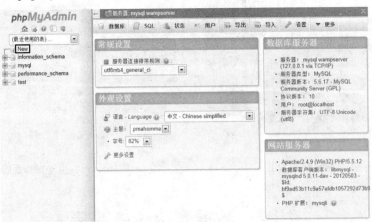

图 15-5　phpMyAdmin 的工作界面

step 02　在文本框中输入要创建数据库的名称 member，然后单击【创建】按钮，如图 15-6 所示。

图 15-6 创建数据库 member

step 03 接着就要回到 phpMyAdmin 的管理界面，为 MySQL 中的 member 数据库添加数据表。在左侧列表中选择创建的 member 数据库，然后在右侧的页面中输入添加的数据表【名字】和【字段数】，单击【执行】按钮，如图 15-7 所示。

图 15-7 新建数据表 member

step 04 请按照表 15-2 的内容设置数据表，添加的数据表字段如图 15-8 所示。

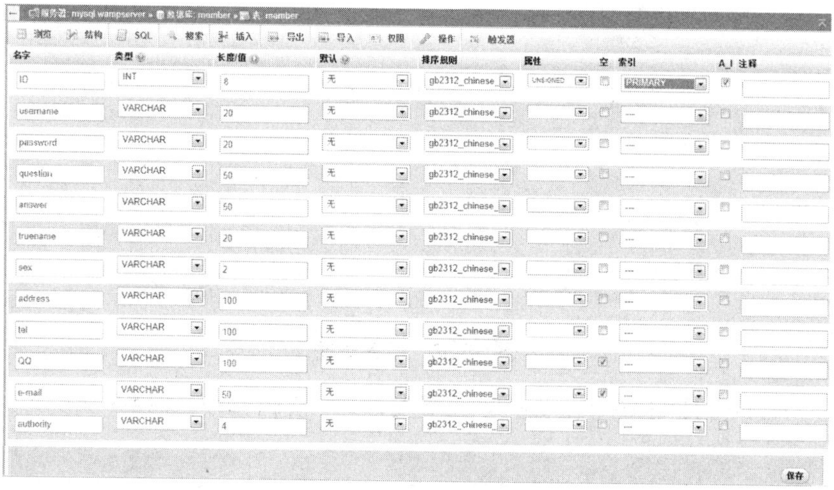

![图 15-8 添加数据表字段]

图 15-8 添加数据表字段

step 05 在设置完毕之后，单击【保存】按钮，即可查看 member 数据表，如图 15-9 所示。

#	名字	类型	排序规则	属性	空	默认	额外	操作
1	ID	int(8)		UNSIGNED	否	无	AUTO_INCREMENT	修改
2	username	varchar(20)	gb2312_chinese_ci		否	无		修改
3	password	varchar(20)	gb2312_chinese_ci		否	无		修改
4	question	varchar(50)	gb2312_chinese_ci		否	无		修改
5	answer	varchar(50)	gb2312_chinese_ci		否	无		修改
6	truename	varchar(20)	gb2312_chinese_ci		否	无		修改
7	sex	varchar(2)	gb2312_chinese_ci		否	无		修改
8	address	varchar(100)	gb2312_chinese_ci		否	无		修改
9	tel	varchar(100)	gb2312_chinese_ci		否	无		修改
10	QQ	varchar(100)	gb2312_chinese_ci		是	NULL		修改
11	e-mail	varchar(50)	gb2312_chinese_ci		是	NULL		修改
12	authority	varchar(4)	gb2312_chinese_ci		否	无		修改

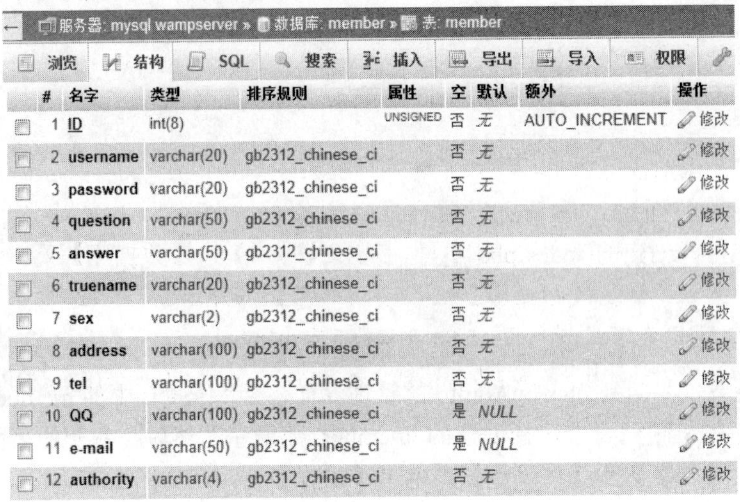

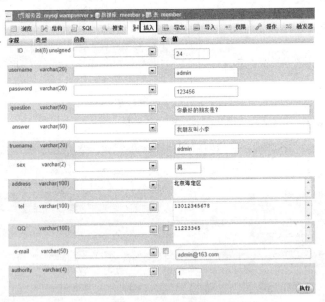

图 15-9　member 数据表

step 06 选择 member 数据表，单击菜单上的【插入】链接。依照字段的顺序，将对应的数值依次输入，单击【执行】按钮，即可插入数据，如图 15-10 所示。

图 15-10　插入数据

step 07 按照图 15-11 所示的数据，重复执行上一步的操作，将数据输入到数据表中。

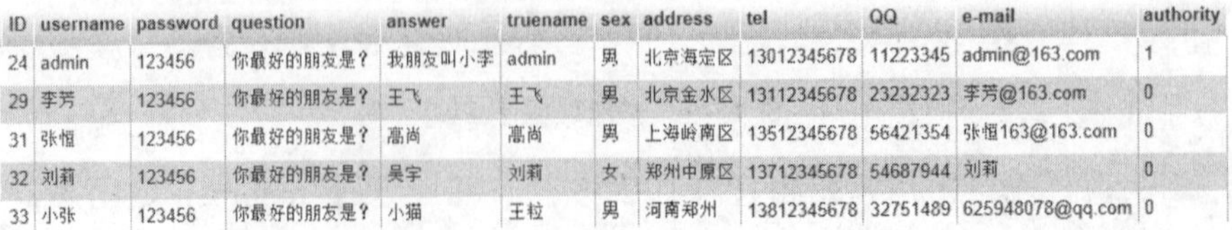

ID	username	password	question	answer	truename	sex	address	tel	QQ	e-mail	authority
24	admin	123456	你最好的朋友是？	我朋友叫小李	admin	男	北京海淀区	13012345678	11223345	admin@163.com	1
29	李芳	123456	你最好的朋友是？	王飞	王飞	男	北京金水区	13112345678	23232323	李芳@163.com	0
31	张恒	123456	你最好的朋友是？	高尚	高尚	男	上海岭南区	13512345678	56421354	张恒163@163.com	0
32	刘莉	123456	你最好的朋友是？	吴宇	刘莉	女	郑州中原区	13712345678	54687944	刘莉	0
33	小张	123456	你最好的朋友是？	小猫	王粒	男	河南郑州	13812345678	32751489	625948078@qq.com	0

图 15-11　向 member 表中输入记录

15.2.2　创建数据库连接

数据库编辑完成后，必须在 Dreamweaver CC 中建立数据源连接对象。这样做的目的是方便在动态网页中使用前面建立的信息系统数据库文件和动态地管理信息数据。

step 01　根据前面讲过的站点设置方法，设置好"站点""文档类型""测试服务器"。打开创建的 index.php 页面，选择【窗口】→【数据库】菜单命令，进入【数据库】面板。单击【数据库】面板中的 ⚓ 按钮，弹出图 15-12 所示的下拉菜单，选择【MySQL 连接】命令。

step 02　进入【MySQL 连接】对话框后，输入自定义的【连接名称】为 user，输入 MySQL 服务器的【用户名】和【密码】，单击【选取】按钮来选取连接的数据库，如图 15-13 所示。

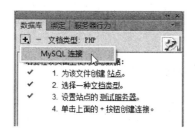

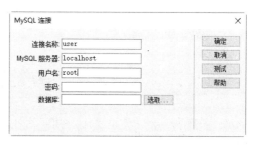

图 15-12　连接数据库　　　　　　　　　　图 15-13　【MySQL 连接】对话框

step 03　打开【选取数据库】对话框，选择 member 数据库，单击【确定】按钮，如图 15-14 所示。

step 04　返回到【MySQL 连接】对话框后，单击【确定】按钮。回到 Dreamweaver CC 后，可以打开【数据库】面板，member 数据库的数据表在连接设置后已经读入 Dreamweaver CC 了，如图 15-15 所示。

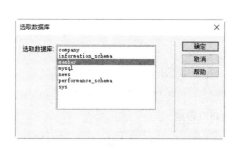

图 15-14　【选取数据库】对话框　　　　　图 15-15　【数据库】面板

step 05　同时，在网站根目录下将会自动创建名为 Connections 的文件夹，该文件夹内有一个名为 user.php 的文件，打开该文件，切换到【代码】视图，添加以下代码：

```
mysql_query("set character set 'gb2312'");//读数据库编码
mysql_query("set names 'gb2312'");//写数据库编码
```

添加效果如图 15-16 所示。

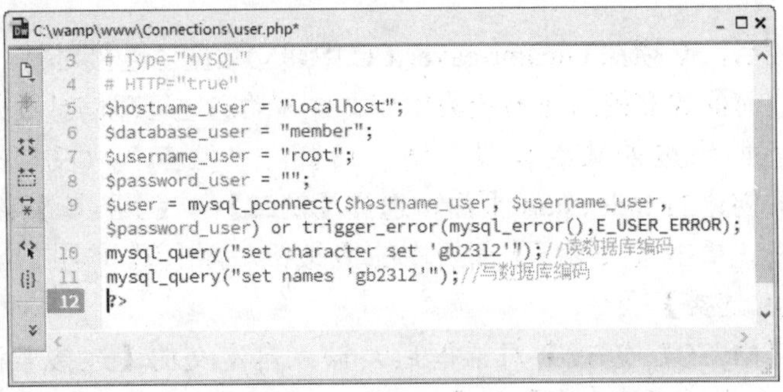

```
C:\wamp\www\Connections\user.php*                                    _ □ ×
  3    # Type="MYSQL"
  4    # HTTP="true"
  5    $hostname_user = "localhost";
  6    $database_user = "member";
  7    $username_user = "root";
  8    $password_user = "";
  9    $user = mysql_pconnect($hostname_user, $username_user,
         $password_user) or trigger_error(mysql_error(),E_USER_ERROR);
 10    mysql_query("set character set 'gb2312'");//读数据库编码
 11    mysql_query("set names 'gb2312'");//写数据库编码
 12    ?>
```

图 15-16　添加代码

step 06 在 Dreamweaver CC 界面中选择【文件】→【保存】菜单命令，保存该文档，完
成数据库的连接。

15.3　用户登录模块的设计

本节主要介绍用户登录模块的制作，在该模块中，包括登录页面、登录成功页面与登录
失败页面 3 个页面的制作。

15.3.1　登录页面

在用户访问用户管理系统时，首先要进行身份验证，这个功能要靠登录页面来实现。所
以登录页面中必须有要求用户输入用户名和密码的文本框，以及输入完成后进行登录的【登
录】按钮和输入错误后重新设置用户名和密码的【重置】按钮。

制作登录页面的操作步骤如下。

step 01 index.php 页面是用户登录系统的首页，打开前面创建的 index.php 页面，输入网
页【标题】为"网上菜市场"，然后选择【文件】→【保存】菜单命令将网页标题
保存，如图 15-17 所示。

图 15-17　创建 index.php 页面

step 02 选择【修改】→【页面属性】菜单命令，在【背景颜色】文本框中输入颜色值
为#cccccc，在【上边距】文本框中输入 0 像素，这样设置的目的是为了让页面的第
一个表格能置顶到上边，设置如图 15-18 所示。

step 03 设置完成后单击【确定】按钮，进入文档窗口，选择【插入】→【表格】菜单
命令，打开【表格】对话框，在【行数】文本框中输入需要插入表格的行数，这里
输入"3"，在【列】文本框中输入需要插入表格的列数，这里输入"3"，在【表

格宽度】文本框中输入 775 像素，【边框粗细】【单元格边距】和【单元格间距】
都为 0，如图 15-19 所示。

step 04 单击【确定】按钮，这样就在文档窗口中插入了一个 3 行 3 列的表格。将光标
放置在第 1 行表格中，在【属性】面板中单击【合并所选单元格，使用跨度】按钮
，将第 1 行表格合并，再选择【插入】→【图像】菜单命令，打开【选择图像源
文件】对话框，在站点 images 文件夹中选择图片 01.gif，如图 15-20 所示。

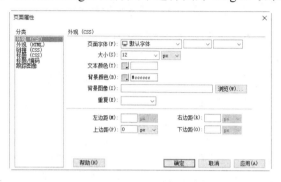

图 15-18 【页面属性】对话框

图 15-19 【表格】对话框

图 15-20 【选择图像源文件】对话框

step 05 单击【确定】按钮，即可在表格中插入此图片，将光标放置在第 3 行表格中，
在【属性】面板中单击【合并所选单元格，使用跨度】按钮，将第 3 行所有单元
格合并，再选择【插入】→【图像】菜单命令，打开【选择图像源文件】对话框，
在站点 images 文件夹中选择图片 05.gif，插入一张图片，效果如图 15-21 所示。

图 15-21 插入图片效果

step 06 插入图片后，选择插入的整个表格，在【属性】面板的【对齐(A)】下拉列表框中选择【居中对齐】选项，让插入的表格居中对齐，如图 15-22 所示。

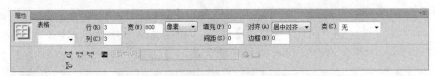

图 15-22　设置居中对齐

step 07 把光标移至创建表格的第 2 行第 1 列中，在【属性】面板中设置高度为 456 像素，宽度为 195 像素，设置高度和宽度是根据背景图像而定，在【垂直(T)】下拉列表框中选择【顶端】，再将光标移至这一列中，单击 按钮，在<td></td>之间输入 background="/images/02.gif"，设置成这一列中的背景图像。该站点中 images 文件夹中的 02.gif 文件，效果如图 15-23 所示。

图 15-23　插入图片的效果

step 08 在表格的第 2 行第 2 列和第 3 列中，分别插入同站点 images 文件夹中的图片03.gif 和 04.gif，完成网页的结构搭建，如图 15-24 所示。

step 09 单击第 2 行第 1 列单元格，然后再单击文档窗口上的 拆分 按钮，进入文档窗口的【拆分】窗口模式，在<td>和</td>之间输入 valign="top"(表格文字和图片的相对摆放位置，可选值为 top、middle、bottom，其中 valign="top" 表示单元格内容位于本单元格的上部；valign="middle"表示单元格内容位于本单元格的中部；valign="bottom"表示单元格内容位于本单元格的底部)命令，表示让光标能够自动地贴至该单元格的最顶部，设置如图 15-25 所示。

图 15-24　完成的网页背景效果

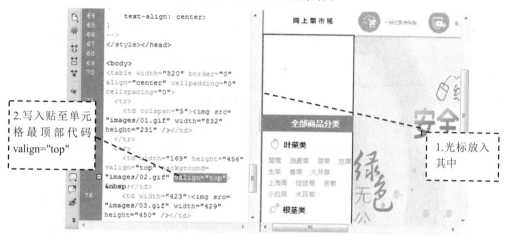

图 15-25　设置单元格的对齐方式为上部

step 10 单击文档窗口上的【设计】按钮，返回【设计】视图中，将光标放置在刚创建的表格中，然后选择【插入】→【表单】→【表单】菜单命令，如图 15-26 所示，插入一个表单。

step 11 将光标放置在该表单中，选择【插入】→【表格】菜单命令，打开【表格】对话框，在【行数】文本框中输入 5，在【列】文本框中输入 2，在【表格宽度】文本框中输入 179 像素，在该表单中插入 5 行 2 列的表格，如图 15-27 所示。

step 12 单击并拖动鼠标分别选择第 1 行和第 4 行表格，并分别在【属性】面板中单击【合并所选单元格，使用跨度】按钮□，将这几行表格进行合并。然后在表格的第 1 行中输入文字"用户登录"，并在【属性】面板中设置该文字的大小、颜色以及单元格的背景颜色等，如图 15-28 所示。

step 13 在表格第 2 行第 1 列中输入文字"用户名"。将光标定位在第 2 行第 2 列中，选择【插入】→【表单】→【文本域】菜单命令，插入一个单行文本域表单对象，并定义【文本域】名为 username，文本域属性设置及此时的效果如图 15-29 所示。

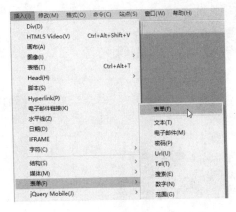

图 15-26　选择【表单】菜单命令

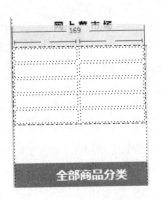

图 15-27　插入表格

图 15-28　【属性】面板

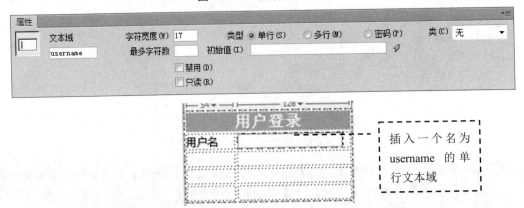

图 15-29　输入用户名和插入文本域的设置

设置文本域的属性说明如下。

● 【文本域】文本框。在【文本域】文本框中，为文本域指定一个名称。每个文本域都必须有一个唯一名称。表单对象名称不能包含空格或特殊字符。可以使用字母、数字、字符和下画线(_)的任意组合。请注意，为文本域指定的标签是将存储该域的值(输入的数据)的变量名，这是发送给服务器进行处理的值。

● 【字符宽度】。【字符宽度】设置域中最多可显示的字符数。

● 【最多字符数】。【最多字符数】指定在域中最多可输入的字符数，如果保留为空白，则输入不受限制。

● 【类型】。【类型】用于指定文本域是"单行""多行"还是"密码"域。单行文本域只能显示一行文字；多行则可以输入多行文字，达到字符宽度后换行；密码文本域则用于输入密码。

- 【初始值】。【初始值】指定在首次载入表单时域中显示的值。例如，通过包含说明或示例值。可以指示用户在域中输入信息。
- 【类】。【类】可以将 CSS 规则应用于对象。

step 14　在第 3 行第 1 列表格中输入文字"登录密码"，将光标定位在第 3 行表格的第 2 列中，选择【插入】→【表单】→【文本域】菜单命令，插入密码文本域表单对象，定义【文本域】名为 password。文本域属性设置及此时的效果如图 15-30 所示。

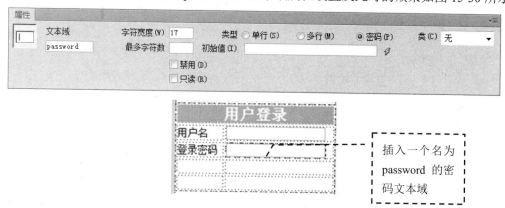

图 15-30　密码文本域的设置

step 15　选择第 4 行单元格，选择【插入】→【表单】→【按钮】菜单命令两次，插入两个按钮，并分别在【属性】面板中进行属性变更，一个为登录时用的【提交表单】选项，一个为【重设表单】选项，属性的设置如图 15-31 所示。

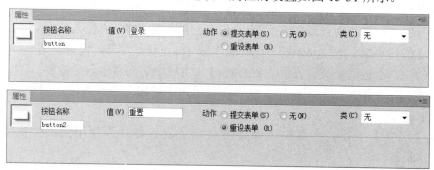

图 15-31　设置按钮名称

step 16　合并第 5 行单元格，在第 5 行输入"注册新用户"文本，并选中这几个字，然后在窗口中选择【插入】→【超级链接】菜单命令，打开 Hyperlink 对话框，在其中将【目标】设置为_blank，这样可以在新窗口中打开页面，然后设置【链接】对象为用户注册页面 register.php，以方便用户注册，输入的效果如图 15-32 所示。

step 17　如果已经注册的用户忘记了密码，还希望以其他方式能够重新获得密码，可以在表格的第 4 列中输入"找回密码"文本，并设置一个转到密码查询页面 lostpassword.php 的链接对象，方便用户取回密码，如图 15-33 所示。

图 15-32　建立链接

图 15-33　密码查询设置

step 18　表单编辑完成后，下面来编辑该网页的动态内容，使用户可以通过该网页中的表单实现登录功能。打开【服务器行为】面板，单击该面板上的 ➕ 按钮，选择【用户身份验证】→【登录用户】命令，如图 15-34 所示，向该网页添加"登录用户"的服务器行为。

step 19　此时，打开【登录用户】对话框，在该对话框中进行以下设置。

- 从【从表单获取输入】下拉列表框中选择该服务器行为使用网页中的 form1 对象，设定该用户登录服务器行为的用户数据来源为表单对象中访问者填写的内容。
- 从【用户名字段】下拉列表框中选择文本域 username 对象，设定该用户登录服务器行为的用户名数据来源为表单的 username 文本域中访问者输入的内容。
- 从【密码字段】下拉列表框中选择文本域 password 对象，设定该用户登录服务器行为的用户名数据来源为表单的 password 文本域中访问者输入的内容。
- 从【使用连接验证】下拉列表框中选择用户登录服务器行为使用的数据源连接对象为 user。
- 从【表格】下拉列表框中选择该用户登录服务器行为使用到的数据库表对象为 member。
- 从【用户名列】下拉列表框中选择表 member 存储用户名的字段为 username。
- 从【密码列】下拉列表框中选择表 member 存储用户密码的字段为 password。
- 在【如果登录成功，转到】文本框中输入登录成功后，转向 welcome.php 页面。
- 在【如果登录失败，转到】文本框中输入登录失败后，转向 loginfail.php 页面。
- 选中【基于以下项限制访问】中的【用户名、密码和访问级别】单选按钮，设定后将根据用户的用户名、密码及权限级别共同决定其访问网页的权限。
- 从【获取级别自】下拉列表框中选择 authority 字段，表示根据 authority 字段的数字来确定用户的权限级别。

设置完成后的对话框显示如图 15-35 所示。

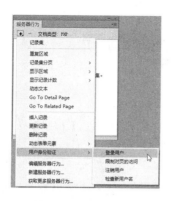

图 15-34　添加"登录用户"的服务器行为　　　　　图 15-35　【登录用户】对话框

step 20 设置完成后，单击【确定】按钮，关闭该对话
框，返回到文档窗口。在【服务器行为】面板中就
增加了一个"登录用户"行为，如图 15-36 所示。

step 21 表单对象对应的【属性】面板的动作属性值如
图 15-37 所示，为<?php echo $loginFormAction; ?>。
它的作用就是实现用户登录功能，这是 Dreamweaver
CC 自动生成的一个动作代码。

图 15-36　【服务器行为】面板

图 15-37　表单对应的【属性】面板

step 22 选择【文件】→【保存】菜单命令，将该文档保存到本地站点中，完成网站的
首页制作。首页设计的最终效果如图 15-38 所示。

图 15-38　首页设计的最终效果

15.3.2 登录成功和登录失败页面的制作

当用户输入的登录信息不正确时，就会转到 loginfail.php 页面，显示登录失败的信息。如果用户输入的登录信息正确，就会转到 welcome.php 页面。

制作登录失败页面的操作步骤如下。

step 01 选择【文件】→【新建】菜单命令，打开【新建文档】对话框，选择【空白页】选项界面【页面类型】下拉列表框中的 PHP 选项，在【布局】列表框中选择【无】选项，然后单击【创建】按钮创建新页面，在网站根目录下新建一个名为 loginfail.php 的网页并保存，如图 15-39 所示。

step 02 登录失败页面设计如图 15-40 所示，在文档窗口中选中【这里】链接文本，加入链接 index.php，将其设置为指向 index.php 页面的链接。

step 03 选择【文件】→【保存】菜单命令，完成 loginfail.php 页面的创建。

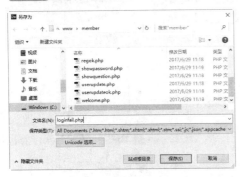

图 15-39 【另存为】对话框

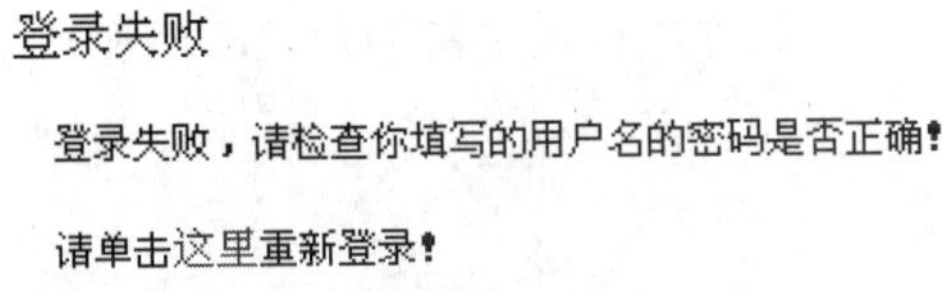

登录失败

登录失败，请检查你填写的用户名的密码是否正确！

请单击这里重新登录！

图 15-40 登录失败页面 loginfail.php

制作登录成功页面的操作步骤如下。

step 01 选择【文件】→【新建】菜单命令，打开【新建文档】对话框，选择【空白页】选项界面【页面类型】下拉列表框中的 PHP 选项，在【布局】下拉列表框中选择【无】选项，然后单击【创建】按钮创建新页面，在网站根目录下新建一个名为 welcome.php 的网页并保存。

step 02 用类似的方法制作登录成功页面的静态部分，如图 15-41 所示。

step 03 选择【窗口】→【绑定】菜单命令，打开【绑定】面板，单击该面板上的 ⊞ 按钮，在弹出的下拉菜单中选择【阶段变量】命令，为网页中定义一个阶段变量，如图 15-42 所示。

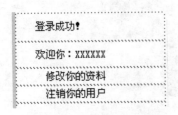

图 15-41 欢迎界面的效果

图 15-42 添加阶段变量

提示

【绑定】面板中各选项的说明如下。

- 记录集(查询)：用来绑定数据库中的记录集，在绑定记录集中选择要绑定的数据源、数据库以及一些变量，用于记录的显示和查询。
- 命令(预存过程)：在命令对话框中有更新、删除等命令，选择这个命令主要是为了让数据库里的数据保持最新状态。
- 请求变量：用于定义动态内容源，从【类型】弹出菜单中选择一个请求集合。例如，要访问 Request.ServerVariables 集合中的信息，则选择【服务器变量】。如果要访问 Request.Form 集合中的信息，则选择【表单】。
- 阶段变量：阶段变量提供了一种对象，通过这种对象，用户信息得以存储，并使该信息在用户访问的持续时间中对应用程序的所有页都可用。阶段变量还可以提供一种超时形式的安全对象，这种对象在用户账户长时间不活动的情况下，终止该用户的会话。如果用户忘记从 Web 站点注销，这种对象还会释放服务器内存和处理资源。

step 04 打开【阶段变量】对话框。在【名称】文本框中输入阶段变量的名称 MM_username，如图 15-43 所示。

step 05 设置完成后，单击【确定】按钮，在文档窗口中通过拖动鼠标选择"XXXXXX"文本，然后在【绑定】面板中选择 MM_username 变量，再单击【绑定】面板底部的【插入】按钮，将其插入到该文档窗口中设定的位置。插入完毕，可以看到"XXXXXX"文本被{Session.MM_username}占位符代替，如图 15-44 所示。这样，就完成了显示登录用户名阶段变量的添加工作。

图 15-43 【阶段变量】对话框

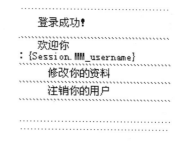

图 15-44 插入后的效果

 提示

设计阶段变量的目的，是在用户登录成功后，登录界面中直接显示用户的名字，使网页更有亲切感。

step 06 在文档窗口中拖动鼠标选中【注销你的用户】链接文本。选择菜单中的【窗口】→【服务器行为】→【用户身份验证】→【注销用户】命令，为所选中的文本添加一个注销用户的服务器行为，如图 15-45 所示。

step 07 打开【注销用户】对话框，在该对话框中进行以下设置。

- 【在以下情况下注销】用于设置注销。本例选中【单击链接】单选按钮，并在右边的下拉列表框中选择【所选范围："注销你的用户"】选项，这样当用户在页面中单击【注销你的用户】时就执行注销操作。

● 【在完成后，转到】文本框用于设置注销后显示的页面，本例在右侧文本框中输入 logoot.php，表示注销后转到 logoot.php 页面，完成后的设置如图 15-46 所示。

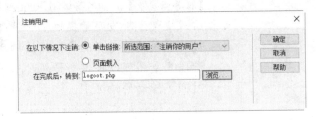

图 15-45　选择【注销用户】命令　　　　图 15-46　【注销用户】对话框

step 08　设置完成后，单击【确定】按钮，关闭该对话框，返回到文档窗口。在【服务器行为】面板中增加了一个"注销用户"行为，如图 15-47 所示。同时可以看到【注销用户】链接文本对应的【属性】面板中的【链接】属性值为<?php echo $logoutAction ?>，它是 Dreamweaver CC 自动生成的动作对象。

step 09　logoot.php 的页面设计比较简单，不作详细说明，在页面中的文字"这里"处指定一个链接到首页 index.php 就可以了，效果如图 15-48 所示。

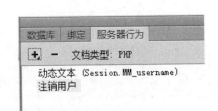

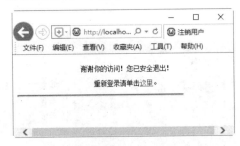

图 15-47　添加注销用户功能　　　　图 15-48　注销用户页面设计效果

step 10　选择【文件】→【保存】菜单命令，将该文档保存到本地站点中。编辑工作完成后，就可以测试该用户登录系统的选择情况了。文档中的【修改你的注册资料】链接到 userupdate.php 页面，此页面将在后面的修改中进行介绍。

15.3.3　用户登录系统功能的测试

制作好一个系统后，需要测试无误，才能上传到服务器以供使用。下面就对登录系统进行测试，测试的具体步骤如下。

step 01　打开 IE 浏览器，在地址栏中输入 http://localhost/index.php，打开 index.php 页面，如图 15-49 所示。在【用户名】和【登录密码】文本框中输入用户名及密码，输入完毕，单击【登录】按钮。

step 02　如果在第 1 步中填写的登录信息是错误的，或者根本就没有输入，则浏览器就会转到登录失败页面 loginfail.php，显示登录错误信息，如图 15-50 所示。

图 15-49　打开的网站首页

图 15-50　登录失败页面 loginfail.php 效果

step 03　如果输入的用户名和密码都正确，则显示登录成功页面。这里输入的是前面数据库设置的用户 admin，登录成功后的页面如图 15-51 所示，其中显示了用户名 admin。

step 04　如果想注销用户，只需要单击【注销你的用户】超链接即可，注销用户后，浏览器就会转到页面 logoot.php，然后单击链接文字【这里】回到首页，如图 15-52 所示。至此，登录功能就测试完成了。

图 15-51　登录成功页面 welcome.php 效果

图 15-52　注销用户页面设计

15.4　用户注册模块的设计

用户登录系统是供数据库中已有的老用户登录用的，一个用户管理系统还应该提供新用户注册用的页面，对于新用户来说，通过单击 index.php 页面上的【注册新用户】超链接，进入到名为 register.php 的页面，在该页面可以实现新用户注册功能。

15.4.1　用户注册页面

register.php 页面主要实现用户注册的功能，用户注册的操作就是向 member.mdb 数据库的 member 表中添加记录的操作。

具体的操作步骤如下。

step 01 选择【文件】→【新建】菜单命令,打开【新建文档】对话框,选择【空白页】选项界面【页面类型】下拉列表框中的 PHP 选项,在【布局】下拉列表框中选择【无】选项,然后单击【创建】按钮创建新页面,在网站根目录下新建一个名为 register.php 的网页并保存。

step 02 在 Dreamweaver CC 中使用制作静态网页的工具完成图 15-53 所示的静态部分,这里要说明的是注册时需要加入一个"隐藏区域",并命名为 authority,设置默认值为 0,即所有的用户注册时默认是一般访问用户。

图 15-53　register.php 页面静态设计

step 03 还需要设置一个验证表单的动作,用来检查访问者在表单中填写的内容是否满足数据库中表 member 中字段的要求。在将用户填写的注册资料提交到服务器之前,就会对用户填写的资料进行验证。如果有不符合要求的信息,可以向访问者显示错误的原因,并让访问者重新输入。

step 04 选择【窗口】→【行为】菜单命令,打开【行为】面板,单击【行为】面板中的 按钮,从打开的下拉菜单中选择【检查表单】命令,打开【检查表单】对话框,如图 15-54 所示。

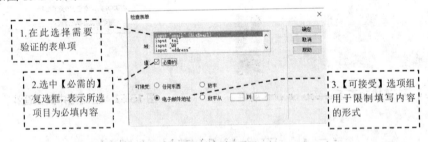

图 15-54　【检查表单】对话框

本例中,设置 username 文本域、password 文本域、password1 文本域、answer 文本域、truename 文本域、address 文本域为【值:必需的】,【可接受:任何东西】,即这几个文本域必须填写,内容不限,但不能为空;tel 文本域和 qq 文本域设置的验证条件为【值:必需的】,【可接受:数字】,表示这两个文本域必须填写数字,不能为空;E-mail 文本域的验证条件为【值:必需的】,【可接受:电子邮件地址】,表示该文本域必须填写电子邮件地址,且不能为空。

step 05 设置完成后,单击【确定】按钮,完成对验证表单的设置。

step 06 在文档窗口中单击工具栏上的【代码】按钮，转到【代码】视图，然后在验证表单动作的源代码中加入以下代码：

```javascript
<script type="text/javascript">
function MM_validateForm() { //v4.0
  if (document.getElementById){
    var i,p,q,nm,test,num,min,max,errors='',args=MM_validateForm.arguments;
    for (i=0; i<(args.length-2); i+=3) { test=args[i+2];
val=document.getElementById(args[i]);
      if (val) { nm=val.name; if ((val=val.value)!="") {
        if (test.indexOf('isEmail')!=-1) { p=val.indexOf('@');
          if (p<1 || p==(val.length-1)) errors+='- '+nm+' must contain an e-
mail address.\n';
        } else if (test!='R') { num = parseFloat(val);
          if (isNaN(val)) errors+='- '+nm+' must contain a number.\n';
          if (test.indexOf('inRange') != -1) { p=test.indexOf(':');
            min=test.substring(8,p); max=test.substring(p+1);
            if (num<min || max<num) errors+='- '+nm+' must contain a number
between '+min+' and '+max+'.\n';
      } } } else if (test.charAt(0) == 'R') errors += '- '+nm+' is
required.\n'; }
    } if (errors) alert('The following error(s) occurred:\n'+errors);
    document.MM_returnValue = (errors == '');
} }
</script>
```

把代码修改如下：

```javascript
<script type="text/JavaScript">
//宣告脚本语言为JavaScript
<!--
function MM_findObj(n, d) { //v4.01
  var p,i,x;  if(!d) d=document; if((p=n.indexOf("?"))>0&&parent.frames.
length) {
    d=parent.frames[n.substring(p+1)].document; n=n.substring(0,p);}
  if(!(x=d[n])&&d.all) x=d.all[n]; for (i=0;!x&&i<d.forms.length;i++) x=d.
forms[i][n];
  for(i=0;!x&&d.layers&&i<d.layers.length;i++) x=MM_findObj(n,d.layers[i].
document);
  if(!x && d.getElementById) x=d.getElementById(n); return x;
}
//定义创建对话框的基本属性
function MM_validateForm() { //v4.0
  var i,p,q,nm,test,num,min,max,errors='',args=MM_validateForm.arguments;
//检查提交表单的内容
  for (i=0; i<(args.length-2); i+=3) { test=args[i+2];
val=MM_findObj(args[i]);
    if (val) { nm=val.name; if ((val=val.value)!="") {
      if (test.indexOf('isEmail')!=-1) { p=val.indexOf('@');
        if (p<1 || p==(val.length-1)) errors+='- '+nm+' 需要输入邮箱地址.\n';
//如果提交的邮箱地址表单中不是邮件格式则显示为"需要输入邮箱地址"
      } else if (test!='R') { num = parseFloat(val);
        if (isNaN(val)) errors+='- '+nm+' 需要输入数字.\n';
//如果提交的电话表单中不是数字则显示为"需要输入数字"
        if (test.indexOf('inRange') != -1) { p=test.indexOf(':');
```

```
          min=test.substring(8,p); max=test.substring(p+1);
          if (num<min || max<num) errors+='- '+nm+' 需要输入数字 '+min+' and
'+max+'.\n';
//如果提交的 QQ 表单中不是数字则显示为"需要输入数字"
    } } } else if (test.charAt(0) == 'R') errors += '- '+nm+' 需要输入.\n'; }
//如果提交的地址表单为空则显示为"需要输入"
  } if (MM_findObj('password').value!=MM_findObj('password1').value) errors +=
'-两次密码输入不一致 \n';
  if (errors) alert('注册时出现如下错误:\n'+errors);
  document.MM_returnValue = (errors == '');
//如果出错时将显示"注册时出现如下错误:"
}
//-->
</script>
```

编辑代码完成后,单击工具栏上的【设计】按钮,返回到
【设计】视图。此时,可以测试选择的效果,当两次输入的密码
不一致,单击【提交】按钮时,则会弹出一个警告框,图 15-55
中的警告框告诉访问者两次密码输入不一致。

step 07 在该网页中添加一个"插入记录"的服务器行为。

选择【窗口】→【服务器行为】菜单命令,打开【服务
器行为】面板,单击该面板上的➕按钮,在弹出的下拉
菜单中选择【插入记录】命令,则会打开【插入记录】
对话框。在该对话框中进行以下设置。

图 15-55 提示信息框

- 从【连接】下拉列表框中选择 user 作为数据源连接
  对象。
- 从【插入表格】下拉列表框中选择 member 作为使用的数据库表对象。
- 在【插入后,转到】文本框中设置记录成功添加到表 member 后,转到 regok.php
  网页。
- 在对话框下半部分,将网页中的表单对象和数据库中表 member 中的字段一一对应
  起来。

设置完成后该对话框如图 15-56 所示。

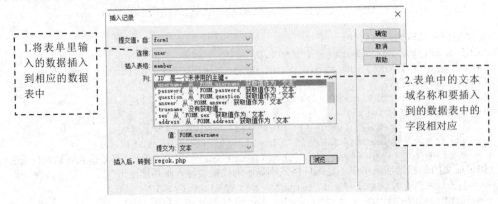

图 15-56 【插入记录】对话框

step 08 设置完成后，单击【确定】按钮，关闭该对话框，返回到文档窗口。此时的设计样式如图 15-57 所示。

图 15-57 插入记录后的效果

step 09 用户名是用户登录的身份标志，用户名是不能够重复的，所以在添加记录之前，一定要先在数据库中判断该用户名是否存在，如果存在，则不能进行注册。在 Dreamweaver CC 中提供了一个检查新用户名的服务器行为，单击【服务器行为】面板上的 **+** 按钮，在弹出的下拉菜单中选择【用户身份验证】→【检查新用户名】命令，此时会打开【检查新用户名】对话框，在该对话框中进行以下设置。

- 在【用户名字段】下拉列表框中选择 username 字段。
- 在【如果已存在，则转到】文本框中输入 regfail.php。表示如果用户名已经存在，则转到 regfail.php 页面，显示注册失败信息，该网页将在后面编辑。

设置完成后的对话框如图 15-58 所示。

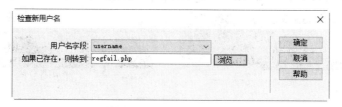

图 15-58 【检查新用户名】对话框

step 10 设置完成后，单击该对话框中的【确定】按钮，关闭该对话框，返回到文档窗口。在【服务器行为】面板中增加了一个"检查新用户名"行为，如图 15-59 所示。

step 11 选择【文件】→【保存】菜单命令，将该文档保存到本地站点中，完成本页的制作。最终的效果如图 15-60 所示。

图 15-59 【服务器行为】面板

图 15-60 注册页面最终效果

15.4.2 注册成功和注册失败页面

为了方便用户登录,应该在 regok.php 页面中设置一个转到 index.php 页面的文字链接,以方便用户进行登录。同时,为了方便访问者重新进行注册,应该在 regfail.php 页面设置一个转到 register.php 页面的文字链接,以方便用户进行重新登录。

制作显示注册成功和失败页面信息的操作步骤如下。

step 01 选择【文件】→【新建】菜单命令,打开【新建文档】对话框,选择【空白页】选项界面【页面类型】下拉列表框中的 PHP 选项,在【布局】下拉列表框中选择【无】选项,然后单击【创建】按钮创建新页面,在网站根目录下新建一个名为 regok.php 的网页并保存。

step 02 regok.php 页面如图 15-61 所示。制作比较简单,其中文字"这里"设置为指向 index.php 页面的链接。

step 03 如果用户输入的注册信息不正确或用户名已经存在,则应该向用户显示注册失败的信息。这里再新建一个 regfail.php 页面,该页面的设计如图 15-62 所示。其中"这里"链接文本设置为指向 register.php 页面的链接。

图 15-61 注册成功 regok.php 页面   图 15-62 注册失败 regfail.php 页面

15.4.3　用户注册功能的测试

设计完成后，就可以测试该用户注册功能的选择情况了，具体的操作步骤如下。

step 01 打开 IE 浏览器，在地址栏中输入 http://localhost/register.php，打开 register.php 文件，如图 15-63 所示。

step 02 可以在该注册页面中输入一些不正确的信息，如漏填 username、password 等必填字段，或填写错误的 E-mail 地址，或在确认密码时两次输入的密码不一致，以测试网页中验证表单动作的选择情况。如果填写的信息不正确，则浏览器应该打开警告框，向访问者显示错误原因，图 15-64 所示为一个出错提示框。

图 15-63　打开的测试页面

图 15-64　出错提示框

step 03 在该注册页面中注册一个已经存在的用户名，如输入 admin，用来测试新用户服务器行为的选择情况。然后单击【确定】按钮，此时由于用户名已经存在，浏览器会自动转到 regfail.php 页面，如图 15-65 所示，告诉访问者该用户名已经存在。此时，访问者可以单击"这里"链接文本，返回 register.php 页面，以便重新进行注册。

step 04 在该注册页面中填写图 15-66 所示的注册信息。

图 15-65　注册失败页面显示

图 15-66　填写正确信息

step 05 单击【确定】按钮。由于这些注册资料完全正确，而且这个用户名没有重复。浏览器会转到 regok.php 页面，向访问者显示注册成功的信息，如图 15-67 所示。此时，访问者可以单击"这里"链接文本，转到 index.php 页面，以便进行登录。

图 15-67　注册成功页面

至此，基本完成了用户管理系统中注册功能的开发和测试，在制作的过程中，可以根据制作网站的需要适当加入其他更多的注册文本域。

15.5　用户注册资料修改模块的设计

修改用户注册资料的过程就是在用户数据表中更新记录的过程。本节重点介绍如何在用户管理系统中实现用户资料的修改功能。

15.5.1　修改资料页面

该页面主要把用户所有资料都列出，通过"更新记录"命令实现资料修改的功能。具体的操作步骤如下。

step 01 首先制作用户修改资料的页面。该页面和用户注册页面的结构十分相似，可以通过对 register.php 页面的修改来快速得到所需要的记录更新页面。打开 register.php 页面，选择【文件】→【另存为】菜单命令，打开【另存为】对话框，将该文档另存为 userupdate.php，如图 15-68 所示。

step 02 选择【窗口】→【服务器行为】菜单命令，打开【服务器行为】面板。在【服务器行为】面板中删除全部的服务器行为并修改其相应的文字，该页面修改完成后如图 15-69 所示。

图 15-68　【另存为】对话框

图 15-69　userupdate.php 静态页面

step 03 选择【窗口】→【绑定】菜单命令，打开【绑定】面板，单击该面板上的 ⁺ 按钮，在弹出的下拉菜单中选择【记录集(查询)】命令，则会打开【记录集】对话框。在该对话框中进行以下设置。

- 在【名称】文本框中输入 upuser 作为该 "记录集" 的名称。
- 从【连接】下拉列表框中选择 user 数据源连接对象。
- 从【表格】下拉列表框中选择使用的数据库表对象为 member。
- 在【列】选项组中选中【全部】单选按钮。
- 在【筛选】栏中设置记录集过滤的条件为 username、=，【阶段变量】为 MM_userName。

完成后的设置如图 15-70 所示。

step 04 设置完成后，单击【确定】按钮，完成记录集的绑定。然后将 upuser 记录集中的字段绑定到页面上相应的位置，如图 15-71 所示。

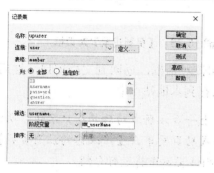

图 15-70　定义 upuser 记录集

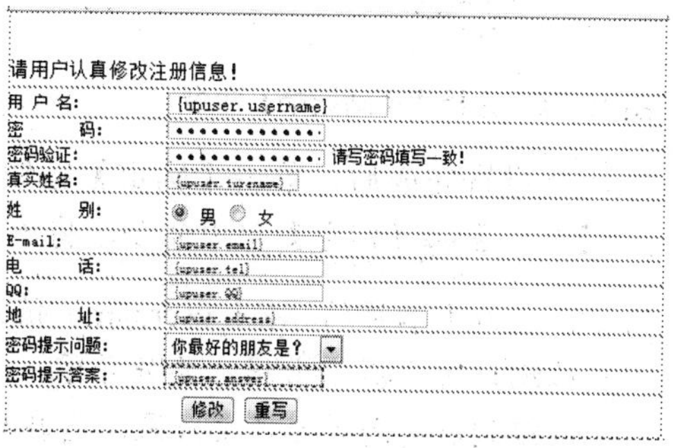

图 15-71　绑定动态内容后的 userupdate.php 页面

step 05 对于网页中的单选按钮组 sex 对象，绑定动态数据可以按照以下方法：单击【服务器行为】面板上的 ⁺ 按钮，在弹出的下拉菜单中选择【动态表单元素】→【动态单选按钮组】命令，设置动态单选按钮组对象，打开【动态单选按钮组】对话框，从【单选按钮组】下拉列表框中选择 form1 表单中的单选按钮组 sex，如图 15-72 所示。

step 06 单击【选取值等于】文本框后面的 [∂] 按钮，从打开的【动态数据】对话框中选择【记录集(upuser)】中的 sex 字段，并用相同的方法设置【密码提示问题】的列表选项，设置完成后的对话框如图 15-73 所示。

图 15-72　【动态单选按钮组】对话框

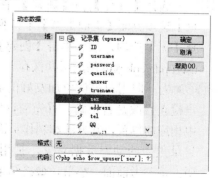

图 15-73　【动态数据】对话框

step 07 单击【服务器行为】面板上的 + 按钮,在弹出的下拉菜单中选择【更新记录】命令,为网页添加更新记录的服务器行为,如图 15-74 所示。

step 08 打开【更新记录】对话框,该对话框与插入记录的对话框十分相似,具体的设置情况如图 15-75 所示,这里不再重复。

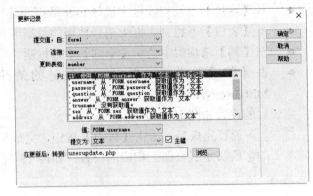

图 15-74 选择【更新记录】命令   图 15-75 【更新记录】对话框

step 09 设置完成后,单击【确定】按钮,关闭该对话框,返回到文档窗口,然后选择【文件】→【保存】菜单命令,将该文档保存到本地站点中。

由于本页的 MM_username 值是来自上一页注册成功后的用户名值,所以单独测试时会提示出错,要先登录,在登录成功页面单击【修改你的注册资料】超链接到该页面才会产生效果,这在后面的测试实例中将进行介绍。

15.5.2 更新成功页面

用户修改注册资料成功后就会转到 userupdateok.php。在该网页中,应该向用户显示资料修改成功的信息。此外,还应该考虑两种情况:如果用户要继续修改资料,则为其提供一个返回到 userupdate.php 页面的超文本链接;如果用户不需要修改,则为其提供一个转到用户登录页面 index.php 页面的超文本链接。

具体的制作步骤如下。

step 01 选择【文件】→【新建】菜单命令,打开【新建文档】对话框,选择【空白页】选项界面【页面类型】下拉列表框中的 PHP 选项,在【布局】下拉列表框中选择【无】选项,然后单击【创建】按钮创建新页面,在网站根目录下新建一个名为 userupdateok.php 的网页并保存。

step 02 为了向用户提供更加友好的界面,应该在网页中显示用户修改的结果,以供用户检查修改是否正确。首先应该定义一个记录集,然后将绑定的记录集插入到网页中相应的位置,其方法和制作页面 userupdate.php 中的方法一样。通过在表格中添加记录集中的动态数据对象,把用户修改后的信息显示在表格中,这里不再详细说明,请参考前面一小节,最终结果如图 15-76 所示。

图 15-76　设计"更新成功的页面"

15.5.3　修改资料功能的测试

编辑工作完成后，就可以测试该修改资料功能的选择情况了。具体的操作步骤如下。

step 01 打开 IE 浏览器，在地址栏中输入 http://localhost/index.php，打开 index.php 文件。在该页面中进行登录。登录成功后进入 welcome.php 页面，在 welcome.php 页面单击【修改你的资料】超链接，转到 userupdate.php 页面，如图 15-77 所示。

step 02 在该页面中进行一些修改，然后单击【修改】按钮将修改结果发送到服务器中。当用户记录更新成功后，浏览器会转到 userupdateok.php 页面中，显示修改资料成功的信息，同时还显示了该用户修改后的资料信息，并提供转到更新成功页面和转到主页面的链接对象，这里对"真实姓名"进行了修改，效果如图 15-78 所示。

图 15-77　修改刘莉用户注册资料

图 15-78　更新记录成功显示页面

15.6　密码查询模块的设计

在用户注册页面时，设计问题和答案文本框，它们的作用是当用户忘记密码时，可以通过这个问题和答案到服务器中找回遗失的密码。实现的方法是判断用户提供的答案和数据库中的答案是否相同，如果相同则可以找回遗失的密码。

15.6.1 密码查询页面

本小节主要制作密码查询页面 lostpassword.php，具体的制作步骤如下。

step 01 选择【文件】→【新建】菜单命令，打开【新建文档】对话框，选择【空白页】选项界面【页面类型】下拉列表框中的 PHP 选项，在【布局】下拉列表框中选择【无】选项，然后单击【创建】按钮创建新页面，在网站根目录下新建一个名为 lostpassword.php 的网页并保存。lostpassword.php 页面是用来让用户提交要查询遗失密码的用户名的页面。该网页的结构比较简单，设计后的效果如图 15-79 所示。

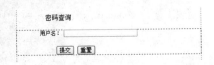

图 15-79 lostpassword.php 页面

step 02 在文档窗口中选中表单对象，然后在其对应的【属性】面板中，在【表单 ID】文本框中输入 form1，在【动作】文本框中输入 showquestion.php 作为该表单提交的对象页面。在【方法】下拉列表框中选择 POST 作为该表单的提交方式，接下来将输入用户名的【文本域】，命名为 inputname，如图 15-80 所示。

设置表单提交的动作为 showquestion.php，方法为 POST

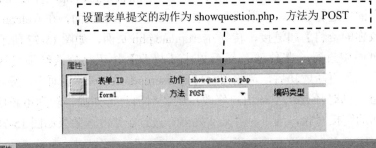

图 15-80 设置表单提交的动态属性

表单属性设置面板中的主要选项作用如下。

- 在【表单 ID】文本框中，输入标志该表单的唯一名称。命名表单后，就可以使用脚本语言(如 JavaScript)引用或控制该表单。如果不命名表单，则 Dreamweaver CC 使用语法 form1、from2、…生成一个名称，并在向页面中添加每个表单时递增 n 的值。

- 在【方法】下拉列表框中选择将表单数据传输到服务器的方法。POST 方法将在 HTTP 请求中嵌入表单数据。GET 方法将表单数据附加到请求该页面的 URL 中，是默认设置，但其缺点是表单数据不能太长，所以本例选择 POST 方法。

- 【目标】下拉列表框用于指定返回窗口的显示方式，各目标值含义如下。

- ◆ _blank 在未命名的新窗口中打开目标文档。
- ◆ _parent 在显示当前文档的窗口的父窗口中打开目标文档。
- ◆ _self 在提交表单所使用的窗口中打开目标文档。
- ◆ _top 在当前窗口的窗体内打开目标文档。此值可用于确保目标文档占用整个窗口，即使原始文档显示在框架中。

当用户在 lostpassword.php 页面中输入用户名并单击【提交】按钮后，会通过表单将用户名提交到 showquestion.php 页面中，该页面的作用就是根据用户名从数据库中找到对应记录的提示问题，并显示在 showquestion.php 页面中，用户在该页面中输入问题的答案。

下面就制作显示问题的页面，操作步骤如下。

step 01 新建一个文档。设置好网页属性后，输入网页标题"查询问题"，选择【文件】→【保存】菜单命令，将该文档保存为 showquestion.php。

step 02 在 Dreamweaver CC 中制作静态网页，完成的效果如图 15-81 所示。

图 15-81 showquestion.php 静态设计

step 03 在文档窗口中选中表单对象，在其对应的【属性】面板中，在【动作】文本框中输入 showpassword.php 作为该表单提交的对象页面。在【方法】下拉列表框中选择 POST 作为该表单的提交方式，如图 15-82 所示。接下来将输入密码提示问题答案的文本域命名为 inputanswer。

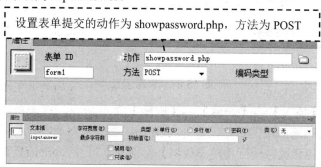

图 15-82 设置表单提交的属性

step 04 选择【窗口】→【绑定】菜单命令，打开【绑定】面板，单击该面板上的 ➕ 按钮,在弹出的下拉菜单中选择【记录集(查询)】命令,则会打开【记录集】对话框。

step 05 在该对话框中进行以下设置。

- 在【名称】文本框中输入 Recordset1 作为该记录集的名称。
- 从【连接】下拉列表框中选择 user 数据源连接对象。
- 从【表格】下拉列表框中选择使用的数据库表对象为 member。
- 在【列】选项组中选中【选定的】单选按钮,然后从列表框中选择 username 和 question。
- 在【筛选】栏中,设置记录集过滤的条件为 username、=,【表单变量】为 username,表示根据数据库中 username 字段的内容是否和从上一个网页中的 inputname 表单对象传递过来的信息完全一致来过滤记录对象。

完成后的设置如图 15-83 所示。

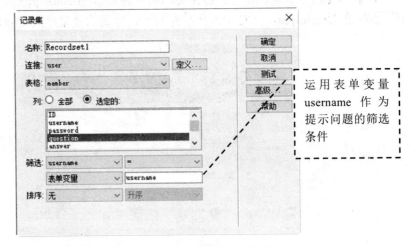

图 15-83 【记录集】对话框

step 06 设置完成后,单击该对话框上的【确定】按钮,关闭该对话框。返回到文档窗口。将 Recordset1 记录集中的 question 字段绑定到页面上相应的位置,如图 15-84 所示。

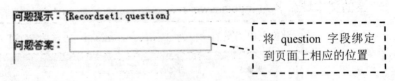

图 15-84 绑定字段

step 07 选择【插入】→【表单】→【隐藏】菜单命令,在表单中插入一个表单隐藏域,然后将该隐藏域的名称设置为 username,如图 15-85 所示。

step 08 选中该隐藏域,转到【动态数据】对话框,将 Recordset1 记录集中的 username 字段绑定到该表单隐藏域中,如图 15-86 所示。

图 15-85 绑定字段

当用户输入的用户名不存在时，即记录集 Recordset1 为空时，就会导致该页面不能正常显示，这就需要设置隐藏区域。

step 09 在文档窗口中选中当用户输入用户名存在时显示的内容即整个表单，然后单击【服务器行为】面板上的 ➕ 按钮，在弹出的下拉菜单中选择【显示区域】→【如果记录集不为空则显示】命令，则会打开【如果记录集不为空则显示】对话框，在该对话框中选择【记录集】对象为 Recordset1。这样只有当记录集 Recordset1 不为空时才显示出来。设置完成后，单击【确定】按钮，如图 15-87 所示。关闭该对话框，返回到文档窗口。

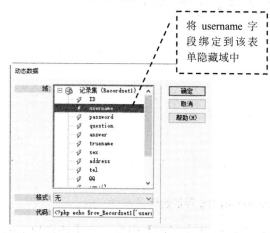

图 15-86 添加表单隐藏域   图 15-87 【如果记录集不为空则显示】对话框

step 10 在网页中编辑显示用户名不存在时的文本"该用户名不存在！"，并为这些内容设置一个"如果记录集为空则显示"隐藏区域服务器行为，这样当记录集 Recordset1 为空时，显示这些文本，完成后的网页如图 15-88 所示。

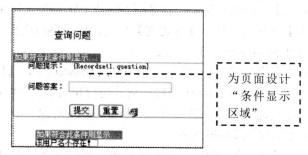

图 15-88 设置隐藏区域

15.6.2　完善密码查询功能页面

当用户在 showquestion.php 页面中输入答案，单击【提交】按钮后，服务器就会把用户名和密码提示问题答案提交到 showpassword.php 页面中。下面介绍如何设计该页面。

其操作步骤如下。

step 01 选择【文件】→【新建】菜单命令，打开【新建文档】对话框，选择【空白页】选项界面【页面类型】下拉列表框中的 PHP 选项，在【布局】下拉列表框中选择【无】选项，然后单击【创建】按钮创建新页面，在网站根目录下新建一个名为 showpassword.php 的网页并保存。

step 02 在 Dreamweaver CC 中使用提供的制作静态网页的工具完成图 15-89 所示的静态部分。

图 15-89　showpassword.php 静态设计

step 03 选择【窗口】→【绑定】菜单命令，打开【绑定】面板，单击该面板上的 ➕ 按钮，在弹出的下拉菜单中选择【记录集(查询)】命令，则会打开【记录集】对话框。

step 04 在该对话框中进行以下设置。

- 在【名称】文本框中输入 Recordset1 作为该记录集的名称。
- 从【连接】下拉列表框中，选择 user 数据源连接对象。
- 从【表格】下拉列表框中，选择使用的数据库表对象为 member。
- 在【列】选项组中选中【选定的】单选按钮，然后选择字段列表框中的 username、password 和 answer 等 3 个字段即可。
- 在【筛选】栏中设置记录集过滤的条件为 answer、=，【URL 参数】为 inputanswer，表示根据数据库中 answer 字段的内容是否和从上一个网页中的表单中的 inputanswer 表单对象传递过来的信息完全一致来过滤记录对象。

完成的设置情况如图 15-90 所示。

step 05 单击【确定】按钮，关闭该对话框，返回到文档窗口。将记录集中 username 和

password 两个字段分别添加到网页中，如图 15-91 所示。

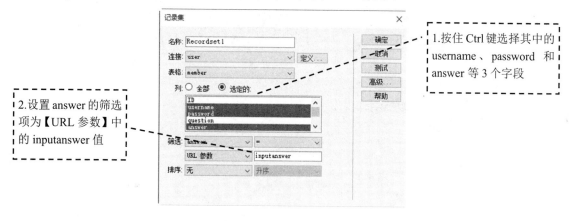

图 15-90 【记录集】对话框

图 15-91 加入的记录集效果

step 06 同样需要根据记录集 Recordset1 是否为空，为该网页中的内容设置隐藏区域的服务器行为。在文档窗口中，选中当用户输入密码提示问题答案正确时显示的内容，然后单击【服务器行为】面板上的⊕按钮，在弹出的下拉菜单中选择【显示区域】→【如果记录集不为空则显示】命令，打开【如果记录集不为空则显示】对话框，在该对话框中选择【记录集】对象为 Recordset1。这样只有当记录集 Recordset1 不为空时才显示出来，如图 15-92 所示。设置完成后，单击【确定】按钮，关闭该对话框，返回到文档窗口。

step 07 在网页中选择当用户输入密码提示问题答案不正确时显示的内容，并为这些内容设置一个"如果记录集为空则显示"隐藏区域服务器行为，这样当记录集 Recordset1 为空时，显示这些文本，如图 15-93 所示。

图 15-92 【如果记录集不为空则显示】对话框　　图 15-93 【如果记录集为空则显示】对话框

step 08 完成后的网页如图 15-94 所示。选择【文件】→【保存】菜单命令，将该文档保存到本地站点中。

图 15-94　完成后的网页效果

15.6.3　密码查询模块的测试

编辑工作完成后，就可以测试密码查询模块功能的选择情况了。具体的操作步骤如下。

step 01　打开 IE 浏览器，在地址栏中输入 http://localhost/index.php，打开 index.php 文件，如图 15-95 所示。

step 02　单击【找回密码】超链接，进入【密码查询】页面，在【用户名】文本框中输入要查询密码的用户名称，如这里输入"刘莉"，如图 15-96 所示。

图 15-95　用户管理系统主页

图 15-96　【密码查询】页面

step 03　单击【提交】按钮，进入【查询问题】页面，在其中根据提示输入问题的答案，如图 15-97 所示。

step 04　单击【提交】按钮，进入【查询结果】页面，如果问题回答正确，则在该页面中显示用户的名称和密码信息，则密码查询成功，如图 15-98 所示。

step 05　如果在【查询问题】页面中输入的问题答案和注册时输入的不一样，当单击【提交】按钮后，会显示图 15-99 所示的提示信息，提示用户问题回答错误。

step 06　这时单击【这里】超链接，会返回到【查询密码】页面中，这就说明密码查询模块功能测试成功，图 15-100 所示。

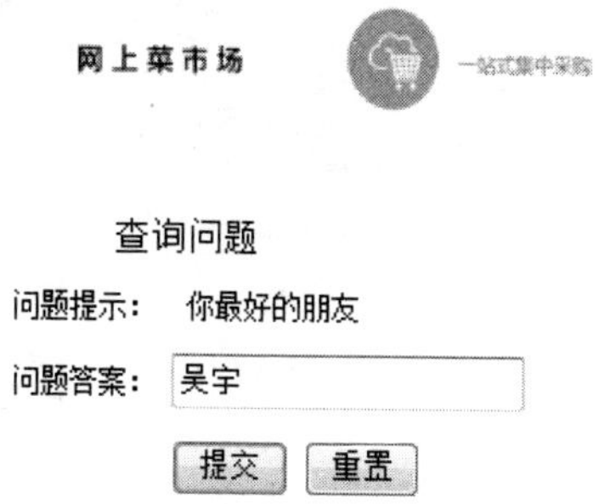

查询问题

问题提示： 你最好的朋友

问题答案： 吴宇

[提交]　[重置]

图 15-97　【查询问题】页面

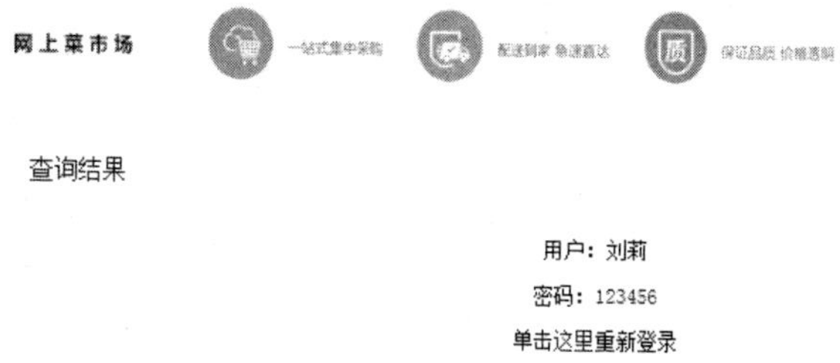

查询结果

用户：刘莉

密码：123456

单击这里重新登录

图 15-98　【查询结果】页面

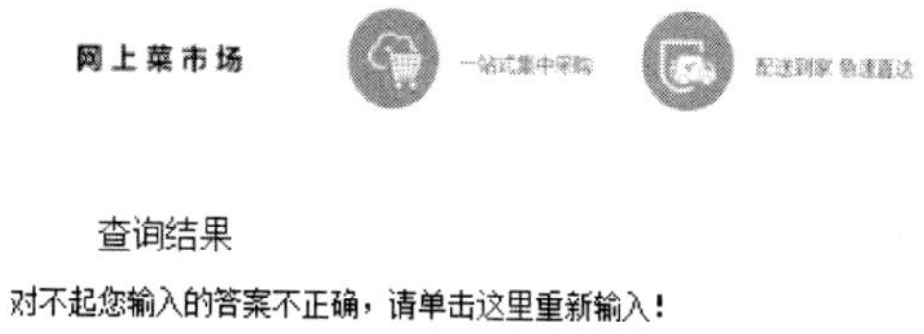

查询结果

对不起您输入的答案不正确，请单击这里重新输入！

图 15-99　提示信息页面

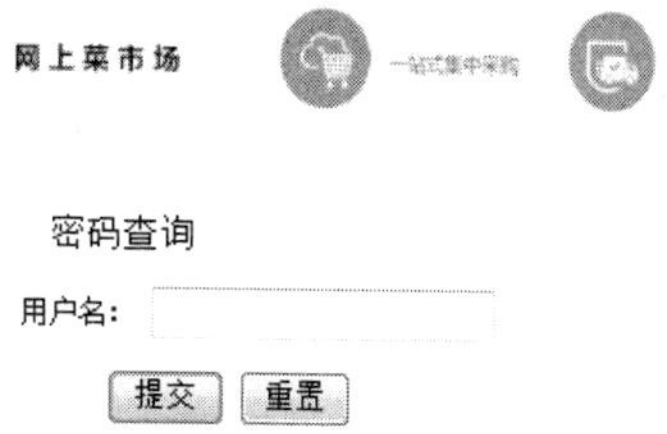

密码查询

用户名：

[提交]　[重置]

图 15-100　【密码查询】页面

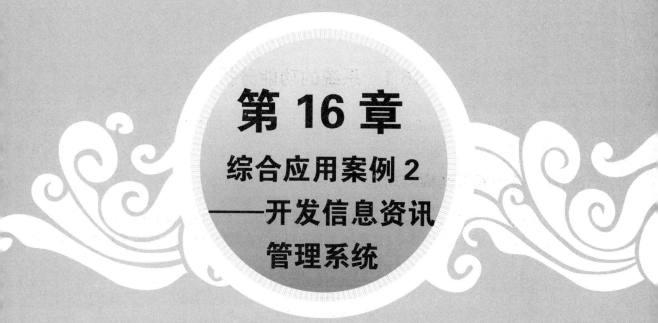

第 16 章

综合应用案例 2
——开发信息资讯
管理系统

信息资讯管理系统是动态网站建设中最常见的系统，几乎每一个网站都有信息资讯管理系统，尤其是政府部门、教育系统或企业网站。信息资讯管理系统的作用就是在网上发布信息，通过对信息的不断更新，让用户及时了解行业信息、企业状况。

16.1　系统的功能分析

在开发动态网站之前，需要规划系统的功能和各个页面之间的关系，绘制出系统脉络图，这样方便后面整个系统的开发与制作。

16.1.1　规划网页结构和功能

信息资讯管理系统中涉及的主要操作就是访问者的信息查询功能和系统管理员对信息内容的新增、修改及删除功能，本章将要制作的信息资讯管理系统的网页结构如图 16-1 所示。

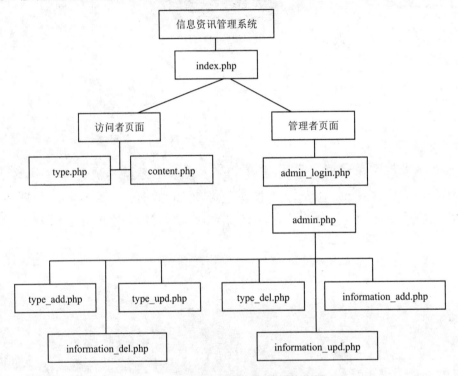

图 16-1　信息资讯管理系统结构框图

网站的信息资讯管理系统，在技术上主要体现为如何显示信息内容，用模糊关键字进行信息查询，以及对信息及信息分类的修改和删除。一个完整信息资讯管理系统分为两大部分，一个是访问者访问信息的动态网页部分，另一个是管理者对信息进行编辑的动态网页部分。本系统页面共有 11 个，整体系统页面的功能与文件名称如表 16-1 所示。

表 16-1　信息资讯管理系统开发网页设计表

需要制作的主要页面	页面名称	功　能
网站首页	index.php	显示信息分类和最新信息页面
信息分类页面	type.php	显示信息分类中的信息标题页面

续表

需要制作的主要页面	页面名称	功　能
信息内容页面	content.php	显示信息内容页面
后台管理入口页面	admin_login.php	管理者登录入口页面
后台管理主页面	admin.php	对信息进行管理的主要页面
新增信息页面	information_add.php	增加信息的页面
修改信息页面	information_upd.php	修改信息的页面
删除信息页面	information_del.php	删除信息的页面
新增信息分类页面	type_add.php	增加信息分类的页面
修改信息分类页面	type_upd.php	修改信息分类的页面
删除信息分类页面	type_del.php	删除信息分类的页面

16.1.2　页面设计规划

在本地站点建立站点文件夹 news，将要建立制作信息资讯系统的文件和文件夹，如图 16-2 所示。

图 16-2　规划站点文件和文件夹

16.1.3　网页美工设计

信息资讯管理系统主要起到了对行业信息进行宣传的作用，在色调上可以选择简单的蓝色作为主色调。信息首页 index.php 效果如图 16-3 所示。

图 16-3　信息首页 index.php 效果

16.2 数据库设计与连接

本节主要讲述如何使用 phpMyAdmin 建立信息管理系统的数据库，如何使用 Dreamweaver 在数据库与网站之间建立动态链接。

16.2.1 数据库设计

信息资讯管理系统需要一个用来存储信息标题和信息内容的信息表 information，还要建立一个信息分类表 information_type 和一个管理员账号信息表 admin。信息数据表 information、信息分类表 information_type 和管理信息表 admin 的字段分别采用表 16-2～表 16-4 所示的结构。

表 16-2 信息数据表 information

字段描述	字 段 名	数据类型	主键	外键	非空	唯一	默认值	自增
主题编号	inf_id	INT(8)	是	否	是	是	无	是
信息标题	inf_title	VARCHAR(50)	否	否	是	否	无	否
信息分类编号	type_id	INT(8)	否	是	是	否	无	否
信息内容	inf_content	TEXT	否	否	是	否	无	否
信息加入时间	inf_time	DATETIME	否	否	是	否	无	否
编辑者	inf_author	VARCHAR(20)	否	否	是	否	无	否

表 16-3 信息分类表 information_type

字段描述	字 段 名	数据类型	主键	外键	非空	唯一	默认值	自增
信息分类编号	type_id	INT(8)	是	否	是	是	无	是
信息分类名称	type_name	VARCHAR(50)	否	否	是	否	无	否

表 16-4 管理信息表 admin

字段描述	字 段 名	数据类型	主键	外键	非空	唯一	默认值	自增
用户名	username	VARCHAR(20)	是	否	是	是	无	否
密码	password	VARCHAR(20)	否	否	是	否	无	否

创建数据库的操作步骤如下。

step 01 启动 phpMyAdmin，在主界面的左侧列表中单击【新建】链接，如图 16-4 所示。

step 02 在文本框中输入要创建数据库的名称 news，然后单击【创建】按钮，如图 16-5 所示。

step 03 接着就要回到 phpMyAdmin 的管理界面，为 MySQL 中的 news 数据库添加数据表。在左侧列表中选择创建的 news 数据库，然后在右侧的页面中输入添加的数据表名称和字段数，再单击【执行】按钮，如图 16-6 所示。

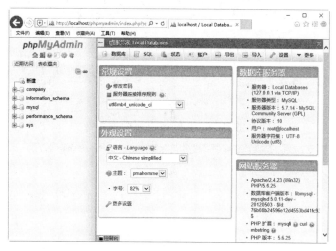

图 16-4　phpMyAdmin 的工作界面

图 16-5　创建数据库 news　　　　　　　　　图 16-6　新建数据表 information

step 04　按照表 16-2 所示的内容设置数据表，添加的数据表字段如图 16-7 所示。

图 16-7　添加数据表字段

step 05　在设置完毕之后，单击【保存】按钮，即可查看 information 数据表，如图 16-8 所示。

step 06　选择 information 数据表，单击菜单上的【插入】链接。依照字段的顺序，将对应的数值依次输入，单击【执行】按钮，即可插入数据，如图 16-9 所示。

step 07　按照图 16-10 所示的数据，重复执行上一步的操作，将数据输入到数据表中。

服务器: mysql wampserver » 数据库: news » 表: information
浏览 结构 SQL 搜索 插入 导出 导入 权限
名字 类型 排序规则 属性 空 默认 额外 操作
1 inf_id int(8) UNSIGNED 否 无 修改 删除
2 inf_title varchar(50) gb2312_chinese_ci 否 无 修改 删除
3 type_id int(8) 否 无 修改 删除
4 inf_content text gb2312_chinese_ci 否 无 修改 删除
5 inf_time datetime 否 无 修改 删除
6 inf_author varchar(20) gb2312_chinese_ci 否 无 修改 删除

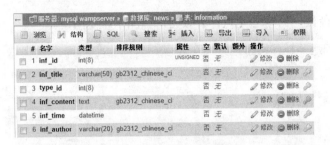

图 16-8　information 数据表

浏览 结构 SQL 搜索 插入 导出 导入 权限 操作 触发器
字段 类型 函数 空 值
inf_id int(8) unsigned 23
inf_title varchar(50) 赶走小肥肉，秋天正当时
type_id int(8) 2
inf_content text 这里是测试内容
inf_time datetime 2017-11-04 12:00:00
inf_author varchar(20) 王晓明
执行

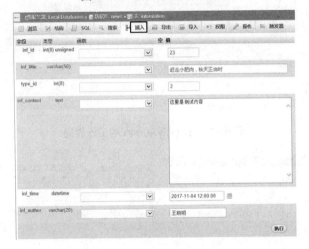

图 16-9　插入数据

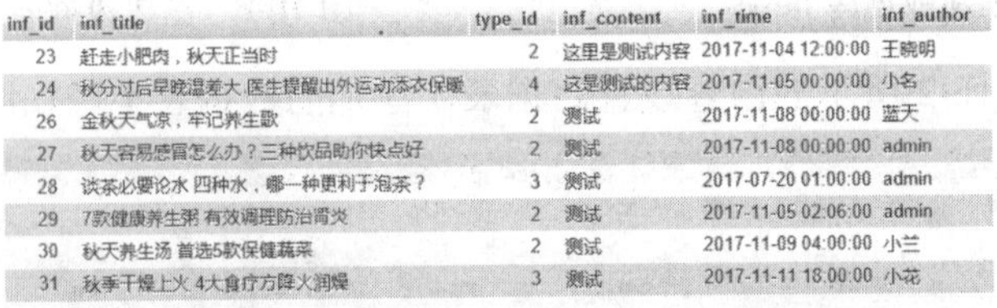

inf_id inf_title type_id inf_content inf_time inf_author
23 赶走小肥肉，秋天正当时 2 这里是测试内容 2017-11-04 12:00:00 王晓明
24 秋分过后早晚温差大 医生提醒出外运动添衣保暖 4 这是测试的内容 2017-11-05 00:00:00 小名
26 金秋天气凉，牢记养生歌 2 测试 2017-11-08 00:00:00 蓝天
27 秋天容易感冒怎么办？三种饮品助你快点好 2 测试 2017-11-08 00:00:00 admin
28 谈茶必要论水 四种水，哪一种更利于泡茶？ 3 测试 2017-07-20 01:00:00 admin
29 7款健康养生粥 有效调理防治胃炎 2 测试 2017-11-05 02:06:00 admin
30 秋天养生汤 首选5款保健蔬菜 2 测试 2017-11-09 04:00:00 小兰
31 秋季干燥上火 4大食疗方降火润燥 3 测试 2017-11-11 18:00:00 小花

图 16-10　输入 information 表中的记录

step 08 采用上述方法，参照表 16-3 和表 16-4，创建一个名称为 information_type 和名称为 admin 的数据表。输入字段名称并设置其属性，最终效果如图 16-11 和图 16-12 所示。

服务器: mysql wampserver » 数据库: news » 表: information_type
浏览 结构 SQL 搜索 插入 导出
名字 类型 排序规则 属性 空 默认 额外
1 type_id int(8) UNSIGNED 否 无
2 type_name varchar(50) gb2312_chinese_ci 否 无

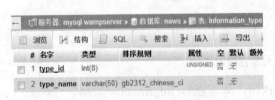

图 16-11　information_type 的表结构

服务器: mysql wampserver » 数据库: news » 表: admin
浏览 结构 SQL 搜索 插入
名字 类型 排序规则 属性 空 默认
1 username varchar(20) gb2312_chinese_ci 否 无
2 password varchar(20) geostd8_general_ci 否 无

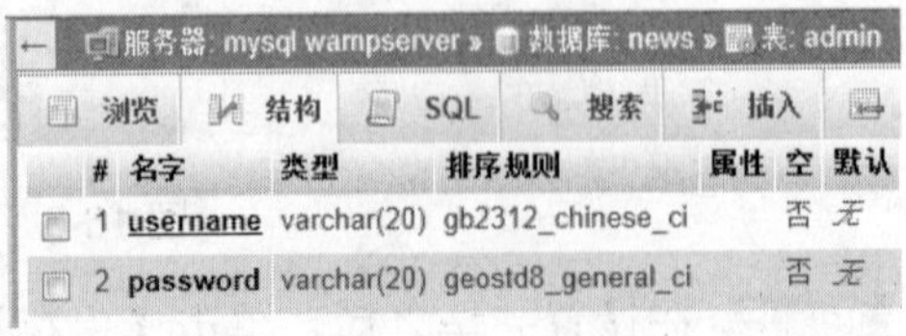

图 16-12　admin 的表结构

step 09 为了演示效果，分别对 information_type 数据表和 admin 数据表添加记录，如图 16-13 和图 6-14 所示。

type_id	type_name
2	养生之道
3	饮食养生
4	运动养生

username	password
admin	admin

图 16-13　向 information_type 表中输入的记录　　　图 16-14　向 admin 表中输入的记录

16.2.2　创建数据库连接

数据库编辑完成后，必须在 Dreamweaver CC 中建立数据源连接对象。这样做的目的是方便在动态网页中使用前面建立的信息系统数据库文件和动态地管理信息数据。具体操作步骤如下。

step 01 根据前面讲过的站点设置方法，设置好"站点""文档类型""测试服务器"。打开创建的 index.php 页面，选择【窗口】→【数据库】菜单命令，进入【数据库】面板。单击【数据库】面板中的 按钮，弹出图 16-15 所示的下拉菜单，选择【MySQL 连接】命令。

step 02 进入【MySQL 连接】对话框后，输入自定义的连接名称 information，输入 MySQL 服务器的用户名和密码，单击【选取】按钮来选取连接的数据库，如图 16-16 所示。

图 16-15　连接数据库

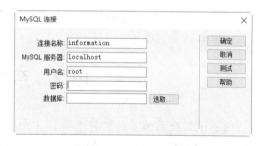

图 16-16　【MySQL 连接】对话框

step 03 打开【选取数据库】对话框，选择 news 数据库，单击【确定】按钮，如图 16-17 所示。

step 04 返回到【MySQL 连接】对话框后，单击【确定】按钮。返回 Dreamweaver CC，此时打开【数据库】面板，看到 news 数据库的数据表在连接设置后已经读入 Dreamweaver CC 了，如图 16-18 所示。

step 05 同时，在网站根目录下将会自动创建名为 Connections 的文件夹，该文件夹内有一个名为 information.php 的文件，打开该文件，切换到【代码】视图，添加以下代码：

```
mysql_query("set character set 'gb2312'");//读数据库编码
mysql_query("set names 'gb2312'");//写数据库编码
```

添加效果如图 16-19 所示。

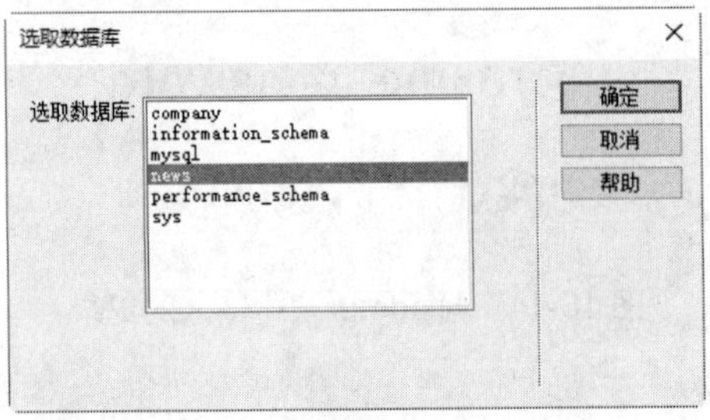

图 16-17 【选取数据库】对话框

图 16-18 【数据库】面板

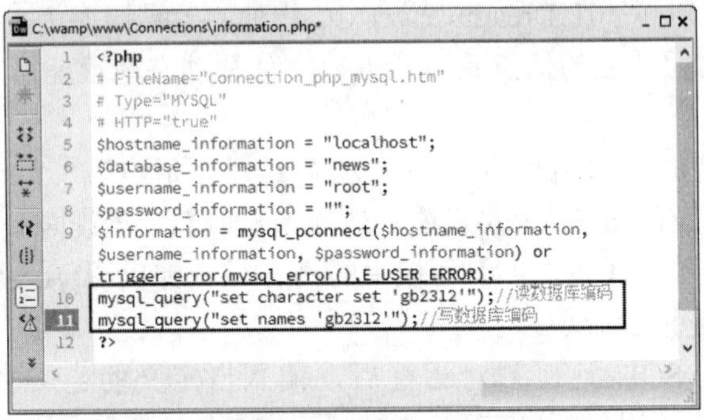

```php
C:\wamp\www\Connections\information.php*
1   <?php
2   # FileName="Connection_php_mysql.htm"
3   # Type="MYSQL"
4   # HTTP="true"
5   $hostname_information = "localhost";
6   $database_information = "news";
7   $username_information = "root";
8   $password_information = "";
9   $information = mysql_pconnect($hostname_information,
    $username_information, $password_information) or
    trigger error(mysql error().E USER ERROR);
10  mysql_query("set character set 'gb2312'");//读数据库编码
11  mysql_query("set names 'gb2312'");//写数据库编码
12  ?>
```

图 16-19 添加代码

step 06 在 Dreamweaver CC 界面中选择【文件】→【保存】菜单命令，保存该文档，完成数据库的连接。

16.3 系统页面设计

信息资讯管理系统前台部分主要有 3 个动态页面，分别是信息主页面(index.php)、信息分类页面(type.php)和信息内容页面(newscontent.php)。

16.3.1 网站首页的设计

本小节主要介绍信息资讯管理系统主页面 index.php 的制作，在 index.php 页面中主要有显示最新信息的标题、信息的加入时间、显示信息分类，单击信息中的分类进入分类子页面可以查看信息子类中的信息，单击信息标题进入信息详细内容页面，可以对信息的主题内容进行搜索等。

1. 制作信息分类模块

下面介绍首页中信息分类模块的制作，详细的操作步骤如下。

step 01 打开创建的 index.php 页面，输入网页标题"健康养生网首页"，选择【文件】→【保存】菜单命令将网页保存，如图 16-20 所示。

图 16-20　添加网页标题

step 02 选择【修改】→【页面属性】菜单命令，打开【页面属性】对话框，选择【分类】列表框中的【外观(CSS)】选项，字体【大小】设置为 12px，在【上边距】文本框中输入 0px，这样设置的目的是为了让页面的第一个表格能置顶到上边，如图 16-21 所示。

step 03 单击【确定】按钮，进入文档窗口，选择【插入】→【表格】菜单命令，打开【表格】对话框，在【行数】文本框中输入行数为 4；在【列】文本框中输入列数为 2。在【表格宽度】文本框中输入 990 像素，其他设置如图 16-22 所示。

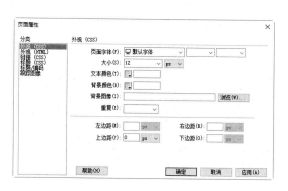

图 16-21　【页面属性】对话框

图 16-22　设置插入一个 4 行 2 列的表格

step 04 单击【确定】按钮，在文档窗口中，插入了一个 4 行 2 列的表格。单击选择插入的整个表格，在【属性】面板上单击【对齐】下拉按钮，在下拉列表框中选择【居中对齐】选项，让插入的表格居中对齐，如图 16-23 所示。

图 16-23　【属性】面板

step 05 将光标放置在第 1 行第 1 列单元格中，选择【插入】→【图像】→【图像】菜单命令，打开【选择图像源文件】对话框，选择 images 文件下的 logo.gif 图像，单击【确定】按钮插入图片，如图 16-24 所示。

step 06 将光标放置在第 1 行第 2 列单元格中，选择【插入】→【图像】→【图像】菜单命令，打开【选择图像源文件】对话框，选择 images 文件下的 banner.gif 图像，单击【确定】按钮插入图片，如图 16-25 所示。

图 16-24 插入 logo.gif 图像　　　　　图 16-25 插入 banner.gif 图像

step 07　将光标放置在第 2 行单元格中，选择【插入】→【图像】→【图像】菜单命令，打开【选择图像源文件】对话框，选择 images 文件下的 1.gif 图像，单击【确定】按钮插入图片，这样就完成了网站首页头部的设计，如图 16-26 所示。

图 16-26 网站首页头部的设计

step 08　将光标放置在第 3 行表格中，选择【插入】→【表格】菜单命令，插入一个 1 行 3 列的表格，在第 3 行第 1 列单元格中插入一个 left.jpg 图像作为背景，效果如图 16-27 所示。

图 16-27 在第 3 行第 1 列插入背景图

step 09　将光标放置在第 3 行第 3 列表格中，在第 3 行第 3 列中插入一个 03.gif 图像作为背景，效果如图 16-28 所示。

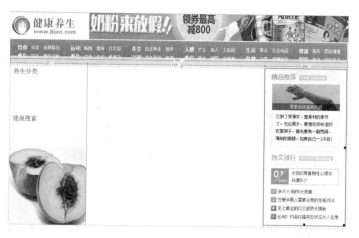

图 16-28　在第 3 行第 3 列插入图片

step 10 将光标放置在第 4 行单元格中。选择【插入】→【图像】→【图像】菜单命令，打开【选择图像源文件】对话框，选择同站点 images 文件夹中的 7.gif 图片，如图 16-29 所示。

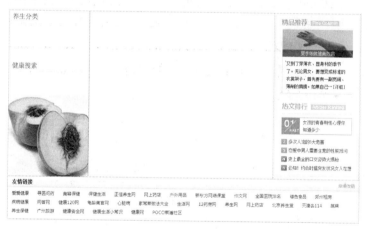

图 16-29　在第 4 行插入图片

step 11 将光标放置在第 3 行第 1 列的单元格中，选择【插入】→【表格】菜单命令，打开【表格】对话框，在【行数】文本框中输入行数 4，在【列】文本框中输入 1，在【表格宽度】文本框中输入 92%，其【边框粗细】、【单元格边距】和【单元格间距】都为 0，如图 16-30 所示。

step 12 单击刚创建的左边空白单元，然后再单击文档窗口上的 拆分 按钮，在 <td> 和 </td> 之间输入 valign="top" 代码，表示让光标能够自动放置至单元格的最上方，如图 16-31 所示。

step 13 接下来用【绑定】面板，将网页所需要的数据字段绑定到网页中。index.php 这个页面使用的数据表是 information 和 information_type，单击【应用程序】面板组中【绑定】面板上的 ➕ 按钮，在弹出的下拉菜单中选择【记录集(查询)】命令，在打开的【记录集】对话框中输入如表 16-5 所示的数据，如图 16-32 所示。

图 16-30 【表格】对话框　　　　　　图 16-31 加入代码

表 16-5 "记录集"设定

属　性	设　置　值	属　性	设　置　值
名称	Recordset1	列	全部
连接	information	筛选	无
表格	information_type	排序	无

step 14 绑定记录集后，将记录集中信息分类的字段 type_name 插入至 index.php 网页的适当位置，如图 16-33 所示。

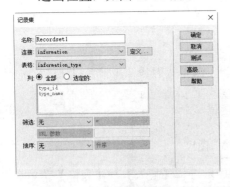

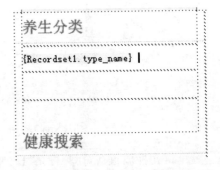

图 16-32 【记录集】对话框　　　　　　图 16-33 插入至 index.php 网页中

step 15 由于要在 index.php 这个页面中显示数据库中所有信息分类的标题，而目前的设定只会显示数据库的第一笔数据，因此，需要加入【服务器行为】中的【重复区域】命令，让所有的信息分类全部显示出来，选择{Recordset1.type_name}所在的行，如图 16-34 所示。

step 16 单击【应用程序】面板组中【服务器行为】面板上的 ➕ 按钮，在弹出的下拉菜单中选择【重复区域】命令，在打开的【重复区域】对话框中，选中【所有记录】单选按钮，如图 16-35 所示。

step 17 单击【确定】按钮回到编辑页面，会发现先前所选取要重复的区域左上角出现了一个"重复"的灰色标签，这表示已经完成设置，如图 16-36 所示。

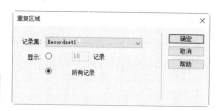

图 16-34　选择要重复显示的一列　　　图 16-35　选择一次可以显示的次数　　　图 16-36　添加重复区域效果

2. 转到详细页面的访问设置

在本程序的设计上，希望用户在浏览信息标题页面后，可以选择有兴趣的主题来阅读详细内容。而选择主题再转到详细页面，就是在这里要设置的。

若用户曾使用过 Dreamweaver CC 开发如 ASP 的网页程序，就会发现在 PHP 的环境中【服务器行为】面板似乎少了一个功能，即"转到细节页面"。其实不只少了这个功能，但是以这个功能的使用频率较高，那该怎么办呢？

这里要使用由 www.felixone.it 所制作的<MX682891_FX_PHPMissingTools.mxp>扩充程序，可以在该作者的网站中查找并下载安装这个扩充程序，如图 16-37 所示。

图 16-37　查看扩展插件

双击 MX682891_FX_PHPMissingTools.zxp 插件，即可打开许可证安装窗口，单击【接受】按钮，将自动安装该插件，如图 16-38 所示。

安装完成后，在插件管理器窗口中即可看到刚刚安装的插件，如果不再需要，可以单击【移除】按钮，删除该插件，如图 16-39 所示。

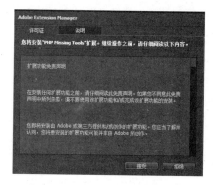

图 16-38　许可证安装窗口

图 16-39　成功安装插件

> 在安装完毕之后，请一定要关闭 Dreamweaver CC 后再重新打开，以确保这个扩充程序可以正确使用。

"转到详细页面"就是用户在选择某一标题的文字访问后会转到另一个页面来显示该主题的详细内容。但是另一个页面怎么知道要从数据库中调出哪一个记录来显示呢？所以在主页面上的访问必须要带一个值让详细页面来判断，这就是这个服务器行为的目的。以下是设置 Go To Detail Page 的具体步骤。

step 01 为了实现这个功能首先要选取编辑页面中的信息分类标题字段，如图 16-40 所示。

step 02 单击【应用程序】面板组中【服务器行为】面板上的 ⊞ 按钮，在弹出的下拉菜单中选择 Go To Detail Page 命令，如图 16-41 所示。

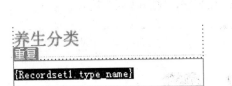

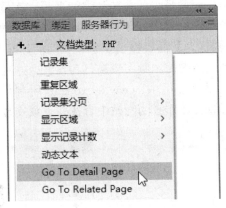

图 16-40　选择信息分类标题　　　　　　图 16-41　选择 Go To Detail Page 命令

step 03 在打开的 Go To Detail Page 对话框中单击【浏览】按钮，打开【选择文件】对话框，选择此站点中的 type.php，如图 16-42 所示。

step 04 单击【确定】按钮，返回到 Go To Detail Page 对话框，其他设定值采用默认值，如图 16-43 所示。

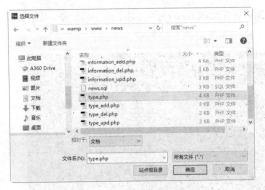

图 16-42　【选择文件】对话框　　　　　　图 16-43　Go To Detail Page 对话框

step 05 单击【确定】按钮回到编辑页面，主页面 index.php 中信息分类的制作已经完成，最新信息的显示页面设计效果如图 16-44 所示。

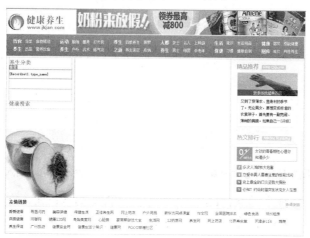

图 16-44　设计结果效果

3. 制作信息数据读取模块

制作完成信息分类栏目后，下一步就是将 information 数据表中的信息数据读取出来，并在首页上进行显示。

具体的操作步骤如下。

step 01　将光标放置在第 3 行第 2 列的单元格中，选择【插入】→【表格】菜单命令，打开【表格】对话框，在【行数】文本框中输入行数 3，在【列】文本框中输入列数 2。在【表格宽度】文本框中输入 92%，其【边框粗细】、【单元格边距】和【单元格间距】都为 0，如图 16-45 所示。

step 02　单击【确定】按钮，即可在网页中插入表格，如图 16-46 所示。

图 16-45　【表格】对话框　　　　　图 16-46　插入表格

step 03　合并第一行单元格，然后选择【插入】→【图像】菜单命令，打开【选择图像源文件】对话框，在其中选择要插入的图片，如图 16-47 所示。

step 04　单击【确定】按钮，插入图片，如图 16-48 所示。

图 16-47　【选择图像源文件】对话框　　　图 16-48　插入图片

step 05 单击【应用程序】面板组中【绑定】面板上的 ➕ 按钮，在弹出的下拉菜单中选择【记录集(查询)】命令，在打开的【记录集】对话框中输入表 16-6 所示的数据，如图 16-49 所示。

表 16-6　"记录集 Re1"设定

属　性	设　置　值	属　性	设　置　值
名称	Re1	列	全部
连接	information	筛选	无
表格	information	排序	以 information_id 升序

step 06 插入"记录集"后，将记录集的字段插入至 index.php 网页的适当位置，如图 16-50 所示。

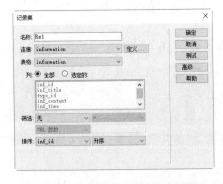

图 16-49　【记录集】对话框　　　图 16-50　绑定数据

step 07 由于要在 index.php 页面显示数据库中部分信息，而目前的设定则只会显示数据库的第一笔数据，因此，需要加入【服务器行为】中【重复区域】的设置来重复显示部分信息，单击选择要重复显示信息的那一行，如图 16-51 所示。

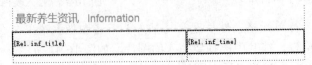

图 16-51　单击需要重复的表格

step 08 单击【应用程序】面板组中【服务器行为】面板上的 ➕ 按钮，在弹出的下拉菜单中选择【重复区域】命令，在弹出的【重复区域】对话框中，【记录集】选择Re1，要重复的记录条数输入 10 条记录，如图 16-52 所示。

图 16-52 【重复区域】对话框

step 09 单击【确定】按钮，回到编辑页面，会发现先前所选取要重复的区域左上角出现了一个"重复"的灰色标签，这表示已经完成设定了，如图 16-53 所示。

step 10 由于最新信息这个功能，除了显示网站中部分信息外，还要提供访问者感兴趣的信息标题链接至详细内容来阅读，首先选取编辑页面中的信息标题字段，如图 16-54 所示。

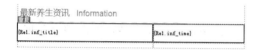

图 16-53 添加重复区域效果

图 16-54 选择信息标题字段

step 11 单击【应用程序】面板组中【服务器行为】面板上的 ➕ 按钮，在弹出的下拉菜单中选择 Go To Detail Page 命令，在打开的 Go To Detail Page 对话框中单击【浏览】按钮，如图 16-55 所示。打开【选择文件】对话框，选择此站点中 information文件夹中的 content.php。

step 12 单击【确定】按钮回到编辑页面。当记录集超过一页，就必须要有【上一页】、【下一页】等按钮或文字，让访问者可以实现翻页的功能。在【服务器行为】面板中单击 ➕ 按钮，在弹出的下拉菜单中选择【记录集分页】→【移至第一页】命令，添加【第一页】选项，如图 16-56 所示。

图 16-55 Go To Detail Page 对话框

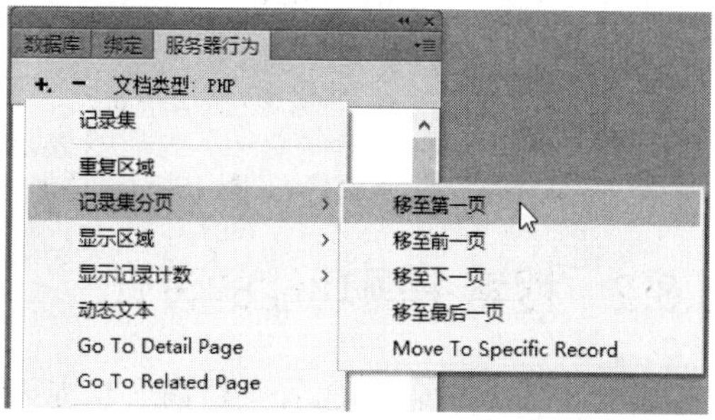

图 16-56 【服务器行为】面板

step 13 使用同样的方法添加其他记录集分页信息，如图 16-57 所示。

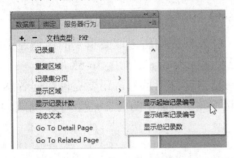

图 16-57　添加其他记录集分页信息

step 14　在【服务器行为】面板中，单击➕按钮，在弹出的下拉菜单中选择【显示记录计数】→【显示起始记录编号】命令，如图 16-58 所示。

step 15　打开【显示起始记录编号】对话框，单击【记录集】右侧的下拉按钮，在弹出的下拉列表框中选择 Re1 选项，如图 16-59 所示。

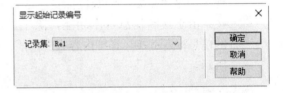

图 16-58　【服务器行为】面板　　　　**图 16-59　【显示起始记录编号】对话框**

step 16　单击【确定】按钮，在网页中添加记录编号信息，如图 16-60 所示。

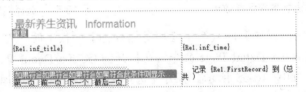

图 16-60　添加记录编号信息

step 17　使用相同的方法添加其他记录编号与记录数，如图 16-61 所示。

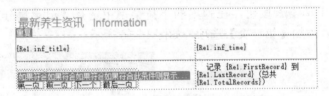

图 16-61　添加其他记录编号及记录数

16.3.2　搜索主题功能的设计

index.php 页面需要加入"查询"功能，这样信息资讯管理系统才不会因日后数据太多而有不易访问的情形发生。具体操作步骤如下。

step 01　在 index.php 页面中，将光标放置在左侧页面表格中的第 4 行，然后选择【插入】→【表单】→【表单】菜单命令，在该单元格中插入一个表单，如图 16-62 所示。

step 02 在表单中输入文字"健康查询"，然后选择【插入】→【表单】→【文本域】
菜单命令，插入一个文本框，如图 16-63 所示。

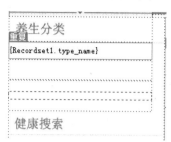

图 16-62 插入表单

图 16-63 插入文本框

step 03 在【属性】面板中设置文本域的属性值，如图 16-64 所示。

图 16-64 【属性】面板

step 04 将光标放置在文本域的后面，选择【插入】→【表单】→【按钮】菜单命令，
插入一个按钮，在【属性】面板中设置按钮的名称为"查询"，并选中【提交表
单】单选按钮，如图 16-65 所示。

图 16-65 插入按钮并设置属性

step 05 在此要将之前建立的记录集 Re1 做一下更改。打开【记录集】对话框，进入
【高级】设置，在原有的 SQL 语法中，加入一段具有查询功能的代码：

```
WHERE inf_title like '%''.$keyword.''%'
```

那么以前的 SQL 语句将变成图 16-66 所示。

 提示

　　　其中，like 是模糊查询的运算值，%表示任意字符，而 keyword 是个变量，
分别代表关键词。

step 06 切换到【代码】视图。找到 Re1 记录集相应的代码并加入以下代码：

```
$keyword=$_POST[keyword];
//定义 keyword 为表单中"keyword"的请求变量
```

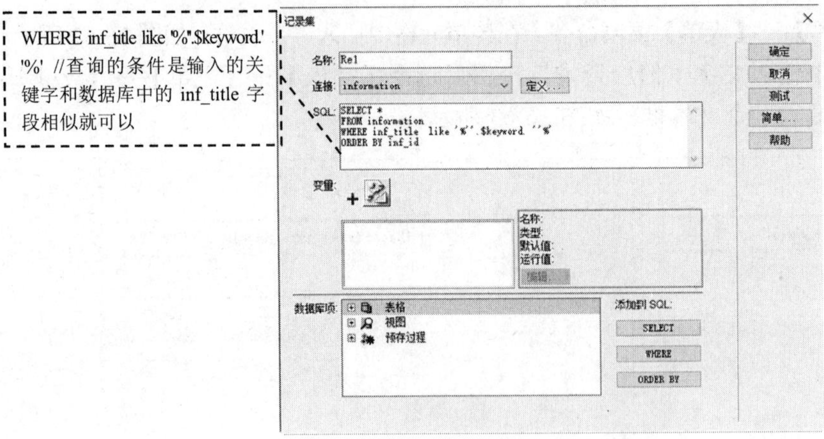

图 16-66　修改 SQL 语句

如图 16-67 所示，完成设置。

step 07　以上的设置完成后，index.php 系统主页面就有查询功能了，可以按 F12 键，到浏览器测试一下是否能正确地查询。首先 index.php 页面会显示所有网站中的信息分类主题和最新信息标题，如图 16-68 所示。

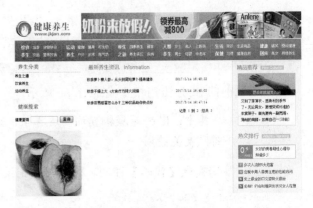

图 16-67　加入代码

图 16-68　主页面浏览效果

step 08　在关键词中输入"秋季"并单击【查询】按钮，结果会发现页面中的记录只显示有关"秋季"所发表的最新信息主题，这样查询功能就已经实现了。最终的效果如图 16-69 所示。

16.3.3　信息分类页面的设计

信息分类页面 type.php 用于显示每个信息分类，当访问者单击 index.php 页面中的任何一个信息分类标题时就会打

图 16-69　测试查询效果

开相应的信息分类页面。

详细的操作步骤如下。

step 01 选择【文件】→【新建】菜单命令，打开【新建文档】对话框，选择【空白页】选项，选择【页面类型】下拉列表框中的 PHP 选项，在【布局】下拉列表框中选择【无】选项，然后单击【创建】按钮创建新页面，输入网页标题"信息分类"，选择【文件】→【保存】菜单命令，在站点 information 文件夹中将该文档保存为 type.php，如图 16-70 所示。

图 16-70 添加网页标题

step 02 信息分类页面和首页面中的静态页面设计差不多，另外，信息分类页面左侧的"养生分类"模块和首页的"养生分类"模块一样，在这里不作详细说明，如图 16-71 所示。

图 16-71 测试查询效果

step 03 type.php 这个页面主要是显示所有信息分类标题的数据，所使用的数据表是 information，单击【绑定】面板中的【增加】标签上的 ➕ 按钮，在弹出的下拉菜单中选择【记录集(查询)】命令，在打开的【记录集】对话框中输入表 16-7 所示的数据，再单击【确定】按钮后就完成设定了，如图 16-72 所示。

step 04 单击【确定】按钮，完成记录集绑定。将光标定位在表格中第 2 行，然后选择【插入】→【表格】菜单命令，打开【表格】对话框，在其中设置表格的相关参数，如图 16-73 所示。

step 05 单击【确定】按钮，在其中插入一个 2 行 2 列的表格，并设置表格的对齐方式为"居中对齐"，如图 16-74 所示。

表 16-7　输入"记录集"

属　性	设 置 值	属　性	设 置 值
名称	Recordset1	列	全部
连接	information	筛选	type_id=URL 参数 type_id
表格	information	排序	以 inf_id 升序

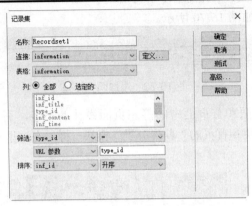

图 16-72　【记录集】对话框

图 16-73　【表格】对话框

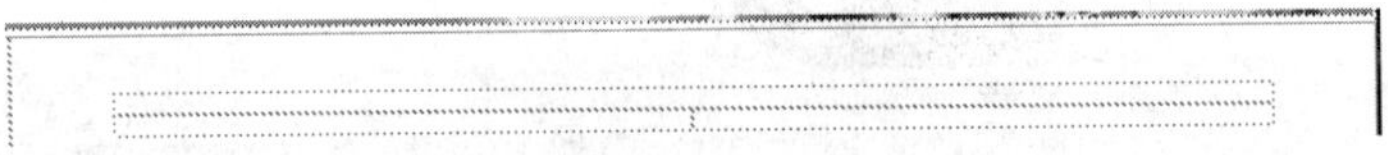

图 16-74　插入表格

step 06　合并第 1 行，将记录集的字段插入至 type.php 网页中的适当位置，如图 16-75 所示。

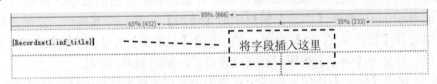

图 16-75　插入至 type.php 网页中

step 07　为了显示所有记录，需要加入【服务器行为】中的"重复区域"功能，单击选中 type.php 页面中需要重复的表格，如图 16-76 所示。

{Recordset1.inf_title}

图 16-76　单击选择要重复显示的一行

step 08　单击【应用程序】面板组中的【服务器
行为】面板上的 ✚ 按钮，在弹出的下拉菜
单中选择【重复区域】命令，打开【重复
区域】对话框，设定一页显示的数据为 10
条，如图 16-77 所示。

step 09　单击【确定】按钮，回到编辑页面，会
发现先前所选取要重复的区域左上角出现
了一个"重复"的灰色标签，这表示已经
完成设置，如图 16-78 所示。

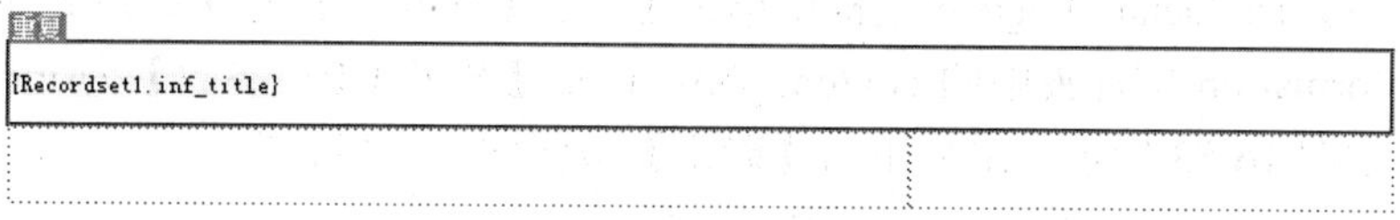

图 16-77　【重复区域】对话框

图 16-78　添加重复区域效果

step 10　在【服务器行为】面板中单击 ✚ 按钮，在弹出的下拉菜单中选择【记录集分
页】→【移至第一页】命令，添加【第一页】选项，使用同样的方法添加其他记录
集分页信息，如图 16-79 所示。

重复
{Recordset1.inf_title}

如果符合如果符合如果符合如果符合此条件则显示
第一页 前一页 下一个 最后一页

图 16-79　添加记录集分页信息

step 11　在【服务器行为】面板中单击 ✚ 按钮，在弹出的下拉菜单中选择【显示记录计
数】→【显示起始记录编号】命令，打开【显示起始记录编号】对话框，单击【记
录集】右侧的下拉按钮，在弹出的下拉列表框中选择 Recordset1 选项，如图 16-80
所示。

图 16-80　【显示起始记录编号】对话框

step 12　单击【确定】按钮，在网页中添加记录编号信息，如图 16-81 所示。

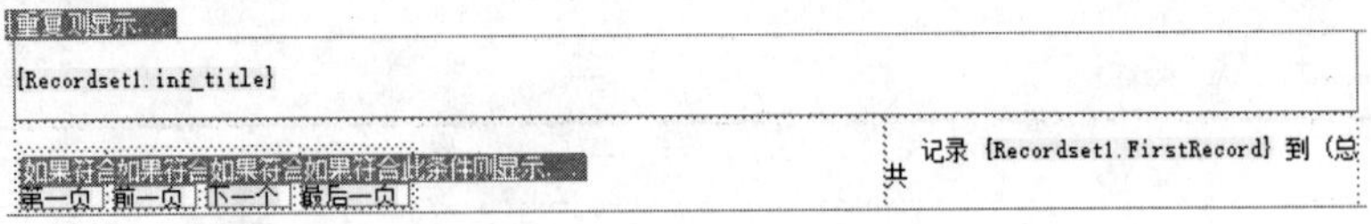

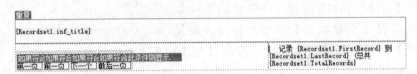

图 16-81　添加记录编号信息

step 13 使用相同的方法添加其他记录编号与记录数，如图 16-82 所示。

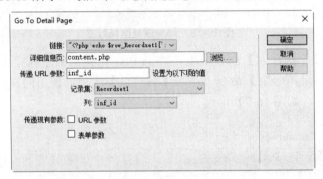

图 16-82　添加其他记录编号

step 14 选取编辑页面中的信息标题字段 inf_title，再单击【应用程序】面板组中【服务器行为】面板上的 按钮，在弹出的下拉菜单中选择 Go To Detail Page 命令，在打开的 Go To Detail Page 对话框中单击【浏览】按钮，打开【选择文件】对话框，选择 information 文件夹中的 content.php，设置【传递 URL 参数】为 inf_id，其他参数设置如图 16-83 所示。最后单击【确定】按钮即可完成设置。

图 16-83　Go To Detail Page 对话框

step 15 加入显示区域的设定。首先选取记录集有数据时要显示的数据表格，这里单击选择需要显示的整个表格，如图 16-84 所示。

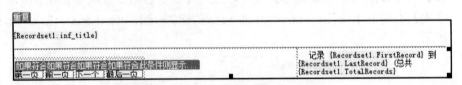

图 16-84　选择要显示的记录

step 16 单击【应用程序】面板组中【服务器行为】面板上的 按钮，在弹出的下拉菜单中选择【显示区域】→【如果记录集不为空则显示区域】命令，打开【如果记录集不为空则显示】对话框，在【记录集】下拉列表框中选择 Recordset1，如图 16-85 所示。

图 16-85 【如果记录集不为空则显示】对话框

step 17 单击【确定】按钮回到编辑页面，就会发现先前所选取要显示的区域左上角出现了一个"如果符合此重复则显示"的灰色标签，这表示已经完成设置，如图 16-86 所示。

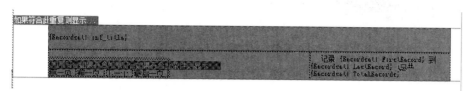

图 16-86 出现"如果符合此重复则显示"标签

step 18 选取记录集没有数据时要显示的文字信息，如图 16-87 所示。

step 19 单击【应用程序】面板组中【服务器行为】面板上的 按钮，在弹出的下拉菜单中选择【显示区域】→【如果记录集为空则显示区域】命令，打开【如果记录集为空则显示】对话框，设置【记录集】为 Recordset1，如图 16-88 所示。

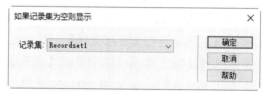

图 16-87 选择没有数据时显示的区域　　图 16-88 【如果记录集为空则显示】对话框

step 20 单击【确定】按钮回到编辑页面，会发现先前所选取要显示的区域左上角出现了一个"如果符合此重复则显示"的灰色标签，这表示已经完成设置，效果如图 16-89 所示。

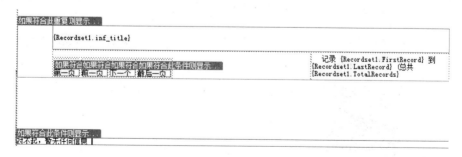

图 16-89 记录集为空则显示

step 21 至此，信息分类页面 type.php 的制作就已经完成，预览效果如图 16-90 所示。

图 16-90　信息分类页面效果

16.3.4　信息内容页面的设计

信息内容页面 content.php 用于显示每一条信息的详细内容，这个页面设计的重点在于如何接收主页面 index.php 和 type.php 所传递过来的参数，并根据这个参数显示数据库中相应的数据。

详细操作步骤如下。

step 01 选择【文件】→【新建】菜单命令，打开【新建文档】对话框，选择【空白页】选项，在【页面类型】下拉列表框中选择 PHP 选项，在【布局】下拉列表框中选择【无】选项，然后单击【创建】按钮创建新页面，选择【文件】→【保存】菜单命令，在站点的 information 文件夹中将该文档保存为 content.php。

step 02 页面设计和前面的页面设计差不多，在这里不作详细的页面制作说明，效果如图 16-91 所示。

图 16-91　信息内容页面设计效果

step 03 单击【绑定】面板中【增加】标签上的 ➕ 按钮，在弹出的下拉菜单中选择【记录集(查询)】命令，在打开的【记录集】对话框中输入表 16-8 所列的数据，再单击【确定】按钮后就完成设置了，对话框的设置如图 16-92 所示。

表 16-8　"记录集"的表格设置

属　性	设　置　值	属　性	设　置　值
名称	Recordset1	列	全部
连接	information	筛选	inf_id=URL 参数　inf_id
表格	information	排序	无

step 04 将光标定位在第 2 行第 2 列单元格中，选择【插入】→【表格】菜单命令，打开【表格】对话框，在其中设置表格的参数，如图 16-93 所示。

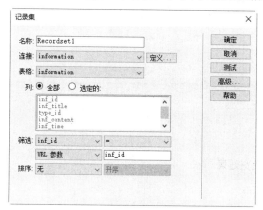

图 16-92　【记录集】对话框 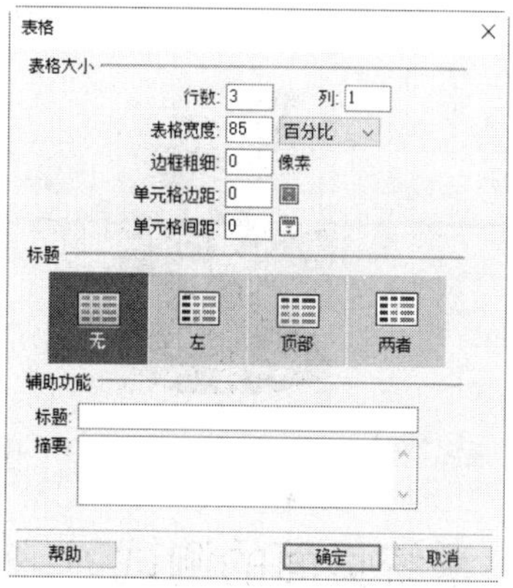　　　　图 16-93　【表格】对话框

step 05 单击【确定】按钮，在网页中插入一个 3 行 1 列的表格，然后选择【插入】→【图像】菜单命令，在表格的第 2 行插入一张图片 line.jpg，如图 16-94 所示。

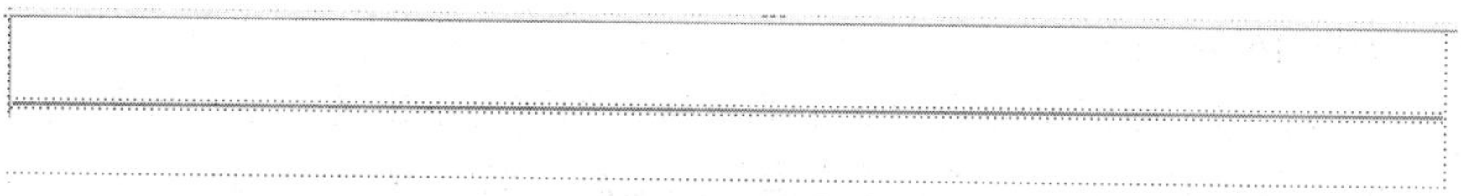

图 16-94　插入图片 line.jpg

step 06 绑定记录集后，将记录集的字段插入至 content.php 页面中的适当位置，完成信息内容页面 content.php 的制作，如图 16-95 所示。

图 16-95　绑定记录集到页面中

step 07 绑定数据到页面后，设置信息标题和信息内容的样式，这样更加美观。选择信息标题字段，在【属性】面板中的 CSS 样式表中，设置大小为 14，字体颜色为

#000，加粗，设置【目标规则】的名称为".title"，如图 16-96 所示。

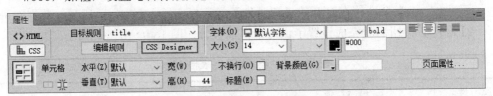

图 16-96　新建 CSS 样式

step 08 用同样的方法设置信息内容的样式，这样信息内容页面将完成制作。预览效果如图 16-97 所示。

图 16-97　预览效果

16.3.5　系统页面的测试

制作好一个系统后，需要测试无误才能上传到服务器以供使用。下面介绍系统页面测试的操作步骤。

step 01 打开 IE 浏览器，在地址栏中输入 http://localhost/index.php，打开 index.php 页面，如图 16-98 所示。

step 02 单击页面左侧信息分类模块下的链接，如这里单击【养生之道】超链接，即可在右侧的页面中显示有关"养生之道"的信息，如图 16-99 所示。

图 16-98　打开 index.php 页面

图 16-99　单击【养生之道】超链接

step 03 单击【饮食养生】超链接，在右侧的页面中则显示有关"饮食养生"的信息，如图 16-100 所示。

step 04 如果想要查看分类信息的详细内容，可以在右侧的分类信息中单击任意一个文章标题，就可以打开该标题文章的详细内容页面，如图 16-101 所示。这就说明信息资讯管理系统的前台页面设计完成。

图 16-100 单击【饮食养生】超链接

图 16-101 详细内容页面

16.4 后台管理页面设计

信息资讯管理系统后台管理对于信息资讯管理系统来说非常重要，管理者可以通过账号和密码进入后台对信息进行分类，以及对信息内容进行增加、修改或删除，使网站能随时保持最新、最实时的信息。

16.4.1 后台管理入口页面

后台管理主页面必须受到权限管理，可以利用登录账号与密码来判别是否由此用户来实现权限的设置管理。

详细操作步骤如下。

step 01 选择【文件】→【新建】菜单命令，打开【新建文档】对话框，选择【空白页】选项，在【页面类型】下拉列表框中选择 ASP VBScript 选项，在【布局】下拉列表框中选择【无】选项，然后单击【创建】按钮创建新页面，输入网页标题"后台管理入口"，选择【文件】→【保存】菜单命令，在站点的 admin 文件夹中将该文档保存为 admin_login.php。

step 02 选择【插入】→【表单】→【表单】菜单命令，插入一个表单。

step 03 将光标放置在该表单中，选择【插入】→【表格】菜单命令，打开【表格】对话框，在【行数】文本框中输入需要插入表格的行数 4，在【列】文本框中输入需要插入表格的列数 2，在【表格宽度】文本框中输入 400 像素，其他选项保持默认值，如图 16-102 所示。

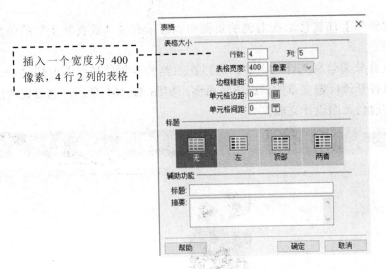

插入一个宽度为 400 像素，4 行 2 列的表格

图 16-102　插入一个宽为 400 像素 4 行 2 列的表格

step 04 单击【确定】按钮，在该表单中插入了一个 4 行 2 列的表格，选择表格，在【属性】面板中，设置【对齐】为【居中对齐】。拖动鼠标选择第 1 行表格所有单元格，在【属性】面板中单击▭按钮，将第 1 行表格合并。用同样的方法把第 4 行合并，如图 16-103 所示。

图 16-103　设置插入的表格

step 05 在表格的第 1 行中输入文字"信息资讯系统后台管理中心"，在表格的第 2 行第 1 个单元格中输入文字"账号："，将光标定位在第 2 行表格的第 2 个单元格中，选择【插入】→【表单】→【文本域】菜单命令，插入单行文本域表单对象，定义文本域名为 username，【类型】为单行，文本域属性设置及效果如图 16-104 所示。

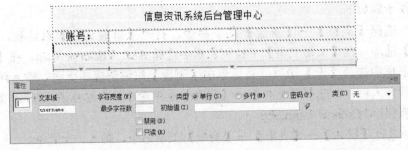

图 16-104　输入"账号"名和插入"文本域"的设置及效果

step 06 在第 3 行表格第 1 个单元格中输入文字"密码："，将光标定位在第 3 行表格的第 2 个单元格中，选择【插入】→【表单】→【文本域】菜单命令，插入单行文本域表单对象，定义文本域名为 password。【类型】为密码，文本域属性设置及效

果如图 16-105 所示。

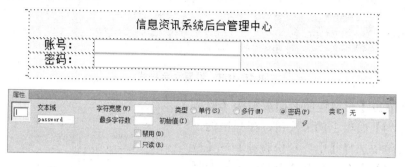

图 16-105　输入"密码"名和插入"文本域"的设置及效果

step 07　单击选择第 4 行表格，依次选择两次【插入】→【表单】→【按钮】菜单命令，插入两个按钮，并分别在【属性】面板中进行属性变更，一个为登录时用的【提交表单】选项，另一个为【重设表单】选项，属性的设置及效果如图 16-106 所示。

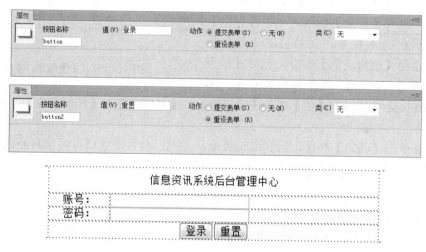

图 16-106　设置按钮及属性

step 08　选择网页中的整个表格，然后在【属性】面板中设置表格的对齐方式为【居中对齐】，【边框】的大小为2，具体的参数设置如图 16-107 所示。

图 16-107　【属性】面板

step 09　选择表格中的文字，然后在【属性】面板中的 CSS 设置界面中设置文字的【大小】为 16，表格的【背景颜色】为#66CCFF，如图 16-108 所示。

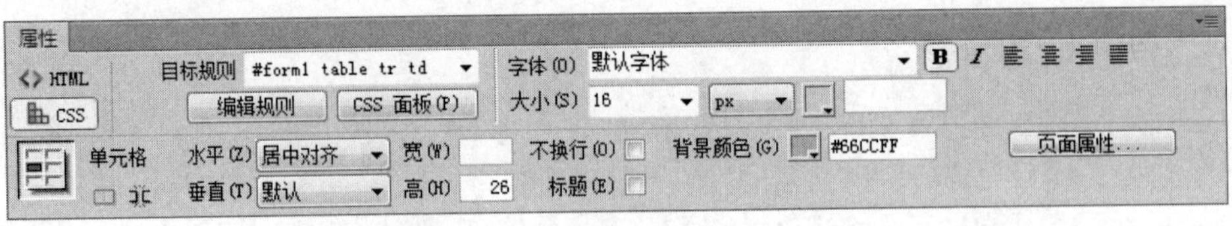

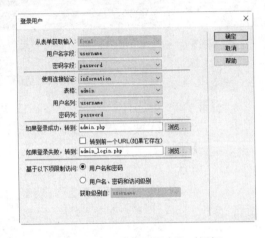

图 16-108　设置文字样式

step 10 单击【应用程序】面板组中【服务器行为】面板上的⊞按钮，在弹出的下拉菜单中选择【用户身份验证】→【登录用户】命令，打开【登录用户】对话框，设置如果不成功将返回登录页面 admin_login.php 重新登录，如果成功将登录后台管理主页面 admin.php，如图 16-109 所示。

step 11 选择【窗口】→【行为】菜单命令，打开【行为】面板，单击【行为】面板中的⊞按钮，在弹出的下拉菜单中选择【检查表单】命令，打开【检查表单】对话框，设置 username 和 password 文本域的【值】都为【必需的】，【可接受】为【任何东西】，如图 16-110 所示。

图 16-109　【登录用户】对话框

step 12 单击【确定】按钮，回到编辑页面，完成后台管理入口页面 admin_login.php 的设计与制作。预览效果如图 16-111 所示。

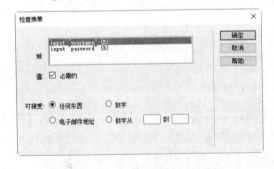

图 16-110　【检查表单】对话框

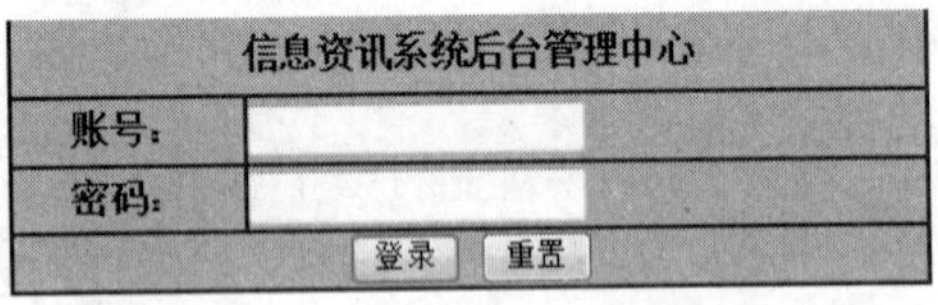

信息资讯系统后台管理中心	
账号：	
密码：	
登录　重置	

图 16-111　后台登录界面预览效果

16.4.2　后台管理主页面

后台管理主页面是管理者在登录页面验证成功后所进入的页面，这个页面可以实现对信息分类以及信息内容的新增、修改或删除，使网站能随时保持最新、最实时的信息。

详细操作步骤如下。

step 01 打开 admin.php 页面(此页面设计比较简单，页面设计在这里不作说明)，单击

【绑定】面板上的⊞按钮，在弹出的下拉菜单中选择【记录集(查询)】命令，在【记录集】对话框中输入表 16-9 所示的数据，单击【确定】按钮后即完成设定，设置如图 16-112 所示。

表 16-9　　"记录集"的表格设置

属　性	设　置　值	属　性	设　置　值
名称	Re	列	全部
连接	information	筛选	无
表格	information	排序	以 inf_id 为降序

图 16-112　【记录集】对话框

step 02　绑定记录集后，将 Re 记录集中的 inf_title 字段插入至 admin.php 网页中的适当位置，如图 16-113 所示。

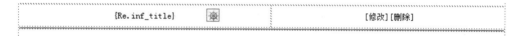

图 16-113　将记录集的字段插入至 admin.php 网页中

step 03　在这里要显示的不单是一条信息记录，而是多条信息记录，所以要加入【重复区域】命令，再选择需要重复的表格的一行，如图 16-114 所示。

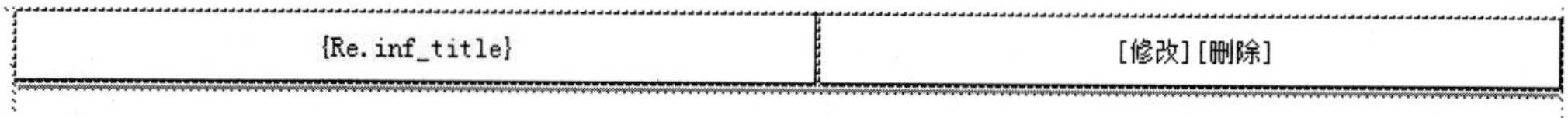

{Re.inf_title}	[修改][删除]

图 16-114　选择重复的区域

step 04　单击【应用程序】面板组中【服务器行为】面板上的⊞按钮，在弹出的下拉菜单中选择【重复区域】命令，打开【重复区域】对话框，设定一页显示的数据为 10 条记录，如图 16-115 所示。

step 05　单击【确定】按钮回到编辑页面，会发现先前所选取要重复的区域左上角出现

图 16-115　【重复区域】对话框

了一个"重复"的灰色标签，这表示已经完成设定了，如图 16-116 所示。

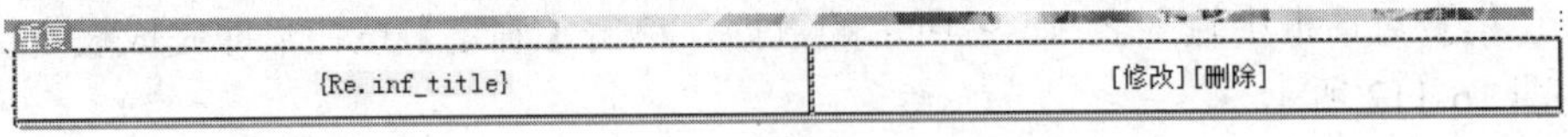

重复	
{Re.inf_title}	[修改] [删除]

图 16-116　添加重复区域效果

step 06　当显示的信息数据大于 10 条，就必须加入记录集分页功能了，在【服务器行为】面板中单击 ➕ 按钮，在弹出的下拉菜单中选择【记录集分页】→【移至第一页】命令，添加【第一页】选项，如图 16-117 所示。

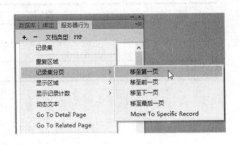

图 16-117　记录集分页选项

step 07　使用同样的方法添加其他记录集分页信息，如图 16-118 所示。

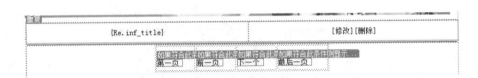

图 16-118　记录集的导航条效果

step 08　admin.php 是提供管理者链接至信息编辑的页面，然后进行新增、修改与删除等操作，设置了 4 个链接，各链接的设置如表 16-10 所示。

表 16-10　admin.php 页面的表格设置

属　性	设　置　值	属　性	设　置　值
名称	链接页面	修改	inf_upd.php
标题字段{re_inf_title}	content.php	删除	information_del.php
添加信息	inf_add.php		

提示

其中，"标题字段{re_inf_title}""修改"及"删除"的链接必须要传递参数 inf_id 给转到的页面，这样转到的页面才能够根据参数值而从数据库将某一笔数据筛选出来再进行编辑。

图 16-119　【超级链接】对话框

step 09　首先选取【添加信息资讯】，选择【插入】面板中【常用】选项卡下的【超级链接】选项，打开 Hyperlink 对话框，将它链接到 admin 文件夹中的 information_add.php 页面，如图 16-119 所示。

step 10　在右边栏中添加、修改和删除文字，并选取"修改"文字，然后单击【应用程

序】面板组中【服务器行为】面板上的 按钮，在弹出的下拉菜单中选择 Go To
Detail Page 命令，打开 Go To Detail Page 对话框，单击【浏览】按钮打开【选择文
件】对话框，选择 admin 文件夹中的 news_upd.php，其他保持默认设置，如图 16-120
所示。

step 11 选取"删除"文字并重复上面的操作，要转到的页面改为 information_del.php，
如图 16-121 所示。

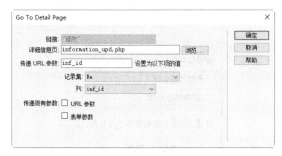
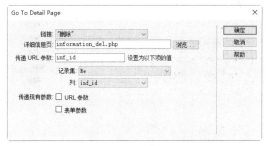

图 16-120 设置"修改"的转向详细页面   图 16-121 设置"删除"的转向详细页面

step 12 选取标题字段 {Re.inf_title} 并重复上面的操作，要前往的详细页面改为
content.php，如图 16-122 所示。

图 16-122 设置{Re.inf_title}的转向详细页面

step 13 单击【确定】按钮，完成转到详细页面的设置，到这里已经完成了信息内容的
编辑。现在来设置信息分类，单击【绑定】面板上的 按钮，在弹出的下拉菜单中
选择【记录集(查询)】命令，在打开的【记录集】对话框中输入如表 16-11 所示的数
据，单击【确定】按钮后完成设置，如图 16-123 所示。

step 14 绑定记录集后，将 Re1 记录集中的 type_name 字段插入至 admin.php 网页中的适
当位置，然后在字段的后面输入"修改"和"删除"文字信息，如图 16-124 所示。

step 15 在这里要显示的不单是一条信息分类记录，而是全部的信息分类记录，所以要
加入【服务器行为】中的【重复区域】功能，再选择需要重复的表格，如图 16-125
所示。

step 16 单击【应用程序】面板组中【服务器行为】面板上的 按钮，在弹出的下拉菜
单中选择【重复区域】命令，打开【重复区域】对话框，设定一页显示的数据为
【所有记录】，如图 16-126 所示。

表 16-11 "记录集"表格的设置

属 性	设 置 值	属 性	设 置 值
名称	Re1	列	全部
连接	information	筛选	无
表格	information_type	排序	无

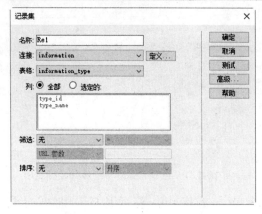

图 16-123 【记录集】对话框

图 16-124 将"记录集"的字段插入至
admin.php 网页中

{Re1.type_name} [修改][删除]

图 16-125 选择要重复的一行

图 16-126 【重复区域】对话框

step 17 单击【确定】按钮回到编辑页面，会发现先前所选取要重复的区域左上角出现了一个"重复"的灰色标签，这表示已经完成设置，如图 16-127 所示。

step 18 首先选取左边栏中的"修改"文字，然后单击【应用程序】面板组中【服务器行为】面板上的 🛨 按钮，在弹出的下拉菜单中选择 Go To Detail Page 命令，打开 Go To Detail Page 对话框，单击【浏览】按钮，打开【选择文件】对话框，选择 admin 文件夹中的 type_upd.php，其他设置保持默认，如图 16-128 所示。

step 19 选取"删除"文字并重复上面的操作，要前往的详细页面改为 type_del.php，如图 16-129 所示。

step 20 后台管理是管理员在后台管理入口页面 admin_login.php 输入正确的账号和密码后才可以进入的一个页面，所以必须设置限制对本页的访问权限。单击【应用程序】面板组中【服务器行为】面板中的 🛨 按钮，在弹出的下拉菜单中选择【用户身份验证】→【限制对页的访问】命令，如图 16-130 所示。

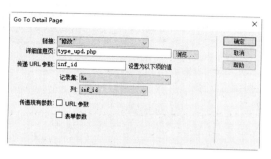

图 16-127　添加"重复区域"效果

图 16-128　设置"修改"的转向详细页面

图 16-129　设置"删除"的转向详细页面

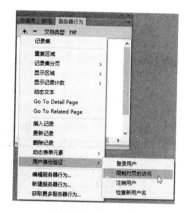

图 16-130　选择【限制对页的访问】命令

step 21 在打开的【限制对页的访问】对话框中，选中【基于以下内容进行限制】为【用户名和密码】，如果访问被拒绝，则转到首页 index.php，如图 16-131 所示。

step 22 单击【确定】按钮，就完成了后台管理主页面 admin.php 的制作，预览效果如图 16-132 所示。

图 16-131　【限制对页的访问】对话框

图 16-132　后台主页面预览效果

16.4.3　新增信息页面

新增信息页面 information_add.php 主要用来实现插入信息的功能，详细操作步骤如下。

step 01 创建 information_add.php 静态页面，效果如图 16-133 所示。

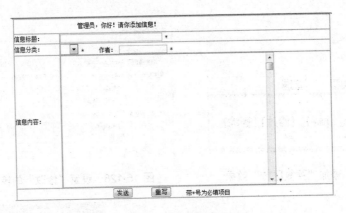

图 16-133　新增信息页面

step 02
单击【绑定】面板上的 ✚ 按钮，在弹出的下拉菜单中选择【记录集(查询)】命令，在打开的【记录集】对话框中，输入设定值如表 16-12 所示的数据，单击【确定】按钮后即完成设置，如图 16-134 所示。

表 16-12　　"记录集"的表格设定

属　性	设 置 值	属　性	设 置 值
名称	Recordset1	列	全部
连接	information	筛选	无
表格	information_type	排序	无

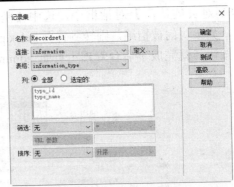

图 16-134　【记录集】对话框

step 03
绑定记录集后，单击【信息分类】的列表菜单，在【信息分类】列表菜单的【属性】面板中，单击 动态 按钮，在打开的【动态列表/菜单】对话框中设置表 16-13 所示的数据，设置完成后如图 16-135 所示。

表 16-13　　"动态列表/菜单"的表格设定

属　性	设 置 值
来自记录集的选项	Recordset1
值	type_id

属 性	设 置 值
标签	type_name
选取值等于	Recordset1 记录集中的 type_name 字段

step 04 单击【选取值等于】右侧的 🗹 按钮，打开【动态数据】对话框，在其中选择记录集的 type_name 字段，如图 16-136 所示。

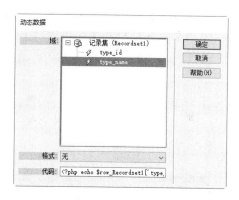

图 16-135 【动态列表/菜单】对话框　　　　图 16-136 【动态数据】对话框

step 05 单击【确定】按钮，返回到完成动态数据的绑定界面，如图 16-137 所示。

step 06 将光标定位在【发送】按钮左侧，选择【插入】→【表单】→【隐藏域】菜单命令，命名为"inf_time"，然后在【属性】面板中的【值】文本框中输入以下代码，如图 16-138 所示。

```
<?php echo date("Y-m-d H:i:s")?>
```

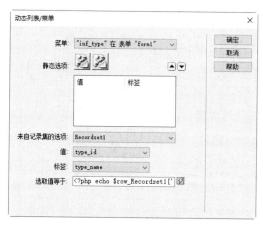

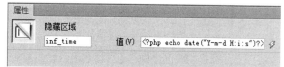

图 16-137 【动态列表/菜单】对话框　　　图 16-138 设置隐藏区域的名称和值

step 07 单击【应用程序】面板组中【服务器行为】面板上的 ➕ 按钮，在弹出的下拉菜单中选择【插入记录】命令，打开【插入记录】对话框，输入表 16-14 所示的数据，并设定【插入后，转到】后台管理主页面 admin.php，如图 16-139 所示。

表 16-14　"插入记录"的表格设定

属　性	设　置　值	属　性	设　置　值
连接	information	提交值，自	form1
插入表格	information	表单元素	表单字段与数据表字段相对应
插入后，转到	admin.php		

step 08　单击【确定】按钮完成插入记录功能，选择【窗口】→【行为】菜单命令，打开【行为】面板，单击【行为】面板上的 ➕ 按钮，在弹出的下拉菜单中选择【检查表单】命令，打开【检查表单】对话框，设置【值】为【必需的】，【可接受】为【任何东西】，如图 16-140 所示。

图 16-139　【插入记录】对话框

图 16-140　【检查表单】对话框

step 09　单击【确定】按钮回到编辑页面，就完成了 information_add.php 页面的设计。保存文件后预览效果，在其中根据提示输入需要添加的信息内容，如图 16-141 所示。

step 10　单击【发送】按钮即可将信息内容添加到网站后台数据库中，并在管理员主页面中显示出来，如图 16-142 所示。

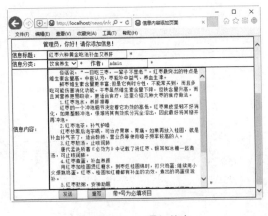

图 16-141　添加信息

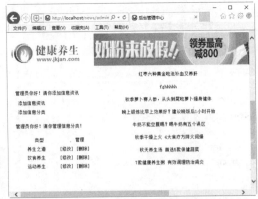

图 16-142　成功添加信息后的效果

16.4.4　修改信息页面

修改信息页面 information_upd.php 的主要功能是将数据表中的数据送到页面的表单中进

行修改，修改数据后再将数据更新到数据表中。

详细操作步骤如下。

step 01 打开 information_upd.php 页面，单击【应用程序】面板组中【绑定】面板上的
⊞按钮，在弹出的下拉菜单中选择【记录集(查询)】命令，在打开的【记录集】对
话框中输入设定值如表 16-15 所示的数据，单击【确定】按钮后即完成设置，如
图 16-143 所示。

表 16-15 "记录集"的表格设定

属　性	设　置　值	属　性	设　置　值
名称	Recordset1	列	全部
连接	information	筛选	数据域 inf_id =URL 参数 inf_id
表格	information	排序	无

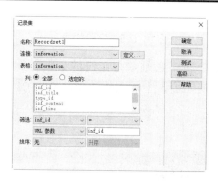

图 16-143 【记录集】对话框

step 02 用同样的方法再绑定一个记录集 Recordset2，在【记录集】对话框中输入表 16-16 所
示的数据，该记录集用于实现下拉列表框动态数据的绑定，再单击【确定】按钮完
成设置，如图 16-144 所示。

表 16-16 "记录集"的表格设定

属　性	设　置　值	属　性	设　置　值
名称	Recordset2	列	全部
连接	information	筛选	无
表格	Information_type	排序	无

图 16-144 设置记录集 Recordset2

step 03 ▶ 绑定记录集后，将记录集的字段插入至 information_upd.php 网页中的适当位置，如图 16-145 所示。

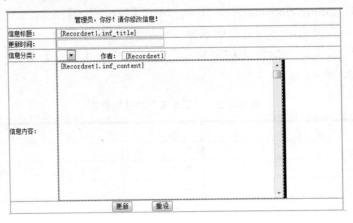

图 16-145　字段的插入

step 04 ▶ 在【更新时间】一栏中必须取得系统的最新时间，方法是在"更新时间"文本域【属性】面板的【初始值】中加入代码<%=now()%>，如图 16-146 所示。

```php
<?php echo date("Y-m-d H:i:s")?>
//取得系统当前时间
```

图 16-146　加入代码取得最新时间

step 05 ▶ 单击【信息分类】的列表菜单，在【信息分类】列表菜单的【属性】面板中，单击 ⌀ 动态... 按钮，在打开的【动态列表/菜单】对话框中设置表 16-17 所示的数据，如图 16-147 所示。

表 16-17　"动态列表/菜单"的表格设定

属　性	设　置　值
来自记录集的选项	Recordset2
值	type_id
标签	type_name
选取值等于	Recordset1 记录集中的 type_id 字段

step 06 ▶ 单击【选取值等于】后面的【动态数据】按钮，打开【动态数据】对话框，选择 Recordset1 记录集中的 type_id 字段，如图 16-148 所示。

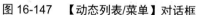

图 16-147 【动态列表/菜单】对话框

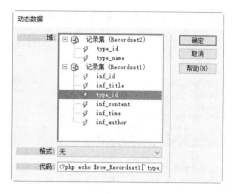

图 16-148 【动态数据】对话框

step 07 将光标定位在【重设】按钮右侧，选择【插入】→【表单】→【隐藏】菜单命令，命名为"inf_id"，然后在【属性】面板中的【值】文本框中输入以下代码，如图 16-149 所示。

```php
<?php echo $row_Recordset1['inf_id']; ?>
```

step 08 完成表单的布置后，在 information_upd.php 页面中单击【应用程序】面板组中【服务器行为】面板上的 ⊕ 按钮，在弹出的下拉菜单中选择【更新记录】命令，如图 16-150 所示。

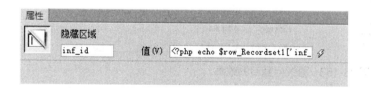

图 16-149 设置隐藏区域的名称和值

图 16-150 选择【更新记录】命令

step 09 在打开的【更新记录】对话框中，输入表 16-18 所示的值，如图 16-151 所示。

表 16-18 "更新记录"的表格设定

属 性	设 置 值
提交值，自	form1
连接	information
更新表格	information
表单元素	表单字段与数据表字段相对应
唯一键列	inf_id
在更新后，转到	admin.php

step 10 单击【确定】按钮，完成修改信息页面的设计。预览效果如图 16-152 所示。

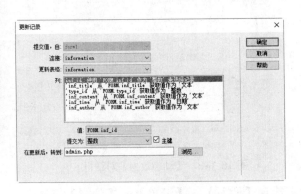

图 16-151 【更新记录】对话框

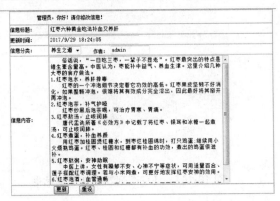

图 16-152 修改信息页面的效果

step 11 例如，这里将该信息的标题修改为"红枣的六种吃法！"，然后单击【更新】按钮，页面会自动转到 admin.php 页面中，在其中可以看到修改之后的信息，如图 16-153 所示。

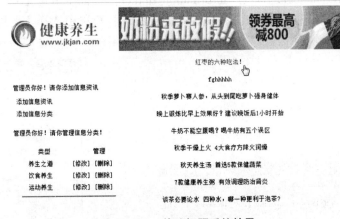

图 16-153 修改标题后的效果

16.4.5 删除信息页面

删除信息页面的方法与修改页面的方法差不多，其方法是将表单中的数据从站点的数据表中删除。

详细操作步骤如下。

step 01 打开 information_del.php 页面，单击【应用程序】面板组中【绑定】面板上的 + 按钮，接着在弹出的下拉菜单中选择【记录集(查询)】命令，在打开的【记录集】对话框中输入设定值如表 16-19 所示的数据，再单击【确定】按钮后即完成设置，如图 16-154 所示。

表 16-19 "记录集查询"的表格设定

属 性	设 置 值	属 性	设 置 值
名称	Recordset1	列	全部
连接	information	筛选	inf_id=URL 参数 inf_id
表格	information	排序	无

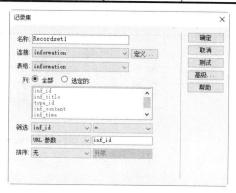

图 16-154 【记录集】对话框

step 02 用同样的方法再绑定一个记录集，在打开的【记录集】对话框中，输入设定值如表 16-20 所示的数据，单击【确定】按钮后完成设置，如图 16-155 所示。

表 16-20 "记录集"的表格设定

属 性	设 置 值	属 性	设 置 值
名称	Recordset2	列	全部
连接	information	筛选	无
表格	information_type	排序	无

step 03 绑定记录集后，将记录集的字段插入至 information_del.php 网页的适当位置，如图 16-156 所示。其中需要注意的是将 inf_id 字段拖曳到隐藏域上。

图 16-155 【记录集】对话框

图 16-156 字段的插入

step 04 绑定记录集后，单击【信息分类】的菜单，在【信息分类】菜单的【属性】面板中，单击 【动态...】 按钮，在打开的【动态列表/菜单】对话框中设置如表 16-21

所示的数据,如图 16-157 所示。

表 16-21　"动态列表/菜单"的表格设定

属　性	设　置　值
来自记录集的选项	Recordset2
值	type_id
标签	type_name
选取值等于	Recordset1 记录集中的 type_id 字段

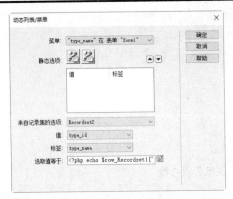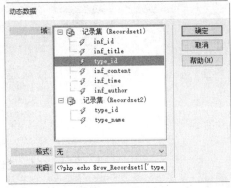

图 16-157　绑定"动态列表/菜单"

step 05　完成表单的布置后,要在 information_del.php 页面中单击【应用程序】面板组中【服务器行为】面板上的➕按钮,在弹出的下拉菜单中选择【删除记录】命令,在打开的【删除记录】对话框中输入设定值如表 16-22 所示的数据,设置如图 16-158 所示。

表 16-22　"删除记录"设定

属　性	设　置　值	属　性	设　置　值
首先检查是否已定义变量	主键值	主键列	inf_id
连接	information	主键值	URL 参数　inf_id
表格	information	删除后,转到	admin.php

step 06　单击【确定】按钮,完成删除信息页面的设计。然后进入网站的后台管理中心,如图 16-159 所示,在这里可以对网页的信息进行删除和修改处理。

图 16-158　【删除记录】对话框　　　　　图 16-159　后台管理中心

step 07　单击想要删除信息后面的【删除】链接，进入删除信息页面，如图 16-160 所示。

step 08　单击【删除】按钮，返回到后台管理中心页面中，可以看到选择的信息已被删除，如图 16-161 所示。

图 16-160　删除信息页面　　　　　　　　图 16-161　删除信息后的效果

16.4.6　新增信息分类页面

新增信息分类页面 type_add.php 的功能是将页面的表单数据新增到 information_type 数据表中。

详细操作步骤如下。

step 01　打开 type_add.php 页面，单击【应用程序】面板组中【绑定】面板上的 ➕ 按钮，接着在弹出的下拉菜单中选择【记录集(查询)】命令，在打开的【记录集】对话框中输入设定值如表 16-23 所示的数据，再单击【确定】按钮完成设置，如图 16-162 所示。

表 16-23　"记录集查询"的表格设定

属　性	设　置　值	属　性	设　置　值
名称	Recordset1	列	全部
连接	information	筛选	无
表格	information_type	排序	无

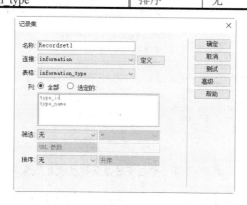

图 16-162　【记录集】对话框

step 02 单击【应用程序】面板组中【服务器行为】面板上的 ➕ 按钮，在弹出的下拉菜单中选择【插入记录】命令，在打开的【插入记录】对话框中输入设定值如表 16-24 所示的数据，并设定新增数据后转到系统管理主页面 admin.php，如图 16-163 所示。

表 16-24 "插入记录"的表格设定

属 性	设 置 值
连接	information
插入表格	information_type
插入后，转到	admin.php
提交值，自	form1
表单元素	表单字段与数据表字段相对应

step 03 选择【窗口】→【行为】菜单命令，打开【行为】面板，单击【行为】面板中的 ➕ 按钮，在弹出的下拉菜单中选择【检查表单】命令，打开【检查表单】对话框，设置【值】为【必需的】，【可接受】为【任何东西】，如图 16-164 所示。

图 16-163 设定【插入记录】对话框 　　　　　图 16-164 【检查表单】对话框

step 04 单击【确定】按钮，完成 type_add.php 页面设计。在 IE 浏览器中打开网站后台管理中心页面，在其中单击【添加信息分类】链接，如图 16-165 所示。

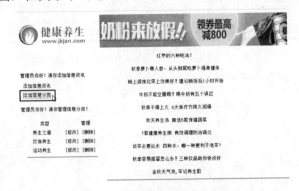

图 16-165 单击【添加信息分类】链接

step 05 打开【添加类型】页面，在【信息分类名称】文本框中输入"四季养生"，如图 16-166 所示。

step 06 　单击【添加】按钮，即可完成信息分类的添加操作，打开"健康养生"网站的首页，在其中可以看到添加的养生分类信息"四季养生"，如图 16-167 所示。

图 16-166　【添加类型】页面　　　　　　图 16-167　添加类型后的效果

16.4.7　修改信息分类页面

修改信息分类页面 type_upd.php 的功能是将数据表中的数据送到页面的表单中进行修改，修改数据后再更新至数据表中。

详细操作步骤如下。

step 01 　打开 type_upd.php 页面，并单击【应用程序】面板组中【绑定】面板上的 ➕ 按钮，在弹出的下拉菜单中选择【记录集(查询)】命令，打开【记录集】对话框，在打开的【记录集】对话框中输入设定值如表 16-25 所示的数据，单击【确定】按钮后就完成设定了，如图 16-168 所示。

表 16-25　"记录集"的表格设定

属 性	设 置 值	属 性	设 置 值
名称	Recordset1	列	全部
连接	information	筛选	type_id＝URL 参数 type_id
表格	information_type	排序	无

step 02 　绑定记录集后，将记录集的字段插入至 type_upd.php 网页中的适当位置，如图 16-169 所示。其中需要注意的是将 type_id 字段拖曳到隐藏域上。

图 16-168　【记录集】对话框　　　　　　图 16-169　字段的插入

step 03 　完成表单的布置后，在 type_upd.php 页面中，单击【应用程序】面板组中【服务器行为】面板上的 ➕ 按钮，在弹出的下拉菜单中选择【更新记录】命令，在打开的【更新记录】对话框中，输入设定值如表 16-26 所示，设定后如图 16-170 所示。

表 16-26　"更新记录"的表格设定

属　性	设　置　值	属　性	设　置　值
连接	information	在更新后，转到	admin.php
更新表格	information_type	提交值，自	form1

step 04　单击【确定】按钮，完成修改信息分类页面的设计。在 IE 浏览器中打开网站后台管理中心页面，在其中单击信息分类后面的【修改】链接，如图 16-171 所示。

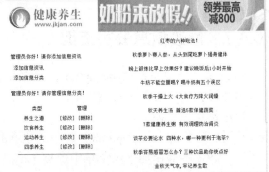

图 16-170　【更新记录】对话框　　　　图 16-171　后台管理中心页面

step 05　打开【修改类型】页面，在其中可以对信息进行修改，如这里将"四季养生"修改为"冬季养生"，如图 16-172 所示。

step 06　单击【修改】按钮，即可完成信息分类的修改操作。进入后台管理中心页面中，可以看到修改后的结果，如图 16-173 所示。

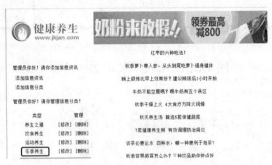

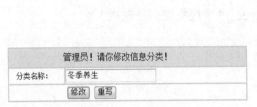

图 16-172　修改分类名称　　　　　图 16-173　修改后的结果

16.4.8　删除信息分类页面

删除信息分类页面 type_del.php 功能是将表单中的数据从站点的数据表 information_type 中删除。详细操作步骤如下。

step 01 打开 type_del.php 页面，单击【应用程序】面板组中【绑定】面板上的 + 按钮，在弹出的下拉菜单中选择【记录集(查询)】命令，在打开的【记录集】对话框中输入设定值如表 16-27 所示的数据，再单击【确定】按钮完成设置，如图 16-174 所示。

step 02 绑定记录集后，将记录集的字段插入至 type_del.php 网页中的适当位置，如图 16-175 所示。其中需要注意的是将 type_id 字段拖曳到隐藏域上。

表 16-27 "记录集查询"的表格设定

属 性	设 置 值	属 性	设 置 值
名称	Recordset1	列	全部
连接	information	筛选	type_id＝URL 参数 type_id
表格	information_type	排序	无

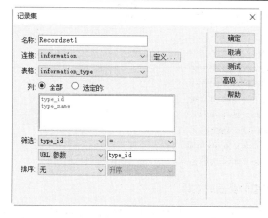

图 16-174 【记录集】对话框　　　　图 16-175 字段的插入

step 03 单击【应用程序】面板组中【服务器行为】面板上的 + 按钮，在弹出的下拉菜单中选择【删除记录】命令，在打开的【删除记录】对话框中输入设定值如表 16-28 所示，设置如图 16-176 所示。

表 16-28 "删除记录"设定

属 性	设 置 值	属 性	设 置 值
首先检查是否已定义变量	主键值	主键列	type_id
连接	information	主键值	URL 参数 type_id
表格	information_type	删除后，转到	admin.php

step 04 代码加入完成后，在 IE 浏览器中打开后台管理中心页面，单击"冬季养生"信息分类后面的【删除】超链接，如图 16-177 所示。

图 16-176　【删除记录】对话框　　　　　　　图 16-177　后台管理中心页面

step 05 即可将该信息分类删除，可以看到后台管理中心页面中已经不存在该信息分类了，如图 16-178 所示。

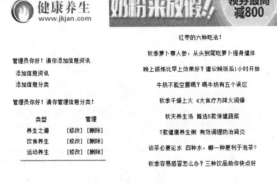

图 16-178　删除信息分类后的效果

至此，网站信息资讯管理系统开发完毕，读者可以将本章开发信息资讯管理系统的方法应用到实际的大型网站建设中。

第4篇

高手秘籍

第 17 章
让别人浏览我的
成果——网站的
测试与发布

将本地站点中的网站建设好后，需要将站点上传到远端服务器上，供 Internet 上的用户浏览，不过在上传之前，还需要对站点文件进行测试。本章就来介绍如何测试与发布网站。

17.1　上传网站前的准备工作

在将网站上传到网络服务器之前，首先要在网络服务器上注册域名和申请网络空间，同时，还要对本地计算机进行相应的配置，以完成网站的上传。

17.1.1　注册域名

域名可以说是企业的"网上商标"，所以在域名的选择上要与注册商标相符合，以便于记忆。

在申请域名时，应该选择短且容易记忆的域名，另外，最好还要和客户的商业有直接的关系，尽可能地使用客户的商标或企业名称。

17.1.2　申请空间

域名注册成功后，需要为自己的网站在网上安个"家"，即申请网站空间。网站空间是指用于存放网页的，置于服务器中的可通过国际互联网访问的硬盘空间(即用于存放网站的服务器中的硬盘空间)。

在注册了域名之后，还需要进行域名解析。域名是为了方便记忆而专门建立的一套地址转换系统。要访问一台互联网上的服务器，最终还必须通过 IP 地址来实现，域名解析就是将域名重新转换为 IP 地址的过程。

一个域名只能对应一个 IP 地址，而多个域名则可同时被解析到一个 IP 地址。域名解析需要由专门的域名解析服务器(DNS)来完成。

17.2　测　试　网　站

网站上传到服务器后，需要做的工作就是在线测试网站，这是一项十分重要又非常烦琐的工作。在线测试工作包括测试网页外观、测试链接、测试网页程序、检测数据库以及测试下载时间是否过长等。

17.2.1　案例1——测试站点范围的链接

测试网站超链接也是上传网站之前必不可少的工作之一。对网站的超链接逐一进行测试，不仅能够确保访问者打开链接目标，还可以使超链接目标与超链接源保持高度的统一。

在 Dreamweaver CC 中进行站点各页面超链接测试的操作步骤如下。

step 01　打开网站的首页，在窗口中选择【站点】→【检查站点范围的链接】菜单命令，如图 17-1 所示。

step 02 在 Dreamweaver CC 设计器的下端弹出【链接检查器】面板，并给出本页面的检测结果，如图 17-2 所示。

图 17-1　选择【检查站点范围的链接】菜单命令

图 17-2　【链接检查器】面板

step 03 如果需要检测整个站点的超链接时，单击左侧的 ▷ 按钮，在弹出的下拉菜单中选择【检查整个当前本地站点的链接】命令，如图 17-3 所示。

step 04 在【链接检查器】面板底部弹出整个站点的检测结果，如图 17-4 所示。

图 17-3　检查整个当前网站

图 17-4　站点测试结果

17.2.2　案例 2——改变站点范围的链接

更改站点内某个文件的所有链接的具体操作步骤如下。

step 01 在窗口中选择【站点】→【改变站点范围的链接】菜单命令，打开更改整个站点链接对话框，如图 17-5 所示。

step 02 在【更改所有的链接】文本框中输入要更改链接的文件，或者单击右边的【浏览文件】按钮 📁，在打开的【选择要修改的链接】对话框中选中要更改链接的文件，然后单击【确定】按钮，如图 17-6 所示。

step 03 在【变成新链接】文本框中输入新的链接文件，或者单击右边的【浏览文件】按钮 📁，在打开的【选择新链接】对话框中选中新的链接文件，如图 17-7 所示。

step 04 单击【确定】按钮，即可改变站点内某个文件的链接情况，如图 17-8 所示。

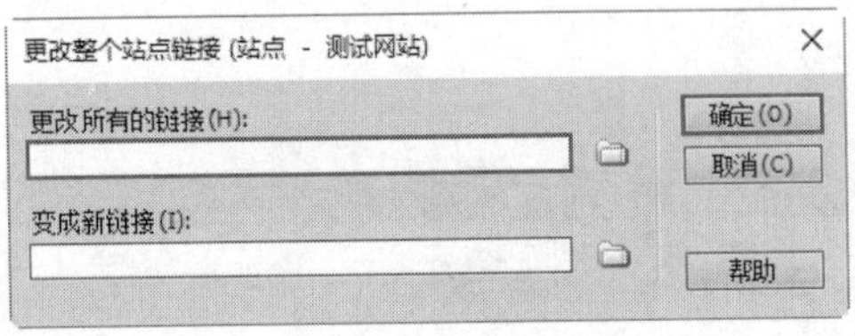

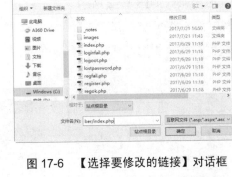

图 17-5　更改整个站点链接对话框

图 17-6　【选择要修改的链接】对话框

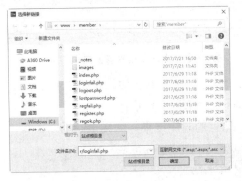

图 17-7　【选择新链接】对话框

图 17-8　更改整个站点链接

17.2.3　案例3——查找和替换

在 Dreamweaver CC 中，对整个站点中所有文档进行源代码、标签等内容查找和替换的具体操作步骤如下。

step 01　选择【编辑】→【查找和替换】菜单命令，如图 17-9 所示。

step 02　打开【查找和替换】对话框，在【查找范围】下拉列表框中可以选择【当前文档】、【所选文字】、【打开的文档】和【整个当前本地站点】等选项；在【搜索】下拉列表框中可以选择对【文本】、【源代码】和【指定标签】等内容进行搜索，如图 17-10 所示。

图 17-9　选择【查找和替换】命令

图 17-10　【查找和替换】对话框

step 03 在【查找】文本框中输入要查找的具体内容；在【替换】文本框中输入要替换的内容；在【选项】选项组中可以设置【区分大小写】、【全字匹配】等选项。单击【查找下一个】按钮或者【替换】按钮，就可以完成对页面内指定内容的查找和替换操作。

17.3 上 传 网 站

网站测试好以后，接下来最重要的工作就是上传网站。只有将网站上传到远程服务器上，才能让浏览者浏览。设计者既可利用 Dreamweaver 软件自带的上传功能，也可利用专门的 FTP 软件上传网站。

17.3.1 案例 4——使用 Dreamweaver 上传网站

在 Dreamweaver CC 中，使用站点窗口工具栏中的 ⬇ 和 ⬆ 按钮，既可将本地文件夹中的文件上传到远程站点，也可将远程站点的文件下载到本地文件夹中。将文件的上传/下载操作和存回/取出操作相结合，就可以实现全功能的站点维护。具体操作步骤如下。

step 01 选择【站点】→【管理站点】菜单命令，打开【管理站点】对话框，如图 17-11 所示。

step 02 在【管理站点】对话框中单击【编辑】按钮 ✎，打开站点设置对象对话框，如图 17-12 所示，选择左侧的【服务器】选项。

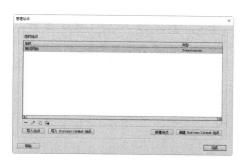

图 17-11 【管理站点】对话框

图 17-12 站点设置对象对话框

step 03 单击右侧面板中的 ➕ 按钮，如图 17-13 所示。

step 04 在【服务器名称】文本框中输入服务器的名称，在【连接方法】下拉列表框中选择 FTP 选项，在【FTP 地址】文本框中输入服务器的地址，在【用户名】和【密码】文本框中输入相关信息，单击【测试】按钮，可以测试网络是否连接成功，单击【保存】按钮，完成设置，如图 17-14 所示。

step 05 返回站点设置对象对话框，如图 17-15 所示。

step 06 单击【保存】按钮，完成设置。返回到【管理站点】对话框，如图 17-16 所示。

step 07 单击【完成】按钮，返回到站点文件窗口。在【文件】面板中，单击工具栏上的 🔲 按钮，如图 17-17 所示。

step 08 打开上传文件窗口，在该窗口中单击 🔀 按钮，如图 17-18 所示。

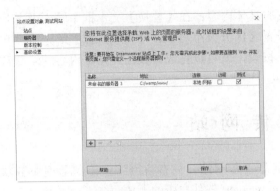

图 17-13 选择【服务器】选项

图 17-14 输入服务器信息

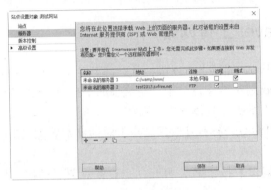

图 17-15 站点设置对象对话框

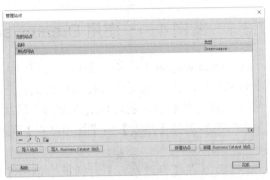

图 17-16 【管理站点】对话框

图 17-17 【文件】面板

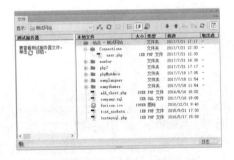

图 17-18 上传文件窗口

step 09 开始连接到"我的站点"上，单击工具栏中的 按钮，弹出一个信息提示框，如图 17-19 所示。

step 10 单击【确定】按钮，系统开始上传网站内容，如图 17-20 所示。

图 17-19 信息提示框

图 17-20 开始上传文件

17.3.2 案例 5——使用 FTP 工具上传网站

利用专门的 FTP 软件上传网站，具体操作步骤如下(本小节以 Cute FTP 9.0 进行讲解)。

step 01 打开 FTP 软件，选择【新建】→【FTP 站点】菜单命令，如图 17-21 所示。

step 02 弹出【此对象的站点属性：无标题(1)】对话框，如图 17-22 所示。

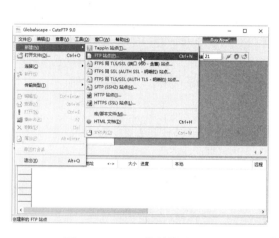

图 17-22 【此对象的站点属性：
无标题(1)】对话框

图 17-21 FTP 软件操作界面

step 03 在【此对象的站点属性：无标题(1)】对话框中根据提示输入相关信息，单击【连接】按钮，连接到相应的地址，如图 17-23 所示。

step 04 返回主界面后，切换至【本地驱动器】选项卡，选择要上传的文件，如图 17-24 所示。

图 17-23 输入信息

图 17-24 选择要上传的文件

step 05 在窗口左侧选中需要上传的文件并右击，在弹出的快捷菜单中选择【上载】命令，如图 17-25 所示。

step 06 这时，在窗口下方将显示文件上传的进度以及上传的状态，如图 17-26 所示，上传完成后，用户即可在外部浏览网站信息了。

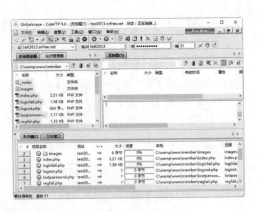

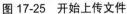

图 17-25　开始上传文件　　　　　　　　　图 17-26　上传网站文件

17.4　综合案例——清理网站中的多余文档

在 Dreamweaver CC 中，可以清理一些不必要的 HTML，以此提高网页打开的速度，清理文档的具体操作步骤如下。

1. 清理不必要的 HTML

step 01　选择【命令】→【清理 XHTML】菜单命令，弹出【清理 HTML/XHTML】对话框。

step 02　在【清理 HTML/XHTML】对话框中，可以设置对【空标签区块】、【多余的嵌套标签】、【Dreamweaver 特殊标记】等内容的清理，具体设置如图 17-27 所示。

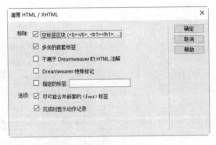

图 17-27　清理不必要的 HTML

step 03　设置完成后单击【确定】按钮，即可完成对页面指定内容的清理。

2. 清理 Word 生成的 HTML

step 01　选择【命令】→【清理 Word 生成的 HTML】菜单命令，打开【清理 Word 生成的 HTML】对话框，如图 17-28 所示。

step 02　在【基本】选项卡中，可以设置要清理的来自 Word 文档的特定标记、背景颜色等选项；在【详细】选项卡中，可以进一步设置要清理的 Word 文档中的特定标记以及 CSS 样式表的内容，如图 17-29 所示。

step 03 设置完成后单击【确定】按钮，即可完成对由 Word 生成的 HTML 的内容的清理。

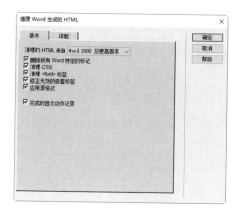

图 17-28 【基本】选项卡

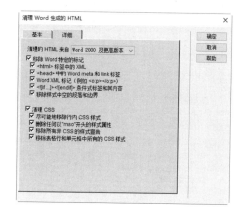

图 17-29 【详细】选项卡

17.5 疑 难 解 惑

疑问 1：如何正确上传文件？

答：上传网站的文件需要遵循两个原则：一是要确定上传的文件一定会被网站使用，不要上传无关紧要的文件，并尽量缩小上传文件的体积；二是上传的图片要尽量采用压缩格式，这不仅可以节省服务器的资源，而且可以提高网站的访问速度。

疑问 2：怎样让网页自动关闭？

答：如果希望网页在指定的时间内能自动关闭，可以在网页源代码的标签后面加入以下代码：

```
<script LANGUAGE="JavaScript">
setTimeout("self.close()",5000)
</script>
```

代码中的 5000 表示 5 秒钟，它是以毫秒为单位的。

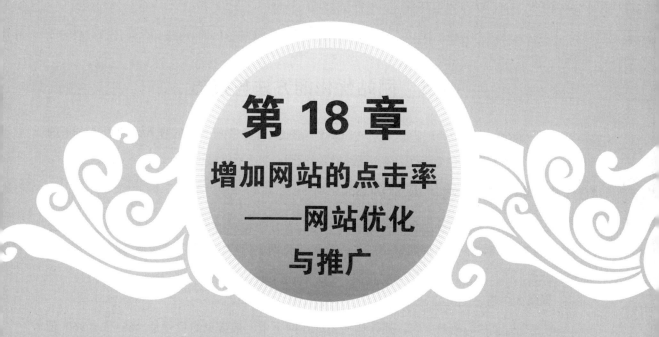

第 18 章
增加网站的点击率
——网站优化
与推广

制作好一个网站后，坐等访客的光临是不行的。放在互联网上的网站就像一块立在地下走道中的公告牌一样，即使人们在走道里走动的次数很多，往往也很难发现这个公告牌，可见，宣传网站有多么重要。就像任何产品一样，再优秀的网站如果不进行自我宣传，也很难有较大的访问量。

18.1 网站优化的方法与技巧

通过在网站适当地添加广告信息，可以给网站的拥有者带来不小的收入。随着点击量的上升，创造的财富也增多。

18.1.1 通过广告优化网站内容

网站广告设计更多的时候是通过烦琐的工作与多次尝试完成的。在实际工作中，网页设计者会根据需要添加不同类型的网站广告，从而优化网站内容。网站广告的形式大致分为以下6种。

1. 网幅式广告

网幅式广告又称为旗帜广告，通常横向出现在网页中，最常见的尺寸是 468 像素×60 像素和 468 像素×80 像素，目前还有 728 像素×90 像素的大尺寸型，是网络广告比较早出现的一种广告形式。以往网幅式广告以 JPG 或者 GIF 格式为主，伴随着网络的发展，SWF 格式的网幅式广告也比较常见了，如图 18-1 所示。

2. 弹出式广告

弹出式广告是互联网上的一种在线广告形式，意图透过广告来增加网站流量。用户进入网页时，会自动开启一个新的浏览器视窗，以吸引读者直接到相关网址浏览，从而收到宣传之效。这些广告一般都透过网页的 JavaScript 指令来启动，但也有通过其他形式启动的。由于弹出式广告过分泛滥，很多浏览器或者浏览器组件也加入了弹出式窗口杀手的功能，以屏蔽这样的广告，如图 18-2 所示。

图 18-1 网幅式广告

图 18-2 弹出式广告

3. 按钮式广告

按钮式广告是一种小面积的广告形式，这种广告形式被开发出来主要有两个原因：一方面可以通过减小面积来降低购买成本，让小预算的广告主能够有能力购买；另一方面是为了更好地利用网页中面积比较小的零散空白位。

常见的按钮式广告有 125 像素×125 像素、120 像素×90 像素、120 像素×60 像素、88 像素×

314 像素 4 种尺寸。在购买的时候，广告主也可以购买连续位置的几个按钮式广告组成双按钮广告、三按钮广告等，以加强宣传效果。按钮式广告一般容量比较小，常见的有 JPEG、GIF、Flash 等几种格式，如图 18-3 所示。

4. 文字链接广告

文字链接广告是一种最简单、最直接的网上广告，只需将超链接加入相关文字便可，如图 18-4 所示。

图 18-3　按钮式广告

图 18-4　文字链接广告

5. 横幅式广告

横幅式广告是通栏式广告的初步发展阶段，初期用户认可程度很高，有不错的效果。但是伴随着时间的推移，人们对横幅式广告已经开始变得麻木。于是广告主和媒体开发了通栏式广告，它比横幅式广告更长、面积更大，更具有表现力，更吸引人。一般的通栏式广告尺寸有 590 像素×105 像素、590 像素×80 像素等，已经成为一种常见的广告形式，如图 18-5 所示。

6. 浮动式广告

浮动式广告是网页页面上悬浮或移动的非鼠标响应广告，形式可以为 GIF 或 Flash 等格式，如图 18-6 所示。

图 18-5　横幅式广告

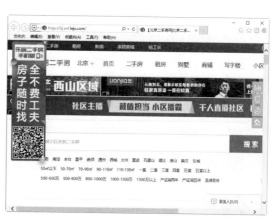

图 18-6　浮动式广告

18.1.2　通过搜索引擎优化网站

搜索引擎优化(SEO)是一项技术性较强的工作，通过搜索引擎优化不仅能让网站在搜索引擎上有良好的排名表现，而且能让整个网站看上去轻松明快，页面高效简洁，目标客户能够直奔主题，网站更容易发挥沟通企业与客户的最佳效果。

搜索引擎优化从总体技术而言可以分为两个方面，分别是站内搜索引擎优化和站外搜索引擎优化。

1. 站内搜索引擎优化

站内搜索引擎优化，简单地说就是在网站内部进行搜索引擎优化。对网站所有者来说，站内搜索引擎优化是最容易控制的部分，因为网站是自己的，可以根据自己的需求，设定网站结构，制作网站内容，而且投入成本可以控制。

站内搜索引擎优化大体分为以下几部分。

1) 关键词策略

众所周知，在搜索引擎中检索信息都是通过输入查找内容的关键词或句子，然后由搜索引擎进行分词在索引库中查找来实现的。因此关键词在搜索引擎中的位置至关重要，它是整个搜索过程中最基本、最重要的一步，也是搜索引擎优化中进行网站优化、网页优化的基础。

关键词确定应考虑以下几个因素：内容相关、主关键词不可太宽泛、主关键词不要太特殊、站在访客角度思考、选择竞争度小搜索次数多的关键词。

2) 域名优化

域名在网站建设中拥有很重要的作用，它是联系网站与网络客户的纽带，就好比一个品牌、商标一样拥有重要的识别作用，所以一个优秀的域名应该能让访问者轻松地记忆，并且快速地输入。

3) 主机优化

主机是网站建立必需的一个环节。特别是虚拟主机更需要进行优化，通常选择主机时考虑以下几点因素：安全稳定性、连接数、备份机制、自定义页面、服务等。

4) 网站结构优化

网站结构是网站优化的基础。在网站结构优化的过程中应该注意以下几点：用户体验提升、权重分配、锚文字优化、网站物理结构优化、内部链接优化等。

5) 内容优化

网站提供的内容应该具有独特性，而且是有价值的，它能切实满足潜在客户某方面的需求，这样的网站内容往往能获得潜在用户的支持、信任，最终为提高转化率加分，并逐渐形成自己的权威品牌，进入网站良性发展的轨道。因此，在对网站内容优化时，应遵循坚持原创、转载有度、杜绝伪原创等原则。

6) 内部链接优化

合理的内部链接可以极大地提升网站的优化效果，对于大型网站更是如此。因此，在进行网站内部链接优化时，应该注意尊重用户的体验、URL 的唯一性、尽量满足 3 次点击原则、使用文字导航、使用锚文本等几点。

7) 页面代码优化

网站结构的优化是站在整个网站的基础上看问题，而页面优化是站在具体页面上看问题，因为网页是构成网站的基本要素，只有每个网页都得到较好的优化，才能带来整个网站的优化成功，也才能带来更多有用的流量。

页面代码优化时通常考虑以下几点：页面布局的优化、标签优化、关键词布局与密度、代码优化、URL 优化等。

2. 站外搜索引擎优化

站外搜索引擎优化，顾名思义，就是除站内优化以外其他途径的优化方法，也可以说是脱离站点自身的搜索引擎优化技术，命名源自外部站点对网站在搜索引擎排名的影响。与站内优化相比，站外优化相对而言更单一，效果也更直接。缺点是难度较大，有很多外部因素是超出站长的直接控制的。

最有用、功能最强大的外部优化因素就是反向链接，即通常所说的外部链接，如图 18-7 所示。

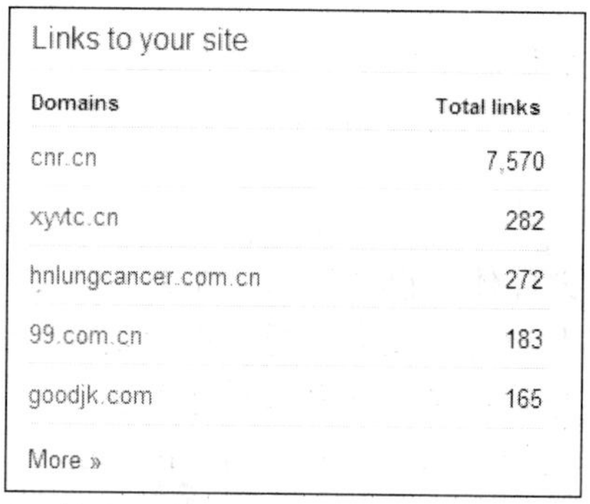

Links to your site	
Domains	Total links
cnr.cn	7,570
xyvtc.cn	282
hnlungcancer.com.cn	272
99.com.cn	183
goodjk.com	165
More »	

图 18-7　外部链接

互联网的本质特征之一就是链接，毫无疑问，外部链接对于一个站点的抓取、收录、排名都起到非常重要的作用。

实际上，外部链接表达的是一种投票机制，也就是网站之间的信任关系。比如，网站 A 的某个页面中有一个指向网站 B 中某个页面的链接，则对搜索引擎来说，网站 A 的这个页面给网站 B 的页面投一票，网站 A 的页面是信任网站 B 的这个页面的。

搜索引擎在抓取互联网繁多页面的基础上，根据网页之间的链接关系，统计出每个网站的每个网页得到的外部链接投票数量，从而可以计算出页面的外部链接权重。

① 页面得到的外部链接投票越多，其重要性就越大，外部链接权重就越高，同等条件下关键词排名就越靠前。

② 页面得到的外部链接投票越少，其重要性就越小，外部链接权重就越低，同等条件下关键词排名就越靠后。

因为搜索引擎认为外部链接是很难被肆意操控的，所以目前的搜索引擎都将外部链接的权重作为主要的关键词排名算法之一。也正是因为搜索引擎的投票机制，所以就导致外部链接在搜索引擎优化中起到最重要的一个作用，就是提高网页权重。

外部链接经常使用在线工具、新闻诱饵、创意点子、发起炒作事件、幽默笑话等方法。

18.2　网站推广方法与技巧

网站做好后，需要大力宣传和推广，只有如此才能让更多的人知道并浏览。宣传广告的方式很多，包括利用大众传媒、网络传媒、电子邮件、留言本与博客、在论坛中宣传。效果最明显的是网络传媒的方式。

18.2.1　利用大众传媒进行推广

大众传媒通常包括电视、书刊报纸、户外广告以及其他印刷品等。

1. 电视

目前，电视是最大的宣传媒体。如果在电视中做广告，一定能收到像其他电视广告商品一样家喻户晓的效果，但对于个人网站而言就不太适合了。

2. 书刊报纸

报纸是仅次于电视的第二大媒体，也是使用传统方式宣传网站的最佳途径。作为一名计算机爱好者，在使用软硬件和上网的过程中，通常也积累了一些值得与别人交流的经验和心得，那就不妨将它写出来，写好后寄往像《电脑爱好者杂志》等比较著名的刊物，从而让更多的人受益。可以在文章的末尾注明自己的主页地址和 E-mail 地址，或者将一些难以用书稿方式表达的内容放在自己的网站中表达。如果文章很受欢迎，那么就能吸引更多的朋友前来访问自己的网站。

3. 户外广告

在一些繁华、人流量大的地段的广告牌上做广告也是一种比较好的宣传方式。目前，在街头、地铁内所做的网站广告就说明了这一点，但这种方式比较适合有实力的商业性质的网站。

4. 其他印刷品

公司信笺、名片、礼品包装等都应该印上网址名称，让客户在记住你的名字、职位的同时，也能看到并记住你的网址。

18.2.2　利用网络媒介进行推广

由于网络广告的对象是网民，具有很强的针对性，因此，使用网络广告不失为一种较好的宣传方式。

1. 网络广告

在选择网站做广告的时候，需要注意以下两点。

(1) 应选择访问率高的门户网站，只有选择访问率高的网站，才能达到"广而告之"的效果。

(2) 优秀的广告创意是吸引浏览者的重要"手段"，要想唤起浏览者点击的欲望，就必须给浏览者点击的理由。因此，图形的整体设计、色彩和图形的动态设计以及与网页的搭配等都是极其重要的。图 18-8 所示为天天营养网首页，在其中就可以看到添加的网络广告信息。

2. 电子邮件

这个方法对自己熟悉的朋友使用比较有效，或者在主页上提供更新网站邮件订阅功能，一旦自己的网站有更新，便可通知网友了。如果随便地向自己不认识的网友发 E-mail 宣传自己主页的话，就不太友好了。有些网友会认为那是垃圾邮件，以至于给网友留下不好的印象，并列入黑名单或拒收邮件列表内，这样对提高自己网站的访问率并无实质性的帮助，而且若未经别人同意就三番五次地发出一样的邀请信，也是不礼貌的。

发出的 E-mail 邀请信要有诚意，态度要和蔼，并将自己网站更新的内容简要地介绍给网友，倘若网友表示不愿意再收到类似的信件，就不要再将通知邮件寄给他们了。图 18-9 所示为邮箱登录页面。

图 18-8　天天营养网

图 18-9　电子邮件广告

3. 留言板、博客

处处留言、引人注意也是一种很好的宣传自己网站的方法。当在网上浏览看到一个不错的网站时，可以考虑在这个网站的留言板中留下赞美的语句，并把自己网站的简介、地址一并写下来，将来其他朋友留言时看到这些留言，说不定就会有兴趣到你的网站中去参观一下。

随着网络的发展，现在诞生了许多个人博客，在博客中也可以留下你宣传网站的语句。还有一些是商业网站的留言板、博客等，如网易博客等，每天都会有数百人在上面留言，访问率较高，在那里留言对于让别人知道自己网站的效果会更明显。图 18-10 所示为网易博客的首页。

留言时的用语要真诚、简洁，切莫将与主题无关的语句也写在上面。留言篇幅要尽量简短，不要将同一篇留言反复地写在别人的留言板上。

4. 网站论坛

目前，大型的商业网站中都有多个专业论坛，有的个人网站上也有论坛，那里会有许多人在发表观点，在论坛中留言也是一种很好的宣传网站的方式。图 18-11 所示为天涯社区论坛首页。

图 18-10　网易博客

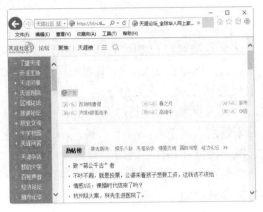

图 18-11　天涯论坛

18.2.3　利用其他形式进行推广

大众媒体与网络媒体是比较常见的网站推广方式，下面再来介绍几种其他推广方式。

1. 注册搜索引擎

在知名的网站中注册搜索引擎，可以提高网站的访问量。当然，很多搜索引擎(有些是竞价排名)是收费的，这对商业网站可以使用，对个人网站就有点不好接受了。图 18-12 所示为百度网站的企业推广首页。

2. 和其他网站交换链接

对于个人网站来说，友情链接可能是最好的宣传网站的方式。跟访问量大的、优秀的个人网页相互交换链接，能大大提高网页的访问量。图 18-13 所示为某个网站的友情链接区域。

图 18-12　百度推广首页

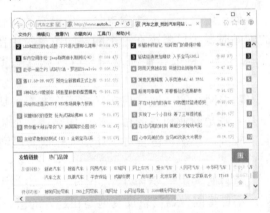

图 18-13　网站友情链接

这个方法比参加广告交换组织要有效得多，起码可以选择将广告放置到哪个网页。能选择与那些访问率较高的网页建立友情链接，这样造访网页的网友肯定会多起来。

友情链接是相互建立的，想要别人加上自己网站的链接，就要在自己网站的首页或专门做"友情链接"的专页放置对方的链接，并适当地进行推荐，这样才能吸引更多的人愿意与你共建链接。此外，网站标志要制作得漂亮、醒目，使人一看就有兴趣点击。

18.3 综合案例——查看网站的流量

使用 CNZZ 数据专家可以查看网站流量，CNZZ 数据专家是全球最大的中文网站统计分析平台，为各类网站提供免费、安全、稳定的流量统计系统与网站数据服务，帮助网站创造更大价值。

使用 CNZZ 数据专家查看网站流量的具体操作步骤如下。

step 01 在 IE 浏览器中输入网址"http://www.cnzz.com/"，打开 CNZZ 数据专家网的主页，如图 18-14 所示。

step 02 单击【免费注册】按钮进行注册，进入创建用户界面，根据提示输入相关信息，如图 18-15 所示。

图 18-14　CNZZ 数据专家网的主页　　　　图 18-15　注册页面

step 03 单击【同意协议并注册】按钮，即可注册成功，并进入【添加站点】界面，如图 18-16 所示。

step 04 在【添加站点】界面中输入相关信息，如图 18-17 所示。

step 05 单击【确认添加站点】按钮，进入【站点设置】界面，如图 18-18 所示。

step 06 在【统计代码】界面中单击【复制到剪贴板】按钮，根据需要复制代码(此处选择"站长统计文字样式")，如图 18-19 所示。

step 07 将复制的代码插入到页面源代码中，如图 18-20 所示。

step 08 保存并预览效果，如图 18-21 所示。

图 18-16　【添加站点】界面　　　　　图 18-17　输入站点信息

图 18-18　站点设置界面

图 18-19　复制代码

图 18-20　添加代码到页面源代码中

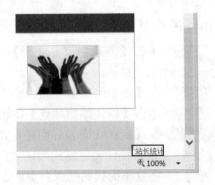

图 18-21　预览网页

step 09　单击【站长统计】按钮，进入查看用户登录界面，如图 18-22 所示。

step 10　进入查看界面，即可查看网站的浏览量，如图 18-23 所示。

图 18-22　查看用户登录界面　　　　　　　　　图 18-23　网站的浏览结果

18.4　疑 难 解 惑

疑问 1：如何摆放网站广告？

答： 由于人的眼球会因为阅读而产生疲劳，所以在越靠近左上角的位置越能够吸引读者的注意力。这也是为什么很多网站的 Logo 都是放在左上角，可不要说设计者都是千篇一律。这样做其实是有好处的，在左上角的 Logo 更加能够让人记住你的网站的"品牌"。

疑问 2：站长如何提高网站收录率？

答： 网站站长可以从 3 个方面来提高网站的收录率，首先是增加网络蜘蛛(或爬虫)访问网站频率；其次要建立良好的站内结构；最后要让网络蜘蛛知道网页价值。

第 19 章

打造坚实的堡垒——
网站安全与防御

网站攻击无处不在，在某个安全程序非常高的网站，攻击者也许只用小小的一行代码就可以让网站成为入侵者的帮凶，让网站访问者成了最无辜的受害者。

19.1　网站维护基础知识

在学习网站安全与防御策略之前，用户需要了解相关的网站基础知识。

19.1.1　网站的维护与安全

网站安全的基础是系统与平台的安全，只有在做好系统平台的安全工作后，才能保证网站的安全。目前，随着网站数量的增多，以及编写网站代码的程序语言也在不断地更新，致使网站漏洞层出不穷，黑客攻击手段不断变化，让用户防不胜防。但用户可以以不变应万变，从以下几个方面来防范网站的安全。

目前，每个网站的服务器空间并不都是自己的，因为一些小的公司没有经济实力购买自己的服务器，他们只能去租别人的服务器，所以对于在不同地方的网站服务器空间，其网站防范措施也不尽相同。

1. 网站服务空间是租用的

针对这种情况，网站管理员只能在保护网站的安全方面下功夫，即在网站开发方面做一些安全维护的工作。

(1) 网站数据库的安全。一般 SQL 注入攻击主要是针对网站数据库的，所以需要在数据库连接文件中添加相应防攻击的代码。比如在检查网站程序时，打开那些含有数据库操作的 ASP 文件，这些文件是需要防护的页面，然后在其头部加上相关的防注入代码，于是这些页面就能防注了，最后再把它们都上传到服务器上。

(2) 堵住数据库下载漏洞，换句话说就是不让别人下载数据库文件，并且数据库文件的命名最好复杂些并隐藏起来，让别人认不出来。有关如何防范数据库下载漏洞的知识，将在下一节进行详细介绍。

(3) 网站中最好不要有上传和论坛程序，因为这样最容易产生上传文件漏洞以及其他的网站漏洞，关于这一点笔者在网站漏洞分析章节已经做了详细的介绍，这里不再重述。

(4) 对于后台管理程序的要求是，首先不要在网页上显示后台管理程序的入口链接，防止黑客攻击；其次用户名和密码不能过于简单且要定期更换。

(5) 定期检查网站上的木马，使用某些专门木马查杀工具，或使用网站程序集成的监测工具定期检查网站上是否存在木马。另外，还可以把网站上除了数据库文件外的文件，都改成只读的属性，以防止文件被窜改。

2. 网站服务空间是自己的

针对这种情况，除了采用上述几点对网站安全进行防范外，还要对网站服务器的安全进行防范。这里以 Windows+IIS 实现的平台为例，需要做到以下几点。

(1) 服务器的文件存储系统要使用 NTFS 文件系统，因为在对文件和目录进行管理方面，NTFS 系统更安全有效。

(2) 关闭默认的共享文件。

(3) 建立相应的权限机制，让权限分配以最小化权限的原则分配给 Web 服务器访问者。

(4) 删除不必要的虚拟目录、危险的 IIS 组件和不必要的应用程序映射。

(5) 保护好日志文件的安全。因为日志文件是系统安全策略的一个重要环节，可以通过对日志的查看，及时发现并解决问题，确保日志文件的安全能有效提高系统整体的安全性。

19.1.2 常见的网站攻击方式

网站攻击的手段极其多样，黑客常用的网站攻击手段主要有以下几种。

1. 阻塞攻击

阻塞类攻击手段的典型攻击方法是拒绝服务攻击(Denial of Service，DoS)。该方法是一类个人或多人利用网络协议组的某些工具，拒绝合法用户对目标系统(如服务器等)或信息访问。攻击成功的后果为使目标系统死机、使端口处于停顿状态等，还可以在网站服务器中发送杂乱信息、改变文件名称、删除关键的程序文件等，进而扭曲系统的资源状态，使系统的处理速度降低。

2. 文件上传漏洞攻击

网站的上传漏洞根据在网页文件上传的过程中，对其上传变量处理方式的不同，可分为动网型和动力型两种。其中，动网型上传漏洞是编程人员在编写网页时，未对文件上传路径变量进行任何过滤就进行了上传，从而产生了漏洞，以致用户可以对文件上传路径变量进行任意修改。动网型上传漏洞最早出现在动网论坛中，其危害性极大，使很多网站都遭受攻击。而动力型上传漏洞是因为网站系统没有对上传变量进行初始化，在处理多个文件上传时，可以将 ASP 文件上传到网站目录中所产生的漏洞。

上传漏洞攻击方式对网站安全威胁极大，攻击者可以直接上传如 ASP 木马文件而得到一个 WebShell，进而控制整个网站服务器。

3. 跨站脚本攻击

跨站脚本攻击一般是指黑客在远程站点页面 HTML 代码中插入具有恶意目的的数据。用户认为该页面是可信赖的，但当浏览器下载该页面时，嵌入其中的脚本将被解释执行。跨站脚本攻击方式最常见的，如通过窃取 Cookie，或通过欺骗使用户打开木马网页，或直接在存在跨站脚本漏洞的网站中写入注入脚本代码，在网站挂上木马网页等。

4. 弱密码的入侵攻击

这种攻击方式首先需要用扫描器探测到 SQL 账号和密码信息，进而拿到 SA 的密码，然后用 SQLEXEC 等攻击工具通过 1433 端口连接到网站服务器上，再开设系统账号，通过 3389 端口登录。这种攻击方式还可以配合 WebShell 来使用。一般的 ASP+MSSQL 网站通常会把 MSSQL 连接密码写到一个配置文件中，用 WebShell 来读取配置文件里面的 SA 密码，然后再上传一个 SQL 木马来获取系统的控制权限。

5. 网站旁注入侵

这种技术是通过 IP 绑定域名查询的功能，先查出服务器上有多少网站，再通过一些薄弱的网站实施入侵，拿到权限之后转而控制服务器的其他网站。

6. 网站服务器漏洞攻击

网站服务器的漏洞主要集中在各种网页中。由于网页程序编写得不严谨，从而出现了各种脚本漏洞，如动网文件上传漏洞、Cookie 欺骗漏洞等都属于脚本漏洞。但除了这几类常见的脚本漏洞外，还有一些专门针对某些网站程序出现的脚本程序漏洞，比如用户对输入的数据过滤不严、网站源代码暴露以及远程文件包含漏洞等。

对这些漏洞的攻击，攻击者需要有一定的编程基础。现在网络上随时都有最新的脚本漏洞发布，也有专门的工具，初学者完全可以利用这些工具进行攻击。

19.2　网站安全防御策略

在了解了网站安全基础知识后，下面介绍网站安全防御策略。

19.2.1　网站硬件的安全维护

硬件中最主要的就是服务器，一般要求使用专用的服务器，不要使用 PC 代替。因为专用的服务器中有多个 CPU，并且硬盘各方面的配置也比较优秀；如果其中一个 CPU 或硬盘坏了，别的 CPU 和硬盘还可以继续工作，不会影响到网站的正常运行。

网站机房通常要注意室内的温度、湿度及通风性，这些将影响到服务器的散热和性能的正常发挥。如果有条件，最好使用两台或两台以上的服务器，所有的配置最好都是一样的，因为服务器经过一段时间要进行停机检修，在检修的时候可以运行别的服务器工作，这样不会影响到网站的正常运行。图 19-1 所示为网站服务器的工作环境。

图 19-1　网站服务器工作环境

19.2.2　网站软件的安全维护

软件管理也是确保一个网站能够良好运行的必要条件，通常包括服务器的操作系统配置、网站的定期更新、数据的备份以及网络安全的防护等。

1）　服务器的操作系统配置

一个网站要能正常运行，硬件环境是一个先决条件。但是服务器操作系统的配置是否可行和设置的优良性如何，则是一个网站能否良好长期运行的保证。除了要定期对这些操作系统进行维护外，还要定期对操作系统进行更新，并使用最先进的操作系统。

2）　网站的定期更新

网站的创建并不是一成不变的，还要对网站进行定期的更新。除了更新网站的信息外，还要更新或调整网站的功能和服务。对网站中的废旧文件要随时清除，以提高网站的精良性，从而提高网站的运行速度。还有就是要时时关注互联网的发展趋势，随时调整自己的网站，使其顺应潮流，以便给别人提供更便捷和贴切的服务。

3）　数据的备份

数据的备份就是对自己网站中的数据进行定期备份，这样既可以防止服务器出现突发错误丢失数据，又可以防止自己的网站被别人"黑"掉。如果有了定期的网站数据备份，那么即使自己的网站被别人"黑"掉了，也不会影响网站的正常运行。

4）　网络安全的防护

网络的安全防护就是防止自己的网站被别人非法地侵入和破坏。除了要对服务器进行安全设置外，首要的一点是要注意及时下载和安装软件的补丁程序。另外，还要在服务器中安装、设置防火墙。防火墙虽然是确保安全的一个有效措施，但不是唯一的，也不能确保绝对安全。为此，还应该使用其他的安全措施。

另外一点就是要时刻注意病毒的问题，要时刻对自己的服务器进行查毒、杀毒等操作，以确保系统的安全运行。图 19-2 所示为 360 杀毒软件的下载页面。下载之后，将其安装到网站服务器之中，就可以使用该软件保护系统安全了。

图 19-2　360 杀毒软件下载页面

19.2.3　检测网站的安全性

360网站安全检测平台为网站管理者提供了网站漏洞检测、网站挂马实时监控、网站窜改实时监控等服务。

使用360网站安全检测平台检测网站安全的操作步骤如下。

step 01　在IE浏览器中输入360网站安全检测平台的网址 http://webscan.360.cn/，打开360网站安全的首页，在首页中输入要检测的网站地址，如图19-3所示。

step 02　单击【检测一下】按钮，即可开始对网站进行安全检测，并给出检测的结果，如图19-4所示。

图19-3　360网站安全检测页面

图19-4　网站安全检测结果

如果检测出网站存在安全漏洞，就会给出相应的评分，然后单击【我要更新安全得分】按钮，就会进入360网站安全修复界面，在对站长权限进行验证后，就可以修复网站安全漏洞了，如图19-5所示。

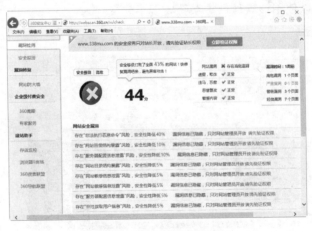

图19-5　网站安全修复界面

19.3 综合案例——设置网站的访问权限

限制用户的网站访问权限往往可以有效堵住入侵者的上传，设置网站访问权限的具体操作步骤如下。

step 01 在资源管理器中右击 D:\inetpub 中的 www.***.com 目录，在弹出的快捷菜单中选择【属性】命令，在打开的对话框中切换到【安全】选项卡，如图 19-6 所示。

step 02 在【组或用户名】列表框中选择任意一个用户名，然后单击【编辑】按钮，打开权限对话框，如图 19-7 所示。

图 19-6 【安全】选项卡

图 19-7 权限对话框

step 03 单击【添加】按钮，打开【选择用户或组】对话框，在其中输入用户名 Everyone，如图 19-8 所示。

step 04 单击【确定】按钮，返回文件夹权限对话框中，可看到已将 Everyone 用户添加到列表中。在权限列表框中选择【读取和执行】、【列出文件夹目录】、【读取】权限后，单击【确定】按钮，即可完成设置，如图 19-9 所示。

图 19-8 【选择用户或组】对话框

图 19-9 文件夹权限对话框

另外，在网页文件夹中还有数据库文件的权限设置需要进行特别设置。因为用户在提交表单或注册等操作时，会修改到数据库的数据，所以除了给用户读取的权限外，还需要写入和修改权限；否则也会出现用户无法正常访问网站的问题。

设置网页数据库文件权限的操作方法如下：右击文件夹中的数据库文件，在弹出的快捷菜单中选择【属性】命令，在打开的属性对话框中切换到【安全】选项卡，在【组或用户名】列表框中选择 Everyone 用户，在权限列表中再选择【修改】、【写入】权限。

19.4　疑 难 解 惑

疑问 1：网站为什么容易被攻击？

答：每一个站长都不希望自己的网站被攻击，因此就需要防患于未然，找出被攻击的原因，减少麻烦。站长可以从注入漏洞、跨站脚本(XSS)、恶意文件执行、不安全的直接对象参照物、跨站指令伪造、信息泄露和错误处理不当、不安全的认证和会话管理、不安全的加密存储设备、不安全的通信、未对网站地址的访问进行限制等方面来找被攻击的原因，找到之后，进行有针对性的修复，才能减少被攻击。

疑问 2：如何检测我的网站服务器是否被黑？

答：网站的服务器被黑之后，系统肯定会出现运行速度变慢、系统账号异常等现象，这时网站管理者可以从以下几个方面来检测。

(1) 检查服务器上防护软件是否有异常日志，如服务器安全狗系统账号扫描是否有影子账号、防护日志是否有异常拦截记录。

(2) 检查【控制面板】→【管理工具】→【事件查看器】里面日志是否正常。

(3) 检查任务栏管理里面服务和进程是否异常，是否有病毒或者后门程序。

(4) 检查网站是否挂马或者页面文件被替换。

(5) 检查系统账号是否异常，有无增加账号或者修改密码。

(6) 检查防火墙和其他系统设置是否异常，是否被其他人修改过。

(7) 检查系统服务器启动项是否有异常程序。

(8) 检查服务器端口是否异常。